慧科云计算系列丛书

Java Web
云端开发

王永茂 邵秀凤 ◎ 编著

清华大学出版社
北京

内 容 简 介

JSP(Java Server Pages)可以无缝地运行在 UNIX、Linux、Windows 等操作平台上,是目前热门的跨平台动态 Web 应用开发技术。本书共分 13 章,包括了解 JSP、JSP 语法、JSP 内置对象、客户标签、在 JSP 中使用 JavaBean、Servlet 基础、访问数据库、JSP 和 EL、JSP 标记库、使用 MVC 创建 Web 应用、过滤器和监听器、云部署、学生管理系统等重要内容。本书配有大量例题,展示了许多实际的代码,并对实例做了深入的分析。本书语言简练,讲解清晰,强调 Web 开发的实践及云部署。每章都配有实验与训练指导,具有较强的指导性。

本书适合作为相关院校 Java Web 课程的教材,也适合初学者和有一定 Java Web 基础的读者使用。

本书封面贴有清华大学出版社防伪标签,无标签者不得销售。
版权所有,侵权必究。举报: 010-62782989, beiqinquan@tup.tsinghua.edu.cn。

图书在版编目(CIP)数据

Java Web 云端开发/王永茂,邵秀凤编著. —北京: 清华大学出版社,2019(2023.8重印)
(慧科云计算系列丛书)
ISBN 978-7-302-53340-5

Ⅰ. ①J… Ⅱ. ①王… ②邵… Ⅲ. ①JAVA 语言—程序设计—高等学校—教材 Ⅳ. ①TP312.

中国版本图书馆 CIP 数据核字(2019)第 160985 号

责任编辑: 谢 琛
封面设计: 常雪影
责任校对: 时翠兰
责任印制: 沈 露

出版发行: 清华大学出版社
  网　　址: http://www.tup.com.cn, http://www.wqbook.com
  地　　址: 北京清华大学学研大厦 A 座　　邮　编: 100084
  社 总 机: 010-83470000　　邮　购: 010-62786544
  投稿与读者服务: 010-62776969, c-service@tup.tsinghua.edu.cn
  质量反馈: 010-62772015, zhiliang@tup.tsinghua.edu.cn
  课件下载: http://www.tup.com.cn, 010-83470236
印 装 者: 北京国马印刷厂
经　　销: 全国新华书店
开　　本: 185mm×260mm　　印　张: 22.75　　字　数: 525 千字
版　　次: 2019 年 9 月第 1 版　　印　次: 2023 年 8 月第 5 次印刷
定　　价: 65.00 元

产品编号: 083856-02

前　言

　　JSP(Java Server Pages)可以无缝地运行在 UNIX、Linux、Windows 等操作平台上，是目前热门的跨平台动态 Web 应用开发技术。它充分继承了 Java 的众多优势，包括一次编写到处运行的承诺、高效的性能以及强大的可扩展性。特别是结合了 Servlet 和 JavaBean 技术，使 JSP 技术比其他 Web 开发技术有得天独厚的优势。

　　本书面向刚刚接触 JSP 的开发人员，他们对 Java 不陌生，并且对 Web 开发本身有一定的了解。通过大量实例和实验与训练指导，必将使读者对 JSP 的认识有大幅度的提高。

　　第 1 章通过一个 JSP 实例讲解如何利用 MyEclipse、Eclipse 开发工具开发部署 JSP 程序，如何构建 JSP 开发环境，包括 JDK、Tomcat 和 MyEclipse。

　　第 2 章介绍 JSP 语法，包括注释、变量和方法声明、表达式、JSP 指令、JSP 动作等，为以后开发 Web 应用程序打下基础。

　　第 3 章介绍 JSP 的 8 个常用内置对象，并通过实例介绍了它们的具体应用。

　　第 4 章介绍客户标签，包括标签文件和自定义标签库的构建，并通过实例加深读者对客户标签的理解。

　　第 5 章介绍如何编写 JavaBean，以及如何在 JSP 中使用 JavaBean。

　　第 6 章介绍创建和部署 Servlet、Servlet 的基本结构、创建 Servlet 使用的某些类和接口、Servlet 生命周期、通过 JSP 页面调用 Servlet、用 Servlet 维护 session 信息、Servlet 之间的通信等。

　　第 7 章介绍使用 JSP 访问数据库，包括 JDBC 概述、使用 JDBC-ODBC 桥接器访问数据库、使用 JDBC 驱动程序访问数据库，以及对数据库的各种操作，如分页显示记录、查询电子表格和数据库连接池等。

　　第 8 章介绍 JSP 表达式语言 EL，并提供大量实例。

　　第 9 章介绍 JSP 标记库 JSTL，并提供大量实例。

　　第 10 章介绍流行的 MVC(模型-视图-控制器)模式，并通过实例加深读者对 MVC 的理解。

　　第 11 章介绍过滤器和监听器的用法。

　　第 12 章云部署，介绍如何把项目部署到阿里云服务器 ECS 上，以及如何把数据库迁移到云数据库 RDS 上。

　　第 13 章通过学生管理系统，介绍如何开发 Java Web 项目。

　　注意：每章的实验与训练指导都具有较强的指导性，要求读者认真体会，对课程的学习非常有帮助。

作　者

2019 年 5 月

目　　录

第1章　了解JSP ··· 1
1.1　什么是动态网页 ·· 1
1.2　什么是JSP ··· 1
1.3　第一个JSP程序 ·· 2
1.4　开发JSP动态网站 ·· 3
1.4.1　创建一个Web项目 ·· 3
1.4.2　设计Web项目目录结构 ··· 4
1.4.3　编写Web项目代码 ·· 4
1.4.4　部署Web项目 ·· 5
1.4.5　运行Web项目 ·· 7
1.5　JSP运行原理 ··· 7
1.6　JSP程序的运行环境 ··· 7
1.6.1　安装和配置JDK ·· 7
1.6.2　Tomcat简介 ··· 7
1.6.3　JSP开发工具MyEclipse ··· 8
1.7　JSP技术的基础知识 ·· 8
1.8　实验与训练指导 ·· 8

第2章　JSP语法 ··· 10
2.1　注释 ·· 11
2.1.1　HTML注释 ·· 11
2.1.2　JSP注释 ··· 12
2.2　变量和方法声明 ··· 12
2.3　表达式 ··· 13
2.4　JSP指令 ··· 14
2.4.1　page指令 ··· 14
2.4.2　include指令 ··· 17
2.4.3　taglib指令 ·· 18
2.5　JSP动作 ··· 18
2.5.1　<jsp：include>动作 ·· 18
2.5.2　<jsp：param>动作 ·· 20
2.5.3　<jsp：forward>动作 ··· 21
2.5.4　<jsp：plugin>动作 ·· 23

   2.5.5　<jsp：useBean>动作 ··· 24
 2.6　实验与训练指导 ·· 25

第3章　JSP 内置对象 ·· 27
 3.1　out 对象 ··· 27
 3.2　request 对象 ··· 28
 3.3　response 对象 ··· 34
 3.4　session 对象 ··· 38
   3.4.1　session 对象的常用方法 ··· 39
   3.4.2　session 跟踪 ·· 46
 3.5　application 对象 ··· 48
 3.6　config 对象 ·· 51
 3.7　pageContext 对象 ·· 53
 3.8　exception 对象 ··· 55
 3.9　实验与训练指导 ·· 57

第4章　客户标签 ··· 60
 4.1　标签文件 ··· 60
   4.1.1　静态标签文件 ·· 60
   4.1.2　动态标签文件 ·· 61
 4.2　自定义标签库的构建 ··· 63
   4.2.1　标签处理程序的结构 ·· 63
   4.2.2　标签描述文件 ·· 64
   4.2.3　包含客户标签的 JSP 文件执行序列 ·· 66
 4.3　实验与训练指导 ·· 78

第5章　在 JSP 中使用 JavaBean ··· 82
 5.1　编写 JavaBean ·· 82
 5.2　使用 JavaBean ·· 83
   5.2.1　<jsp：useBean> ·· 83
   5.2.2　<jsp：setProperty> ·· 85
   5.2.3　<jsp：getProperty> ·· 86
 5.3　JSP＋JavaBean 编程实例 ··· 87
 5.4　实验与训练指导 ·· 96

第6章　Servlet 基础 ··· 101
 6.1　创建和部署 Servlet ·· 101
   6.1.1　创建 Servlet ··· 101

  6.1.2 Servlet 部署描述文件 web.xml ……………… 106
  6.1.3 部署 Servlet ……………… 106
6.2 Servlet 的基本结构 ……………… 108
6.3 创建 Servlet 使用的某些类与接口 ……………… 109
  6.3.1 HttpServlet 类 ……………… 109
  6.3.2 HttpServletRequest 接口 ……………… 110
  6.3.3 HttpServletResponse 接口 ……………… 110
  6.3.4 ServletConfig 接口 ……………… 110
  6.3.5 ServletContext 接口 ……………… 110
6.4 Servlet 生命周期 ……………… 111
6.5 通过 JSP 页面调用 Servlet ……………… 112
  6.5.1 通过表单向 Servlet 提交数据 ……………… 112
  6.5.2 通过超链接访问 Servlet ……………… 114
6.6 用 Servlet 维护 session 信息 ……………… 115
  6.6.1 使用 HttpSession 接口 ……………… 115
  6.6.2 cookie ……………… 116
6.7 Servlet 之间的通信 ……………… 122
6.8 实验与训练指导 ……………… 125

第 7 章 访问数据库 ……………… 126

7.1 JDBC 概述 ……………… 126
7.2 使用纯 Java 数据库驱动程序 ……………… 126
  7.2.1 连接 MySQL 数据库 ……………… 126
  7.2.2 连接 Oracle 数据库 ……………… 130
7.3 查询操作 ……………… 130
  7.3.1 Statement ……………… 131
  7.3.2 PreparedStatement ……………… 131
  7.3.3 CallableStatement ……………… 134
7.4 插入、更新和删除操作 ……………… 137
  7.4.1 插入记录 ……………… 137
  7.4.2 更新记录 ……………… 141
  7.4.3 删除记录 ……………… 143
7.5 分页显示记录 ……………… 145
7.6 数据库连接池 ……………… 154
7.7 查询 Excel 电子表格 ……………… 160
7.8 事务 ……………… 164
7.9 综合应用 ……………… 166
7.10 实验与训练指导 ……………… 169

第 8 章 JSP 和 EL ··· 173
- 8.1 EL 及其在 JSP 中的重要地位 ··· 173
- 8.2 EL 语法 ··· 175
- 8.3 EL 运算符 ··· 177
- 8.4 EL 表达式中的隐含对象 ··· 183
- 8.5 函数 ··· 190
- 8.6 实验与训练指导 ··· 194

第 9 章 JSP 标签库 ··· 198
- 9.1 JSTL 标准标签库 ··· 198
  - 9.1.1 什么是 JSTL ··· 198
  - 9.1.2 如何使用 JSTL ··· 198
- 9.2 JSTL 核心标签库 ··· 199
  - 9.2.1 通用标签 ··· 199
  - 9.2.2 条件标签 ··· 202
  - 9.2.3 迭代标签 ··· 203
  - 9.2.4 URL 标签 ··· 208
  - 9.2.5 格式标签 ··· 214
- 9.3 实验与训练指导 ··· 229

第 10 章 使用 MVC 创建 Web 应用 ··· 241
- 10.1 MVC 中的几个概念 ··· 241
- 10.2 使用 MVC 创建 Web 应用的实例 ··· 241
- 10.3 实验与训练指导 ··· 249

第 11 章 过滤器和监听器 ··· 258
- 11.1 过滤器 ··· 258
- 11.2 监听器 ··· 275
  - 11.2.1 ServletContextListener ··· 275
  - 11.2.2 HttpSessionListener ··· 278
  - 11.2.3 ServletRequestListener ··· 279
- 11.3 实验与训练指导 ··· 279

第 12 章 云部署 ··· 281
- 12.1 购买云服务器 ECS 和云数据库 RDS ··· 281
- 12.2 远程桌面连接 ECS ··· 281
- 12.3 在 ECS 安装 JDK 和 Tomcat ··· 282
- 12.4 将本地数据库部署到云数据库 RDS ··· 284

12.5 内网访问 RDS 的条件 ……………………………………………………………… 286
12.6 部署项目到 ECS，实现远程访问 ……………………………………………… 287
12.7 解决 Windows 10 系统远程桌面连接不成功方法 …………………………… 289
12.8 实验与训练指导 ………………………………………………………………… 293

第 13 章 学生管理系统 ………………………………………………………………… 294
13.1 数据库设计 ……………………………………………………………………… 294
13.2 DAO 层 …………………………………………………………………………… 294
13.3 业务层 …………………………………………………………………………… 298
13.4 表示层 …………………………………………………………………………… 299
13.5 使用 JSTL/EL 去除 JSP 页面中负责显示的 Java 脚本 …………………… 307
13.6 使用 Servlet 替代负责处理/控制的 JSP 文件 ……………………………… 311
13.7 合并 Servlet ……………………………………………………………………… 319
13.8 利用反射抽取 Servlet 基类 …………………………………………………… 323
13.9 多条件查询 ……………………………………………………………………… 324
13.10 实验与训练指导 ………………………………………………………………… 327

附录 A JSP 程序的运行环境 ………………………………………………………… 340
A.1 安装和配置 JDK ………………………………………………………………… 340
　　A.1.1 安装 JDK …………………………………………………………………… 340
　　A.1.2 配置 JDK 环境变量 ……………………………………………………… 340
A.2 Tomcat 简介 …………………………………………………………………… 341
　　A.2.1 获取 Tomcat 安装程序包 ……………………………………………… 341
　　A.2.2 安装 Tomcat ……………………………………………………………… 341
　　A.2.3 安装 Tomcat 根目录下的一些主要子目录 …………………………… 341
　　A.2.4 Tomcat 的启动和停止 …………………………………………………… 341
　　A.2.5 server.xml 配置简介 …………………………………………………… 341
　　A.2.6 web.xml 配置简介 ……………………………………………………… 343
A.3 安装和配置 MyEclipse ………………………………………………………… 345
　　A.3.1 配置 JDK …………………………………………………………………… 345
　　A.3.2 配置服务器 ………………………………………………………………… 346
A.4 安装和配置 Eclipse …………………………………………………………… 347
　　A.4.1 Eclipse 集成 Tomcat …………………………………………………… 347
　　A.4.2 创建并部署运行 Web 应用 ……………………………………………… 348
　　A.4.3 Eclipse 中的 Web 项目自动部署到 Tomcat …………………………… 351

参考文献 …………………………………………………………………………………… 353

第 1 章　了解 JSP

1.1　什么是动态网页

动态网页是指在服务器端运行的程序或者网页,它需要使用服务器端脚本语言来创建,目前流行的服务器端脚本语言有 JSP(Java Server Pages)等。日常生活中,我们经常用到的动态网页就是百度了,当我们在百度搜索栏输入 servlet 时,就会自动列出所有与 servlet 有关的网站链接,如图 1.1 所示。

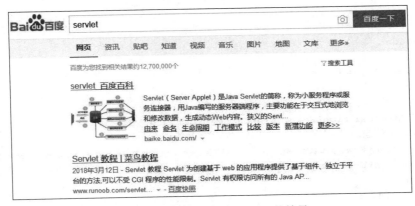

图 1.1　使用百度搜索 servlet 的结果

我们将动态网页的一般特点简要归纳如下。
(1) 动态网页以数据库技术为基础,可以大大降低网站维护的工作量。
(2) 采用动态网页技术的网站可以实现更多的功能,如用户注册、登录、在线调查、用户管理、订单管理等。
(3) 动态网页实际上并不是独立存在于服务器上的网页文件,只有当用户请求时,服务器才返回一个完整的网页。
(4) 动态网页网址中的"?"会影响搜索引擎的检索,搜索引擎一般不可能从一个网站的数据库中访问全部网页,或者出于技术方面的考虑,搜索引擎不会去抓取网址中"?"后面的内容。因此,采用动态网页的网站在进行搜索引擎推广时,需要做一定的技术处理才能满足搜索引擎的要求。

1.2　什么是 JSP

JSP 是由 Sun 公司(现已被 Oracle 公司收购)倡导、许多公司共同参与建立的一种动态网页技术标准,是基于 Java Servlet 及整个 Java 体系的 Web 开发技术。JSP 运行在服务器上,用于辅助对 Web 请求的处理。目前,JSP 已经成为开发动态网页的主流技术之一,被认为是最有前途的 Web 技术之一。

JSP 技术便于 Web 设计者与 Web 开发者独立地工作,Web 设计者可以用 HTML 设计与表达 Web 页面布局,Web 开发者可使用 Java 代码和与业务逻辑相关的其他 JSP 特定标签,同时构造静态和动态内容,促进了高质量应用的开发和生产率的提高。

编译后的 JSP 页面生成小服务程序(Servlet),因而包含了所有小服务程序的功能。

1.3 第一个 JSP 程序

【例 1-1】 first_example1.jsp。

```
<%@page language="java" import="java.util.*" pageEncoding="GB2312"%>
<html>
  <head>
    <title>first_example</title>
  </head>
  <body>
   <h1>第一个 JSP 程序</h1>
   <h2>
    <%--This is jsp content--%>
    <%Calendar rightNow =Calendar.getInstance();%>
    当前日期是:
    <%=rightNow.get(Calendar.YEAR)%>:<%=rightNow.get(Calendar.MONTH)+1%>:
    <%=rightNow.get(Calendar.DAY_OF_MONTH)%>
    <br>
    当前时间是:
    <%=rightNow.get(Calendar.HOUR_OF_DAY)%>:<%=rightNow.get(Calendar.MINUTE)%>
   </h2>
  </body>
</html>
```

运行结果如图 1.2 所示。

图 1.2 first_example1.jsp 的运行结果

例 1-1 中的代码由两部分组成:HTML 代码和 JSP 代码(粗体部分)。在传统 HTML 文件中加入 JSP 代码就可以生成 JSP 网页,以.jsp 文件的形式存在,下面对例 1-1 进行解释和说明。

(1) JSP 指令放在"<%@"和"%>"之间,例如:

`<%@page language="java" import="java.util.*" pageEncoding="GB2312"%>`

(2) JSP 注释放在"<%--"和"--%>"之间,例如:

`<%--This is jsp content--%>`

(3) JSP 脚本放在"<%"和"%>"之间,是标准 Java 代码,例如:

`<%Calendar rightNow =Calendar.getInstance();%>`

(4) JSP 表达式放在"<%="和"%>"之间,例如:

`<%=rightNow.get(Calendar.YEAR)%>`

1.4 开发 JSP 动态网站

1.4.1 创建一个 Web 项目

创建一个项目,命名为 jsp1,如图 1.3~图 1.5 所示。

图 1.3 创建项目

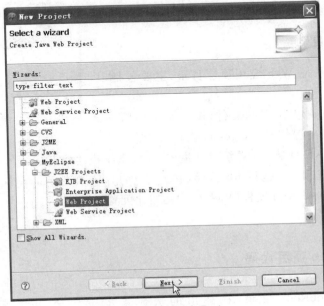

图 1.4 选择 Web Project

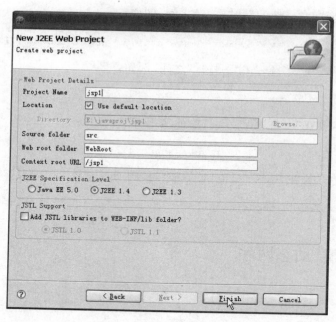

图 1.5 输入项目名称 jsp1

1.4.2 设计 Web 项目目录结构

Web 项目目录结构如图 1.6 所示，由 MyEclipse 自动生成。

1. src 目录

src 目录中存放 Java 源文件。

2. WebRoot 目录

WebRoot 目录是 Web 应用顶层目录，主要包括以下内容。

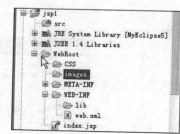

（1）静态文件：包括 CSS 文件、图像文件、HTML 文件。图像文件集中存储在 images 目录下。

图 1.6 Web 项目目录结构

（2）META-INF 目录：由系统自动生成，存放系统描述信息。

（3）WEB-INF 目录：包括 lib 目录（存放.jar 或.zip 文件，如 mysql-connector-java-5.0.4-bin.jar）和 web.xml 文件（Web 应用初始化配置文件）。

（4）JSP 文件。

1.4.3 编写 Web 项目代码

（1）右击 WebRoot 目录，在弹出的快捷菜单中选择 New → JSP（Advanced

Templates)命令,如图 1.7 所示。

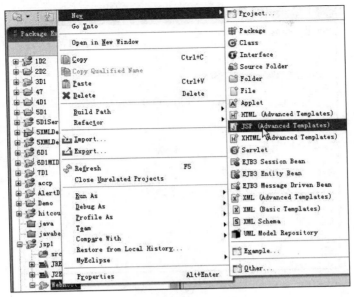

图 1.7 创建 JSP 文件

(2) 输入文件路径及名称,如图 1.8 所示。

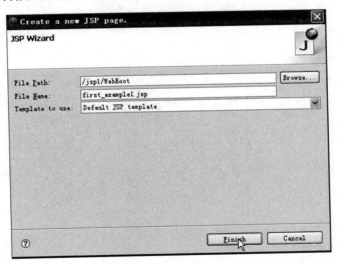

图 1.8 输入文件路径及名称

(3) 编写 first_example1.jsp 的代码。

1.4.4 部署 Web 项目

(1) 单击部署按钮 ,打开 Project Deployments 对话框,在 Project 下拉列表框中选择 jsp1,如图 1.9 所示。

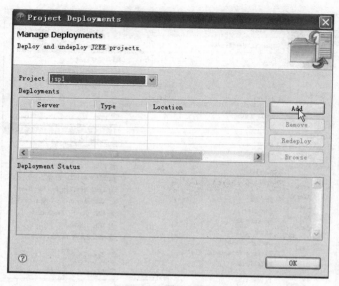

图 1.9　选择 jsp1 项目

(2) 单击 Add 按钮,添加 Tomcat 服务器,如图 1.10 所示。

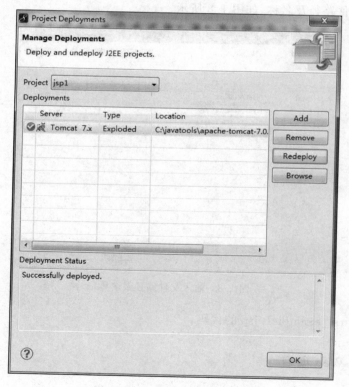

图 1.10　添加 Tomcat 服务器

1.4.5 运行 Web 项目

(1) 启动 Tomcat 服务器,如图 1.11 所示。

图 1.11 启动 Tomcat 服务器

(2) 打开浏览器,如图 1.12 所示。

图 1.12 打开浏览器

(3) 在浏览器地址栏输入 http://localhost:8080/jsp1/first_example1.jsp 并按回车键,运行结果如图 1.2 所示。

1.5 JSP 运行原理

　　首先由浏览器向 Web 服务器(本书中,Web 服务器以 Tomcat 为例)提出访问 JSP 页面的请求,然后由 JSP 容器将 JSP 转换成 Servlet,产生的 Servlet 经过编译后生成类文件,然后把类文件加载到内存中执行,最后由 Web 服务器将执行结果响应给客户端浏览器。
　　JSP 在第一次执行后即被编译成类文件,当再次调用时,如果 JSP 容器没有发现该 JSP 页面被修改,就会直接执行编译后的类文件,而不是重新编译 Servlet。当然,如果 JSP 容器发现该 JSP 页面被修改过,就需要重新编译 Servlet。

1.6 JSP 程序的运行环境

1.6.1 安装和配置 JDK

　　JDK 的安装和配置见附录 A。

1.6.2 Tomcat 简介

　　Tomcat 是 jakarta 项目中的一个重要的子项目,是 Sun 公司推荐的运行 Servlet 和

JSP 的容器,其源代码是完全公开的。需要注意,Tomcat 是基于 Java 的,因此它的正常运行离不开 JDK。

Tomcat 的安装和配置见附录 A。

1.6.3　JSP 开发工具 MyEclipse

MyEclipse 的安装和配置见附录 A。

1.7　JSP 技术的基础知识

1. Java 基础知识

JSP 使用 Java 作为基本语言,JSP 文件实际就是 JSP 定义的标签、Java 程序和 HTML 文件的混合体,要学好 JSP,必须掌握 Java 语言的基本知识。

2. HTML 基础知识

使用 JSP 开发动态网页,最终生成的文件中 90% 以上是 HTML 文件,因此,JSP 程序员要全面理解 HTML 语言。

3. JavaScript 基础知识

JavaScript 允许在客户端执行逻辑判断,这意味着客户端和服务器之间的交互次数会少一次。因此,掌握 JavaScript 开发知识非常必要,其中包括 JavaScript 基本语法、CSS 样式特效和使用 JavaScript 进行客户端验证。

4. 数据库基础知识

JSP 大多与数据库相关,使用 JSP 开发动态网页必须了解数据库基本知识、关系数据库基本原理和 SQL 语言。

1.8　实验与训练指导

1. 下列关于 Tomcat 服务器的说法中,正确的是(　　)。(选择两项)
　　A. Tomcat 出自 Apache,可以为 Web 应用程序提供运行环境
　　B. 使用 Tomcat 需要支付费用,否则不允许授权使用
　　C. Tomcat 是一款开源服务器,性能优良
　　D. 以上全正确
2. 在 Web 项目的目录结构中,web.xml 文件位于(　　)中。(选择一项)
　　A. src　　　　　　B. META-INF　　　　C. WEB-INF　　　　D. WebRoot
3. JSP 在执行过程中经过(　　)阶段,由 Web 容器将之转换成 Java 源代码。(选择

一项）
  A．翻译   B．编译   C．执行   D．响应
 4．JSP在执行过程中经过（ ）阶段,会将Java源代码转换成class文件。（选择一项）
  A．翻译   B．编译   C．执行   D．响应
 5．在Web应用程序开发中,有时会出现Tomcat端口号已经被占用的情况,为此我们需要修改配置文件。下列选项中,修改正确的是（ ）。（选择一项）
  A．在Tomcat目录\bin文件夹\server.xml文件中,修改Connection的port
  B．在Tomcat目录\conf文件夹\server.xml文件中,修改Connector的port
  C．在Tomcat目录\bin文件夹\server.xml文件中,修改Connector的port
  D．在Tomcat目录\conf文件夹\server.xml文件中,修改Connection的port
 6．在Web应用程序的目录结构中,WEB-INF文件夹中的lib目录是存放（ ）的。
  A．.jsp文件   B．.class文件
  C．.jar文件   D．web.xml文件
 7．安装和配置JDK。
 8．安装和配置Tomcat。
 9．安装和配置MyEclipse或Eclipse。

第2章 JSP 语 法

从 first_example1.jsp 中不难看出，JSP 页面是通过在 HTML 中嵌入 Java 脚本语言来响应动态请求的。JSP 页面由静态内容、注释、声明、表达式、指令、动作、Java 程序片段等元素组成，下面通过 second_example1.jsp 来介绍几个比较常用的 JSP 页面元素。

【例 2-1】 second_example1.jsp。

```jsp
<%@page language="java" import="java.util.Calendar" pageEncoding="GB2312"%>
<html>
  <body>
  <%! Calendar rightNow ;%>
  <%rightNow =Calendar.getInstance();%>
  <!--This is HTML content(客户端可以看到源代码) -->
  <!--当前日期是：
    <%=rightNow.get(Calendar.YEAR)%>:
    <%=rightNow.get(Calendar.MONTH)+1%>:
    <%=rightNow.get(Calendar.DAY_OF_MONTH)%>
    -->
  <%--This is JSP content(客户端不可以看到源代码)--%>
  <%! int total,begin,end;                    //变量声明
      public int sum(int a,int b)             //方法声明
      {
      total=0;
      for(int i=a;i<=b;i++)
      total+=i;
      return total;
      }
  %>
  <%begin=1;
    end=50;
    total=sum(begin,end);                     //Java 程序片段
  %>
  <h2>
  从
  <%=begin %><!--jsp 表达式 -->
  到
  <%=end %>
  的和为
  <%=total %>
  </h2>
```

```
</body>
</html>
```

运行结果如图 2.1 所示。

图 2.1　second_example1.jsp 的运行结果

在图 2.1 所示窗口中右击,选择"查看源文件"命令,可在浏览器客户端查看源代码,如图 2.2 所示。

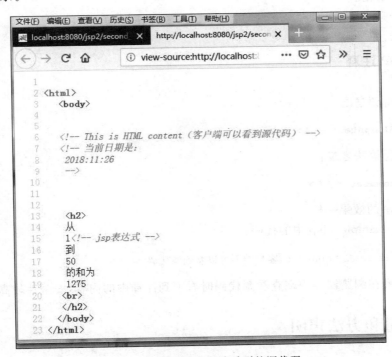

图 2.2　在浏览器客户端看到的源代码

2.1　注释

2.1.1　HTML 注释

HTML 注释语法:

```
<!--content[<%=expression %>] -->
```

second_example1.jsp 中的代码:

```
<!--This is HTML content(客户端可以看到源代码) -->
<!--当前日期是:
<%=rightNow.get(Calendar.YEAR) %>:
<%=rightNow.get(Calendar.MONTH)+1 %>:
<%=rightNow.get(Calendar.DAY_OF_MONTH) %>
-->
```

以上注释在浏览器客户端可以看到源代码,显示如下。

```
<!--This is HTML content(客户端可以看到源代码) -->
<!--当前日期是:
   2018:11:26
-->
```

2.1.2 JSP 注释

JSP 注释语法之一:

`<%--JSP content --%>`

JSP 注释语法之二:

`<%/* comment */%>`

两种语法的效果一样。

second_example1.jsp 中的代码:

`<%--This is JSP content(客户端不可以看到源代码)--%>`

以上注释在浏览器客户端查看源代码时看不到注释中的内容,安全性较高。

2.2 变量和方法声明

JSP 中的变量和方法声明语法:

```
<%declaration;[ declaration;]...%>
<%! declaration;[ declaration;]...%>
```

second_example1.jsp 中的代码:

```
<%! int total,begin,end;                    //变量声明
    public int sum(int a,int b)             //方法声明
    {
    total=0;
    for(int i=a;i<=b;i++)
    total+=i;
```

```
        return total;
    }
%>
```

该代码声明 3 个变量和一个方法 sum()。"<%!"和"%>"之间声明的变量在整个 JSP 页面内部有效,与"<%!"和"%>"标记符在 JSP 页面的位置无关。而"<%"和"%>"之间声明的变量称为局部变量,局部变量有效范围与其声明的位置有关,即声明后才可以在后续的小脚本和表达式中使用。

小脚本就是在 JSP 页面嵌入的一段 Java 代码,编写语法:

<% Java 代码 %>

例如,以下代码会出错:

```
<%=   a %>
<%  int a=3; %>
```

代码运行结果:

a can not be resolved.

而以下代码正确:

```
<%=   a %>
<%! int a=3; %>
```

2.3 表达式

JSP 中的表达式语法:

<%=expression %>

输出 begin 的值:

```
<%=   begin %>
```

又如:

```
<%@page language="java"   pageEncoding="GB2312"%>
<html>
  <body>
    <%! int a,b,c;                          //变量声明
        public int sum(int a,int b)         //方法声明
        {
        c=a+b;
        return c;
        }
    %>
    <%a=2;
```

```
        b=3;
        c=sum(a,b);                      //Java 程序片段
%>
  <h2>
  输出 c:<%=c%><!--输出 c 值 5 -->
  </h2>
 </body>
</html>
```

2.4　JSP 指令

JSP 指令影响由 JSP 页面生成的 Servlet 的整体结构。
JSP 指令的一般格式：

`<%@directive {attribute="value"} %>`

在 JSP 中，主要有 3 种类型的指令：page、include 和 taglib。

2.4.1　page 指令

page 指令用来定义 JSP 文件中的全局属性，它描述了与页面相关的一些信息。
page 指令语法：

```
<%@page
[language="java"]
[import=" package.class,..."]
[info="text"]
[errorPage="relativeURL"]
[contentType="mimeType[;charset=characterSet]"|
           "text/html;charset=ISO-8859-1"]
[pageEncoding="GB2312"]
[isErrorPage="true|false"]
%>
```

1. language="java"

language 属性声明 JSP 程序文件所使用的语言，默认为 Java。

2. import="package.class,…"

import 属性用来指定 JSP 网页中需要导入的包，例如：

```
<%@page import="java.util.*" %>
<%@page import="java.sql.*" %>
```

如果用一个 import 指明要载入的多个包,需要用逗号","隔开,例如:

```
<%@page import="java.util.*,java.sql.*"%>
```

java.lang.*、javax.servlet.*、javax.servlet.jsp.* 和 javax.servlet.http.* 这四个包在 JSP 编译时已经导入,不需要再指明。

3. info="text"

info 属性设置 JSP 页面的文本信息,可以通过 getServletInfo()方法获得该字符串。

【例 2-2】 second_example2.jsp。

```
<%@page language="java" info="北京大学" pageEncoding="GB2312"%>
<html>
  <body>
    <%String s =getServletInfo();%>
    <h2>
    <%=s%>是培养软件程序员的摇篮!
    </h2>
  </body>
</html>
```

运行结果如图 2.3 所示。

图 2.3 获取 info 属性的值

4. errorPage="relativeURL"

errorPage 属性指明若当前页面产生异常,重定向到指定的 relativeURL 页面处理该异常。

5. isErrorPage="true|false"

isErrorPage 属性设置当前 JSP 页面是否为错误处理页面,默认值 false。当设置为 true 时,该页面可以接收其他 JSP 页面出错时产生的 exception 对象,并通过该对象取得从发生错误网页传出的错误信息,语法如下:

```
<%=exception.getMessage()%>
```

【例 2-3】 second_example3.jsp。

```
<%@page language="java" pageEncoding="GB2312" errorPage="error.jsp"%>
<html>
```

```
    <body>
      <%! int a=0; %>
      <%=2008/a %>
    </body>
</html>
```

error.jsp 如下:

```
<%@page language="java" pageEncoding="GB2312" isErrorPage="true"%>
<html>
    <body>
    <font color="red">
    <h2>
    错误原因:
    <%=exception.getMessage() %>
    </h2>
    </font>
    </body>
</html>
```

运行结果如图 2.4 所示。

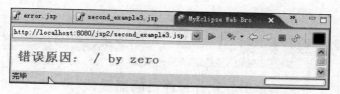

图 2.4　second_example3.jsp 运行结果

6. contentType＝"mimeType[;charset＝characterSet]"｜"text/html;charset＝ISO-8859-1"]

contentType 属性表明即将发送到客户程序的文档的 MIME 类型。JSP 页面默认 MIME 类型是 text/html，默认字符集是 ISO-8859-1。MIME 类型有 text/html、application/msword、image/jpeg、image/gif、application/vnd.ms-excel 等。

7. pageEncoding＝"GB2312"

如果只想更改字符集，使用 pageEncoding 更简单。例如:

```
<%@page pageEncoding="GBK" %>
```

如果要显示中文，一般设置字符集为 GB2312 或 GBK。

【例 2-4】　second_example4.jsp。

```
<%@page language="java" contentType="application/vnd.ms-excel" pageEncoding="GBK"%>
```

```
<%--There are tabs,not spaces,between columns.--%>
姓名    年龄    电子邮件
张三    20     zhangsan@pfc.edu.cn
李四    19     lisi@pfc.edu.cn
王五    20     wangwu@pfc.edu.cn
```

运行结果如图 2.5 所示。

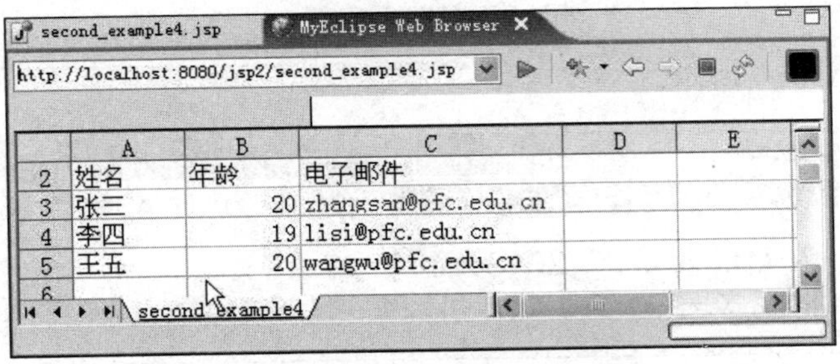

图 2.5 在浏览器中显示 Excel 文档

2.4.2 include 指令

用 include 指令指出编译 JSP 页面时要插入的文件名(以相对 URL 的形式),所以被包括的文件内容成为 JSP 页面的一部分。include 指令通常用来包含网站中经常出现的重复性页面,例如网站导航栏。

include 指令语法:

```
<%@include file="relativeURL" %>
```

使用 include 指令包含的过程是静态的。静态包含是指这个被包含文件将插入到 JSP 文件中放置＜%@ include %＞的地方。一旦包含文件被执行完,那么主 JSP 文件的过程将被恢复,继续执行下一行。但要注意,这个包含文件中不能使用＜html＞、＜/html＞、＜body＞、＜/body＞标记,因为这样将会影响源 JSP 文件中同样的标记,有时会导致错误。

【例 2-5】 second_example5.jsp。

```
<%@page language="java"  pageEncoding="GBK"%>
  <html>
  <body>
  <h2>
  今天日期是:<%@ include file="date.jsp" %>
  <br>
  晴间多云
  </h2>
  </body>
  </html>
```

date.jsp

```
<%@page language="java" import="java.util.Calendar" pageEncoding="GBK"%>
<%! Calendar rightNow ;%>
<%rightNow =Calendar.getInstance();%>
<%=rightNow.get(Calendar.YEAR)%>:
<%=rightNow.get(Calendar.MONTH)+1%>:
<%=rightNow.get(Calendar.DAY_OF_MONTH)%>
```

运行结果如图2.6所示。

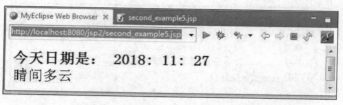

图2.6 second_example5.jsp运行结果

2.4.3 taglib 指令

taglib 指令告诉容器一个特定 JSP 需要哪个标记库,详细讲解见第 4 章。

2.5 JSP 动作

2.5.1 <jsp：include>动作

<jsp：include>动作在主页面被请求时,将把次级页面的输出包含进来。注意,被包含页面不是完整的 Web 页面。包含文件可以是 HTML 文件、纯文本文件、JSP 页面或 Servlet(如果文件是 JSP 页面和 Servlet,则包含进来的只是页面的输出,不是实际的代码)。但在任何情况下,客户看到的都是合成后的结果。因此,如果主页面和包含进来的内容中都含有诸如 DOCTYPE、BODY 等标签,那么客户看到结果中这些标签将会出现两次,有时会导致错误。

1. <jsp：include>动作语法

`<jsp:include page="relativeURL" [flush="true|false"]>`

page：指定所包含文件。推荐将被包含文件的页面放在 WEB-INF 目录中,这样可以防止客户偶然访问这些页面(这些页面一般都不是完整 HTML 文档)。

flush：指定在将页面包含进来之前是否应清空主页面的输出流(默认为 false)。

【例 2-6】 second_example6.jsp。

```
<%@page pageEncoding="GBK" %>
<html>
<body>
<h3>
    <div align="center">some news !</div>
    <ol>
    <li><jsp:include page="/WEB-INF/item1.html"/></li>
    <li><jsp:include page="/WEB-INF/item2.html"/></li>
    <li><%@include file="/WEB-INF/item3.jsp" %></li>
    </ol>
</h3>
</body>
</html>
```

item1.html：

```
<b>校党委书记曹淑敏一行赴空军军医大学访问交流</b>
<a href=" https://news.buaa.edu.cn/info/1002/46554.htm ">more details...</a>
<br>
```

item2.html：

```
<b>清华学子赴镇坪暑期支教活动纪实 </b>
<a href="http://www.tsinghua.edu.cn">more details...</a>
<br>
```

item3.jsp：

```
<%@page pageEncoding="GBK" %>
    <b>校党委书记闵维方亲切慰问国家体育场北大志愿者　</b>
    <a href="http://www.pku.edu.cn">more details...</a>
    <br>
```

运行结果如图 2.7 所示。

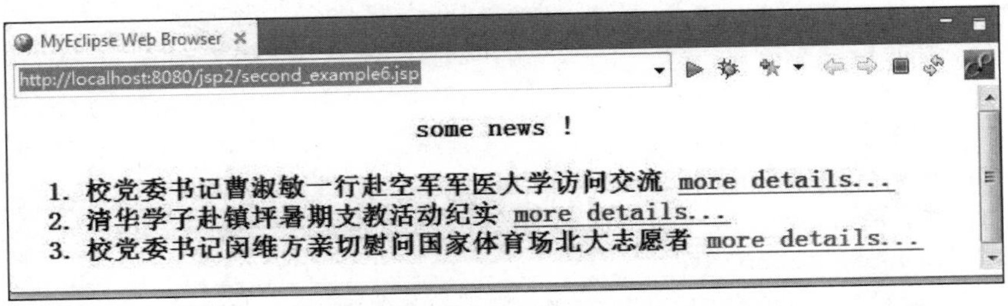

图 2.7　second_example6.jsp 运行结果

2. <%@ include %>指令与<jsp：include>动作的区别

（1）<%@ include %>指令是在主 JSP 页面转换成 Servlet 时，将文件包含到文档中。而<jsp：include>动作是在主 JSP 页面被请求时，将次级页面的输出包含进来，因此所包含文件的变化总会被检查到，更适合包含动态文件。

（2）使用 include 指令的页面要比使用 jsp：include 的页面难维护得多，因为相关规范要求服务器能够检测出主页面什么时候发生了更改，并不要求它们能检测出包含文件什么时候发生了改变（并且重新编译 Servlet）。因此，在大多数服务器中，包含文件发生更改时，对于所有用到该文件的 JSP 文件，我们都要更新它们的修改日期。

（3）include 指令更为强大。include 指令允许所包含文件含有影响主页面的 JSP 代码，比如响应报头设置和字段的定义。

例如，pfc.jsp 包含以下代码：

```
<%! int count=0;%>
```

这种情况下，可以在主页面 mainpfc.jsp 中执行以下任务：

```
<%@include file="pfc.jsp" %>
<%=count++;%>
```

这种情况下是不可能使用 jsp：include 的，因为 count 变量未定义。

```
<jsp:include page="pfc.jsp"/>
<%=count++%>
```

2.5.2 <jsp：param>动作

在<jsp：include>、<jsp：forward>、<jsp：plugin>和<jsp：params>标准动作的程序里，可以通过<jsp：param>动作指定参数。

<jsp：param>动作语法：

```
<jsp:param name="参数名" value="值" />
```

【例 2-7】 second_example7.jsp。

```
<%@page language="java"  pageEncoding="GBK"%>
<html>
  <body>
  <h3>
    文件包含之前主页面：
    <br>fgColor:<%out.print(request.getParameter("fgColor"));%>
       
    bgColor:<%out.print(request.getParameter("bgColor")); %>
    <jsp:include page="/WEB-INF/pfc.jsp">
    <jsp:param name="fgColor" value="red"/>
    </jsp:include>
    文件包含之后主页面：
    <br>fgColor:<%out.print(request.getParameter("fgColor"));%>
```

```
         
      bgColor:<%out.print(request.getParameter("bgColor"));%>
    </h3>
  </body>
</html>
```
pfc.jsp:
```
<%@page language="java" pageEncoding="GBK"%>
<html>
  <body>
    <h3>
      次级页面:
      <br>fgColor:<%out.print(request.getParameter("fgColor"));%>
         bgColor:
      <%out.print(request.getParameter("bgColor"));%>
    </h3>
  </body>
</html>
```

在地址栏输入 http://localhost:8080/jsp2/second_example7.jsp?bgColor="green",运行结果如图 2.8 所示。

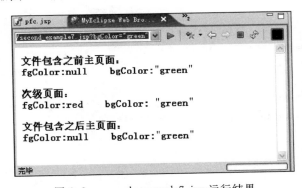

图 2.8 second_example7.jsp 运行结果

2.5.3 <jsp:forward>动作

<jsp:forward>动作语法:

`<jsp:forward page="relativeURL">`

执行<jsp:forward>动作,当前请求会转发给另一个页面(可以是 JSP、Servlet、HTML 文件等),当前 JSP 处理会终止。

注意:在使用 forward 之前,主页面不能有任何内容已经输出到客户端,否则会发生异常(IllegalStateException)。如果使用了非缓冲输出的话,那么使用<jsp:forward>时就要小心。如果在使用<jsp：forward>之前JSP文件已经有了数据,那么文件执行就会出错。

如果在使用<jsp：forward>之前有很多输出,前面的输出已将缓冲区充满,则自动输出到客户端,那么该语句将不起作用,这一点应该特别注意。

另外,<jsp：forward>不能改变浏览器地址,刷新的话会导致重复提交。

推荐完全避免使用<jsp：forward>,若希望执行类似任务,请使用 Servlet 调用 RequestDispatcher 的 forward 方法,后面会讲到。

【例 2-8】 second_example8.jsp。

```
<%@page language="java" pageEncoding="GBK" %>
<html>
  <body>
    <%
    double i=Math.random();
    %>
    <jsp:forward page="data.jsp">
    <jsp:param name="data" value="<%=i %>" />
    </jsp:forward>
  </body>
</html>
```

data.jsp：

```
<%@page language="java" pageEncoding="GBK"%>
<html>
  <body>
  <font size="6">
    <%String s=request.getParameter("data");
    out.print("传过来的值是:"+s);
    %>
  </font>
  </body>
</html>
```

运行结果如图 2.9 所示。

图 2.9　second_example8.jsp 运行结果

程序说明:<jsp：forward page="data.jsp">当前请求会转发给 data.jsp 页面。

2.5.4 <jsp：plugin>动作

<jsp：plugin>动作提供一种在 JSP 文件中嵌入客户端运行的 Java 程序（如 Applet、JavaBean)的方法。JSP 在处理这个动作的时候，会根据客户端浏览器的不同分别输出 OBJECT 或 EMBED 两个不同的 HTML 元素。

<jsp：plugin>动作语法：

```
<jsp:plugin
type="bean|applet"
code="classFileName"   [codebase="classFileDirectoryName"]
[name="instanceName"] [align="left|right|top|bottom|middle" ]
[width="displayPixels"]     [height="displayPixels" ]
[hspace="leftRightPixels"]   [vspace="topBottomPixels"]   [<jsp:params>
<jsp:param name="parameterName" value="parameterValue"/>
</jsp:params>]
[<jsp:fallback>message</jsp:fallback>]
</jsp:plugin>
```

1. type="bean|applet"

被执行插件类型，该属性没有默认值，必须指定为 bean 或 applet。

2. code="classFileName"

将被插件执行的 Java 类文件名称必须以 .class 结尾，必须位于 codebase 属性指定的目录中。

3. codebase="classFileDirectoryName"

Java 类文件所在目录。如果没有该属性，表明类文件和 JSP 文件在同一目录下。

4. name="instanceName"

指定 Bean 或 Applet 实例的名字，它将会在 JSP 的其他地方调用，这使被同一个 JSP 调用的 Bean 或 Applet 之间通信成为可能。

5. align="left|right|top|bottom|middle"

指定 Bean 或 Applet 对象的位置。

6. width="displayPixels"和 height="displayPixels"

Bean 或 Applet 对象显示的宽度和高度，单位为像素。

7. hspace="leftRightPixels" 和 vspace="topBottomPixels"

Bean 或 Applet 对象显示时距屏幕左右和上下的距离，单位为像素。

8. <jsp：fallback>

当浏览器不能正常显示 Applet 或 Bean 时，显示一段替代文本给用户。

【例 2-9】 second_example9.jsp。

```
<%@page contentType="text/html; charset=GB2312"%>
<HTML>
<BODY>
<CENTER>
<jsp:plugin type="applet" code="HelloWorld.class"  height="40" width="320" >
<jsp:params>
<jsp:param name="name" value="jsp"/>
</jsp:params>
<jsp:fallback>无法加载 Applet</jsp:fallback>
</jsp:plugin>
</CENTER>
</BODY>
</HTML>
```

HelloWorld.java(Applet)：

```
import java.applet.Applet;
import java.awt.Graphics;
public class HelloWorld extends Applet
{
    String name;
    public void init()
    {
    name =getParameter("name");
    }
    public void paint(Graphics g)
    {
    g.drawString(" This demo show jsp:plugin usage,the " + name +" is <br>a parameter!", 60, 25);
    }
}
```

运行结果如图 2.10 所示。

2.5.5 <jsp：useBean>动作

详细讲解见第 5 章。

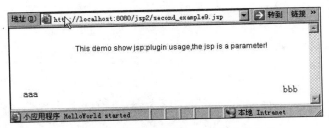

图 2.10　second_example9.jsp 的运行结果

2.6　实验与训练指导

1. JSP 中存在代码：<％="2"+"4" ％>，运行该 JSP 后，以下说法正确的是(　　)。（选择一项）

　　A. 没有任何输出　　　　　　　　B. 输出 6
　　C. 输出 24　　　　　　　　　　　D. 指令将引发错误

2. JSP 页面的 test.jsp 文件如下所示，运行时，将发生(　　)。（选择一项）

```
<html>
    <%String str =null;%>
      str is <%=str%>
</html>
```

　　A. 编译阶段出现错误　　　　　　B. 翻译阶段出现错误
　　C. 执行字节码时发生错误　　　　D. 运行后，浏览器上显示：str is null

3. JSP 页面的 page 指令主要用于设置该页面的各种属性，page 指令的 language 属性的作用是(　　)。（选择一项）

　　A. 将需要的包或类引入 JSP 页面中
　　B. 指定 JSP 页面使用的脚本语言，默认为 Java
　　C. 指定 JSP 页面采用的编码方式，默认为 text/html
　　D. 服务器所在国家编码

4. 在 JSP 页面中提交表单，下列代码在页面输出的内容是(　　)。（选择一项）

```
<%@page language="java" import="java.util.*" pageEncoding="utf-8"%>
<!DOCTYPE HTMLPUBLIC"-//W3C//DTDHTML4.01Transitional//EN">
<html>
    <head><title></title></head>
    <body>
    <%
        int []nums={1,2};int num=0;
        for(int i =0;i<nums.length;i++){
            num+=nums[i];
    %>
```

```
        <%=nums[i]%>
        <%
          out.print(num);
        }
        out.print(num);
        %>
        </body>
</html>
```

A. 1233 　　　　B. 11233 　　　　C. 1123 　　　　D. 编译错误

5. index.jsp 页面中包含了以下的 JSP 代码,则运行 test.jsp 页面的结果为(　　)。（选择一项）

index.jsp 页面的关键代码如下：

```
<%int i=5;%>
```

和 index.jsp 同路径下的 test.jsp 页面的关键代码如下：

```
<%@ include file="index.jsp" %>
<%
    int j=10;
    int i=7;
%>
<%=(i+j)%>
```

A. 17 　　　　B. 22 　　　　C. 25 　　　　D. 编译错误

6. 创建 a.jsp 文件,声明整型变量 c 和函数 mul(),mul()定义如下：

```
public int  mul(int a,int b)
{
    c=a*b;
    return c;
}
```

利用 JSP 表达式输出调用 mul(3,4)的值。

7. 创建 b.jsp 文件,在其中创建一个整型数组 A[]={0,1,2,3},输出 A[4]的值,产生异常,要求再创建一个错误处理页面 error.jsp 文件,取得从 b.jsp 网页传出的错误信息。

8. 编写 3 个 JSP 页面：main.jsp、circle.jsp 和 ladder.jsp,将 3 个 JSP 页面放到同一个 Web 服务目录下。main.jsp 使用 include 动作标记加载 circle.jsp 和 ladder.jsp,circle.jsp 可以计算并显示圆的面积,ladder.jsp 可以计算并显示梯形的面积。当 circle.jsp 和 ladder.jsp 被加载时,获取 main.jsp 页面 include 动作标记的 param 子标记提供的圆的半径以及梯形的上底、下底和高的值。

9. JSP 中动态 include 与静态 include 的区别是什么？

第 3 章 JSP 内置对象

有如下代码片段:

```
<%@page language="java" pageEncoding="gbk" %>
<%request.setAttribute("aa","<h3>揭开 JSP 神秘面纱!</h3>");
  out.print(request.getAttribute("aa"));
%>
```

代码中用到名为 out 的对象,但在整个页面中没有出现 new 关键字。也就是说,我们没有实例化 out 对象,但在 JSP 程序中却可以使用它,同样,request 对象也是如此。这是什么原因呢?

原来 out 和 request 都是 JSP 的内置对象。所谓内置对象,是指在 JSP 页面中已经默认内置的 Java 对象,它们在 JSP 页面初始化时生成,由容器实现和管理,可以直接在 JSP 页面使用。经常使用的 JSP 内置对象有 out、request、response、session、application、config、pageContext 和 exception,下面将分别介绍。

3.1 out 对象

out 对象用来向客户端输出数据,被封装为 javax.servlet.jsp.JspWriter 类对象,通过 JSP 容器变换为 java.io.PrintWriter 类对象。Servlet 使用 java.io.PrintWriter 类对象向网页输出数据。

【例 3-1】 b.jsp。

```
<%@page language="java"  pageEncoding="GB2312"%>
<html>
  <body>
  <%
  out.print("<font size=4 color=red >" );
  out.print("北大方正");
  out.print("</font>");
  %>   <!--在网页上输出"北大方正",字体 4 号,颜色红色 -->
  </body>
</html>
```

运行结果如图 3.1 所示。

程序说明:out.print("北大方正")在浏览器上显示"北大方正"。

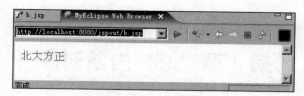

图 3.1 b.jsp 运行结果

3.2 request 对象

HTTP 协议是客户与服务器之间提交请求信息与响应信息的通信协议。request 对象是从客户端向服务器发出请求,代表客户端请求信息,主要用于接收客户端通过 HTTP 协议传送给服务器的数据。该对象继承 ServletRequest 接口,被包装成 HttpServletRequest 接口。

request 对象常用方法如表 3.1 所示。

表 3.1 request 对象常用方法

方法名称	说明
String getParameter(String name)	用来获取用户提交的数据
String[] getParameterValues(String name)	返回指定参数所有值
setCharacterEncoding(String charset)	设置响应使用字符编码格式
void setAttribute(String name,java.lang.Object value)	在请求转发时,经常要使用该方法把一些数据传到转发后的页面处理
Object getAttribute(String name)	在请求转发后的页面使用该方法获取属性值
removeAttribute(String attName)	把设置在 request 范围内的属性删除
getRemoteAddr()	获得客户端 IP 地址
Cookie[] getCookies()	返回客户端 cookie 对象,结果是一个 cookie 数组

【例 3-2】 requesta.jsp。

```
<%@page language="java" contentType="text/html; charset=GBK" %>
<html>
<body>
<form action="get.jsp" method="post" name="form1">
please enter your school name
<Input type="text" name="schoolname">
<Input type="submit" name="submit" value="提交">
</form>
</body>
</html>
```

get.jsp:

```jsp
<%@page language="java" contentType="text/html; charset=GBK" %>
<html>
<head>
<meta http-equiv="Content-Type" content="text/html; charset=GBK">
</head>
<body bgcolor="yellow">
<p>获取文本框提交的信息:
<% String textContent = new String ( request. getParameter ( " schoolname " ).
getBytes("ISO8859-1")); %>
<%=textContent %>
<p>获取按钮的标题:
<%String buttonName=new String(request.getParameter("submit").getBytes
("ISO8859-1")); %>
<%=buttonName %>
</body>
</html>
```

运行结果如图 3.2 所示。

图 3.2 requesta.jsp 的运行结果

在文本框中输入"清华大学",单击"提交"按钮,运行结果如图 3.3 所示。

图 3.3 输入信息提交后的运行结果

程序说明:在 requesta.jsp 中,文本框的名称为"schoolname",在该文本框中输入"清华大学",单击"提交"按钮,由表单 action 即 get.jsp 处理,request.getParameter("schoolname")得到用户提交的数据,此处:

```
new String(
request.getParameter("schoolname").getBytes("ISO8859-1"));
```

是用来处理汉字输入后显示为乱码的一种解决方法。

这样,浏览器显示用户在 requesta.jsp 的文本框 schoolname 中输入"清华大学"。

【例 3-3】 third_example1.jsp。

```jsp
<%@page language="java" contentType="text/html; charset=gb2312" %>
<html>
<script language="javascript" >
function checkEmpty(form)
{
for(i=0;i<form.length;i++)
  {
  if(form.elements[i].value=="")
    {
    alert("表单信息不能为空");
    return false;
    }
  }
}
</script>
<body>
  < form name =" form1" method =" post" action =" a.jsp" onSubmit =" return checkEmpty(form1)">
    <table border="0">
      <tr>
        <td>输入姓名:</td>
        <td><input  type="text" name="textOne"></td>
      </tr>
      <tr>
        <td>选择性别:</td>
        <td><INPUT type="radio" name="sex" value="男" checked="default">男 </td>
        <td><INPUT type="radio" name="sex" value="女">女</td>
      </tr>
      <tr>
        <td>选择您喜欢的专业:</td>
        <td><input type="checkbox" name="item" value="NIIT" >NIIT</td>
        <td><input type="checkbox" name="item" value="对日软件" >对日软件</td>
        <td><input type="checkbox" name="item" value="中加合作" >中加合作</td>
        <td></td>
      </tr>
      <tr>
        <td>隐藏域的值为:</td>
        <td><input  type="hidden" name="major" value="对日软件">对日软件</td>
      </tr>
    </table>
    < input type="submit" name="Submit" value="提交">
    < INPUT TYPE="reset" value="重置" >
```

```
        </form>
    </body>
</html>
```

a.jsp：

```jsp
<%@page contentType="text/html; charset=gb2312" %>
<html>
<%request.setCharacterEncoding("gb2312");%>
<body><div align="center">
    <table border="0">
      <tr>
        <td>您的姓名:</td>
        <td><%=request.getParameter("textOne")%></td>
      </tr>
      <tr>
        <td>您的性别:</td>
        <td><%=request.getParameter("sex")%></td>
      </tr>
      <tr>
        <td>您喜欢的专业:</td>
        <% String itemName[]=request.getParameterValues("item");
          if(itemName==null)
        { out.print("<td>"+"都不喜欢"+"</td>");
          out.print("</tr>");
        }
        else
        { for(int k=0;k<itemName.length;k++)
          { out.print("<td>"+itemName[k]+"</td>");
          }
          out.print("</tr>");
        }
        %>
      <tr>
        <td>获取隐藏域的值为:</td>
        <td><%=request.getParameter("major")%></td>
      </tr>
    </table>
    <a href="third_example1.jsp">返回</a>
    </div>
</body>
</html>
```

运行结果如图3.4所示。
在文本框中输入"张三",单击"提交"按钮,运行结果如图3.5所示。

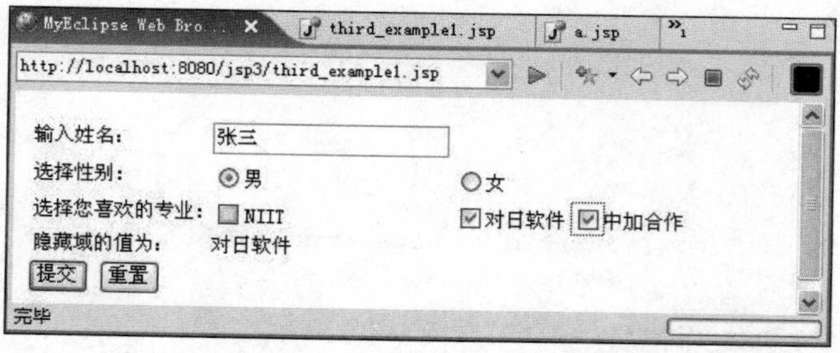

图 3.4 third_example1.jsp 的运行结果

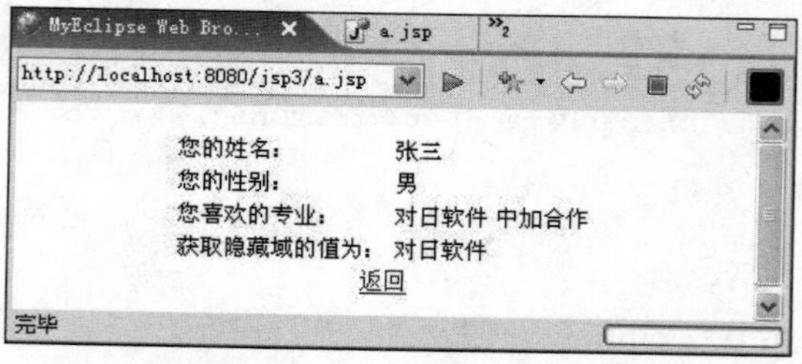

图 3.5 输入信息提交后的运行结果

程序说明：在 a.jsp 中，request.setCharacterEncoding("gb2312")设置响应使用字符编码为 GB2312。String itemName[]＝request.getParameterValues("item")返回 third_example1.jsp 中名字为 item 的文本框的所有值，它是一个字符串数组。

【例 3-4】 third_example2.jsp。

```
<%@page contentType="text/html;charset=gb2312"%>
<%
    request.setAttribute("name", "清华大学");
    request.setAttribute("stucount", "7000人");
    request.setAttribute("tel", " 010-62793001 ");
    request.setAttribute("city", "北京");
%>
<jsp:forward page="b.jsp" />
```

b.jsp：

```
<%@page contentType="text/html;charset=gb2312"%>
<%request.removeAttribute("city"); %>
<table border="1">
    <tr>
        <td>学院名称:</td>
        <td><%=request.getAttribute("name")%></td>
    </tr>
    <tr>
        <td>学生人数:</td>
```

```
            <td><%=request.getAttribute("stucount")%></td>
        </tr>
        <tr>
            <td>电话:</td>
            <td><%=request.getAttribute("tel")%></td>
        </tr>
        <tr>
            <td>所在城市:</td>
            <td><%=request.getAttribute("city")%></td>
        </tr>
        <tr>
            <td>客户端 IP:</td>
            <td><%=request.getRemoteAddr()%></td>
        </tr>
</table>
```

运行结果如图 3.6 所示。

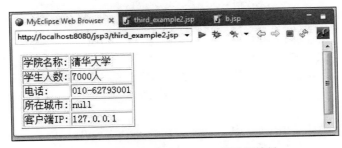

图 3.6　third_example2.jsp 的运行结果

程序说明：在 third_example2.jsp 中，request.setAttribute("name","清华大学")把数据"清华大学"设定在 request 范围内，转发后页面 b.jsp 使用 request.getAttribute("name")，得到数据"清华大学"。request.getRemoteAddr()返回提交数据的客户端 IP，本例为 127.0.0.1。

【例 3-5】　f.jsp。

```
<%@page contentType="text/html;charset=gb2312"%>
<%
    String uName ="John";
    String uSex ="man";
    request.setAttribute("name", uName);
    request.setAttribute("sex", uSex);
%>
<jsp:forward page="rmAttribute.jsp" />
```

rmAttribute.jsp：

```
<%@page contentType="text/html;charset=gb2312"%>
```

```
<%
    request.removeAttribute("name");
    request.removeAttribute("sex");
%>
<table border="1">
    <tr>
        <td>姓名:</td>
        <td><%=request.getAttribute("name")%></td>
    </tr>
    <tr>
        <td>性别:</td>
        <td><%=request.getAttribute("sex")%></td>
    </tr>
</table>
```

运行结果如图 3.7 所示。

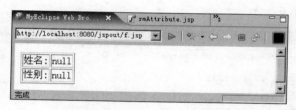

图 3.7　f.jsp 的运行结果

程序说明：rmAttribute.jsp 中，request.removeAttribute("name")把设置在 request 中的属性 name 删除，所以 request.getAttribute("name")显示 null。

3.3　response 对象

response 对象与 request 对象正好相反，所包含的是服务器向客户端做出的应答信息。response 被包装成 HttpServletResponse 接口，它封装了 JSP 的响应，被发送到客户端以响应客户端请求。因输出流是缓冲的，所以可以设置 HTTP 状态码和 response 头。

response 对象常用方法如表 3.2 所示。

表 3.2　response 对象常用方法

方法名称	说　　明
addCookie(Cookie cookie)	添加一个 cookie 对象，用来保存客户端用户信息。用 request 对象的 getCookies()方法可以获得这个 cookie
setContentType(String contentType)	设置响应 MIME 类型。例如：response.setContentType("application/msword;charset=GB2312")
setCharacterEncoding(String charset)	设置响应使用字符编码格式

方法名称	说明
setHeader(String name, String value)	设定指定名字的 HTTP 文件头的值，如该值存在，会被新值覆盖。例如，在线聊天室，当 refresh 值为"5"时，就表示页面每 5 秒就要刷新一次： response.setHeader("refresh","5")
sendRedirect(URL)	将用户重定向到一个不同的页面 URL。调用此方法，终止以前的应答，更改浏览器内容为一个新的 URL。注意：使用 sendRedirect 重定向是没办法通过 request.setAttribute 来传递对象到另外一个页面的
String encodeURL(String url)	将 url 予以编码，回传包含 sessionId 的 URL。使用 response.sendRedirect(response.encodeURL(url)) 的好处就是能将用户的 session 追加到网址的末尾，也就是能够保证用户在不同页面时的 session 对象是一致的，这样做的目的是防止某些浏览器不支持或禁用了 cookie 导致 session 跟踪失败
String encodeRedirectURL(String url)	对于使用 sendRedirect()方法的 url 进行编码

【例 3-6】 refresh.jsp。

```
<%@page import="java.text.SimpleDateFormat"%>
<%@page import="java.text.DateFormat"%>
<%@page language="java" contentType="text/html; charset=GBK" %>
<html>
<body>
<p>response 自动刷新 </p>
当前时间为：
<%
DateFormat df=new SimpleDateFormat("yyyy-MM-dd HH:mm:ss");
response.setHeader("Refresh","1");
out.println(""+df.format(new java.util.Date()));%>
</body>
</html>
```

运行结果如图 3.8 所示。

图 3.8 refresh.jsp 的运行结果

程序说明：response.setHeader("Refresh","1")表示每隔 1 秒会重新加载页面本身。通过该方法可以设置页面自动刷新时间间隔。

【例 3-7】 cookie.jsp。

```jsp
<%@page language="java" contentType="text/html; charset=GBK"%>
<html>
<head>
<meta http-equiv="Content-Type" content="text/html; charset=GBK">
<title>保存数据到 cookie</title>
</head>
<%
request.setCharacterEncoding("GBK");
String name=request.getParameter("Name");
String major=request.getParameter("major");
Cookie cookies[]=request.getCookies();
//存取 name 变量
if(cookies!=null)
{
    for(int i=0;i<cookies.length;i++)
    {if(cookies[i].getName().equals("name"))
    name=cookies[i].getValue();
    }
}
else if(name!=null)
    {
        Cookie c=new Cookie("name",name);
        c.setMaxAge(50);
        response.addCookie(c);
    }
//存取 major 变量
if(cookies!=null)
{
    for(int i=0;i<cookies.length;i++)
    {if(cookies[i].getName().equals("major"))
    major=cookies[i].getValue();
    }
}
else if(major!=null)
    {
        Cookie c=new Cookie("major",major);
        response.addCookie(c);
    }
%>
<body>
<P>保存数据到 cookie 的测试</P>
<form action="cookie.jsp" method="post">
```

```
姓名:<input type="text" name="Name"
value="<%if(name!=null)out.println(name); %>">
专业:<input type="text" name="major"
value="<%if(major!=null)out.println(major); %>">
<input type="submit" value="保存">
</form>
your name is <%if(name!=null)out.println(name); %>;
<br>
your major  is <%if(major!=null)out.println(major); %>;
</body>
</html>
```

运行结果如图 3.9 所示。

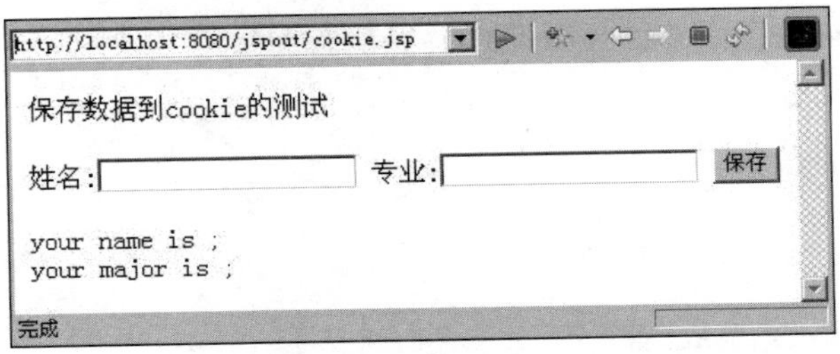

图 3.9 cookie.jsp 的运行结果

输入"张三"和"软件技术",单击"保存"按钮,运行结果如图 3.10 所示。

图 3.10 输入信息提交后的运行结果

程序说明：Cookie cookies[ ]=request.getCookies()返回 cookie 类型数组；Cookie c=new Cookie("major",major)创建 cookie 对象 c；response.addCookie(c)添加一个 cookie 对象 c。

【例 3-8】 third_example3.jsp。

```
<%@page pageEncoding="GBK" %>
<html>
<body>
<%
String address=request.getParameter("where");
if(address!=null)
```

```
       {
       if(address.equals("pku"))
       response.sendRedirect("http://www.pku.edu.cn");
       else if(address.equals("buaa"))
       response.sendRedirect("http://www.buaa.edu.cn");
       }
       %>
       <b>Please select:</b><br>
       <form action="third_example3.jsp" method="GET">
       <select name="where">
       <option value="pku" >go to pku
       <option value="buaa" >go to buaa
       </select>
       <input type="submit" value="go" name="submit">
       </form>
       </body>
       </html>
```

程序说明：

```
       if(address.equals("pku"))
       response.sendRedirect("http://www.pku.edu.cn");
```

如果address值为"pku"，将用户重定向到http://www.pku.edu.cn，这时浏览器地址栏也是http://www.pku.edu.cn。

注意：使用<jsp:forward>转到新的页面后，原来页面的request参数是可用的，同时新页面地址不会在地址栏中显示出来。而使用sendRedirect方法重定向后，浏览器地址栏会出现重定向后页面的URL。

3.4 session对象

在Web应用中，当一个客户首次访问服务器上的某个JSP页面时，JSP引擎（如Tomcat）将为这个客户创建一个session对象；当客户关闭浏览器离开之后，session对象被注销。

设置session的目的是帮助服务器端识别客户。由于HTTP协议是无连接的，客户浏览器与服务器建立连接，发出请求，得到响应。一旦发送响应，Web服务器就会忘记是谁发出过请求。换句话说，它们不记得谁曾经做过请求，也不记得曾经发出过响应，什么都不记得了。但有些情况下可能需要跨多个请求保留与客户的会话状态，例如在网上购物这样的应用中，客户选完商品进入结算页面后，服务器端需要知道这个客户的购物车中有哪些商品。在网站计数器应用中，服务器端同样需要知道是一个新客户在访问网站，还是老客户在进行刷新操作，以正确统计访问量。上述的这些需求，都需要通过session对象实现。

3.4.1 session 对象的常用方法

session 对象常用方法如表 3.3 所示。

表 3.3 session 对象常用方法

方 法 名 称	说　　明
setAttribute(String attName,Object value)	设定指定名字属性值,并把它存储在 session 对象中
getAttribute(String attName)	获取指定名字属性值,若属性不存在,则返回 null
EnumerationgetAttributeNames()	返回 session 对象中存储的每一个属性对象,结果是枚举类对象
removeAttribute(String attName)	删除指定属性
setMaxInactiveInterval(int interval)	设置 session 对象的有效时间,单位为秒
getMaxInactiveInterval()	获取 session 对象的生存时间,单位为秒
invalidate()	销毁 session 对象并释放所有与之相关联的对象。要牢记会话与用户相关联,而不是与单个 Servlet 或 JSP 页面相关联
getId()	返回当前 session 对象的 ID
isNew()	可以通过用户是否刷新了当前页面判断当前用户是否为新用户。如果用户还没有用这个会话 ID 做过响应,isNew()就返回 true

【例 3-9】 third_example4.jsp。

```
<%@page pageEncoding="GB2312" %>
<HTML>
<BODY>
   欢迎访问,请输入姓名
  <FORM>
      <INPUT type="text" name="name">
      <INPUT type="submit"  name="submit" value="提交">
  </FORM>
  <%  String name=request.getParameter("name");
      if(name==null)
      { name="";
      }
      else
      { byte b[]=name.getBytes("ISO-8859-1");
        name=new String(b);
        session.setAttribute("customerName",name);
      }
   %>
```

```
        <%if(name.length()>0)
          {
        %>
          <A HREF="book.jsp">  欢迎去选书!</A>
        <%}
        %>
   <FONT>
  </BODY>
</HTML>
```

book.jsp：

```
<%@page pageEncoding="GB2312"%>
<HTML>
<BODY>
<A HREF="third_example4.jsp">  修改姓名!</A>
<p>
请选择您要购买的书：
    <FORM>
        <input type="checkbox" name="item" value="Java" >Java
        <input type="checkbox" name="item" value="JSP" >JSP
        <input type="checkbox" name="item" value="Struts" >Struts
        <p>
        <input type="submit"  name="submit" value="提交">
    </FORM>
    <%  String book[]=request.getParameterValues("item");
        if(book!=null)
        { for(int k=0;k<book.length;k++)
          { session.setAttribute(book[k],book[k]);
          }
        }
    %>
    <A HREF="count.jsp">去结账!</A>
</BODY>
</HTML>
```

count.jsp：

```
<%@page import="java.util.*" pageEncoding="GB2312"%>
<HTML>
<BODY>
这里是结账处：
<%  String personName=(String)session.getAttribute("customerName");
    out.print("<br>您的姓名："+personName);
    Enumeration enumGoods=session.getAttributeNames();
    out.print("<br>购物车中的商品:<br>");
```

```
          while(enumGoods.hasMoreElements())
             { String key=(String)enumGoods.nextElement();
               String goods=(String)session.getAttribute(key);
               if(!(goods.equals(personName)))
                  out.print(goods+"<br>");
             }
%>
<p>
<A HREF="book.jsp">请继续购买书籍!</A>
<BR><A HREF="third_example4.jsp">修改姓名!</A>
</BODY>
</HTML>
```

输入 http：//localhost：8080/jsp3/third_example4.jsp 运行，输入"张三"，单击"提交"按钮，之后单击"欢迎去选书"超链接，运行结果如图3.11所示。

图3.11 third_example4.jsp 的运行结果（一）

在图3.11中，选中要购买的图书，单击"提交"按钮，之后单击"去结账!"超链接，运行结果如图3.12所示。

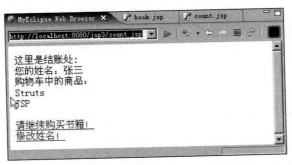

图3.12 third_example4.jsp 的运行结果（二）

程序说明：session.setAttribute("customerName",name)设定指定名字 customerName 的属性值为"张三"，并把它存储在 session 对象中；session.getAttribute("customerName")获取指定名字为 customerName 的属性值"张三"；Enumeration enumGoods = session.

getAttributeNames()返回session对象中存储的每一个属性对象,结果是枚举类对象。

修改book.jsp如下:

```jsp
<%@page import="java.util.*" pageEncoding="GB2312" %>
<HTML>
<BODY>
<A HREF="third_example4.jsp"> 修改姓名!</A>
<p>
请选择您要购买的书:
  <FORM>
      <input type="checkbox" name="item" value="Java" >Java
      <input type="checkbox" name="item" value="JSP" >JSP
      <input type="checkbox" name="item" value="Struts" >Struts
      <p>
      <input type="submit"  name="submit" value="提交">
  </FORM>
  <%! ArrayList a=new ArrayList(); %>
  <%  String book[]=request.getParameterValues("item");
   if(book!=null)
      {for(int k=0;k<book.length;k++)
        { a.add(book[k]);
        }
      }
    session.setAttribute("key",a);
  %>
  <A HREF="count.jsp">去结账!</A>
</BODY>
</HTML>
```

修改count.jsp如下:

```jsp
<%@page import="java.util.*" pageEncoding="GB2312" %>
<HTML>
<BODY>
这里是结账处:
<%  String personName= (String)session.getAttribute("customerName");
    out.print("<br>您的姓名:"+personName);
    out.print("<br>购物车中的商品:<br>");
    ArrayList b= (ArrayList)session.getAttribute("key");
            Object c[]=b.toArray();
              if(c!=null)
    {for(int k=0;k<c.length;k++)
      { out.print(c[k]+"<br>");
      }
```

```
        }
%>
<p>
<A HREF="book.jsp">请继续购买书籍!</A>
<BR><A HREF="third_example4.jsp">修改姓名!</A>
</BODY>
</HTML>
```

这样当我们两次选择同一本书时,就会打印两次这本书的书名,如图3.13所示。

图3.13 同一本书选择两次

【例3-10】 设计网站计数器。

cone.jsp:

```
<%@page pageEncoding="GB2312" %>
<HTML><BODY bgcolor=yellow>
<jsp:include page="counter.jsp" />
<P>Welcome 欢迎您访问本站,这是本网站的 cone.jsp 页面
    <BR>您是第
            <%=(String)session.getAttribute("count")%>
    个访问本网站的客户。
    <A href="ctwo.jsp">欢迎去 ctwo.jsp 参观</A>
</BODY></HTML>
```

ctwo.jsp:

```
<%@page pageEncoding="GB2312" %>
<HTML><BODY bgcolor=cyan>
<jsp:include page="counter.jsp" />
<P>欢迎您访问本站,这是本网站的 ctwo.jsp 页面
    <BR>您是第
            <%=(String)session.getAttribute("count")%>
    个访问本网站的客户。
    <A href="cone.jsp">欢迎去 cone.jsp 参观</A>
</BODY></HTML>
```

counter.jsp：

```jsp
<%@page contentType="text/html;charset=GB2312" %>
<%@page import="java.io.*" %>
<%!  int number=0;
     File file=new File("countNumber.txt");
     synchronized void countPeople()//计算访问次数的同步方法
       { if(!file.exists())
           { number++;
             try { file.createNewFile();
                   FileOutputStream out=new FileOutputStream(file);
                   DataOutputStream dataOut=new DataOutputStream(out);
                   dataOut.writeInt(number);
                   out.close();
                   dataOut.close();
                 }
             catch(IOException ee){}
           }
         else
           { try { FileInputStream in=new FileInputStream(file);
                   DataInputStream dataIn=new DataInputStream(in);
                   number=dataIn.readInt();
                   number++;
                   in.close();
                   dataIn.close();
                   FileOutputStream out=new FileOutputStream(file);
                   DataOutputStream dataOut=new DataOutputStream(out);
                   dataOut.writeInt(number);
                   out.close();
                   dataOut.close();
                 }
             catch(IOException ee){}
           }
       }
%>
<%  String str=(String)session.getAttribute("count");
    if(session.isNew())
      { out.println("请首先访问其他网页");
      }
    else
      { if(str==null)
          { countPeople();
            String personCount=String.valueOf(number);
            session.setAttribute("count",personCount);
```

```
        }
    }
%>
```

运行结果如图 3.14 所示。

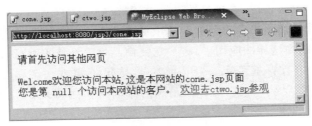

图 3.14 cone.jsp 页面

单击"欢迎去 ctwo.jsp 参观"超链接,运行结果如图 3.15 所示。

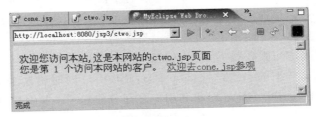

图 3.15 ctwo.jsp 页面

再单击"欢迎去 cone.jsp 参观"超链接,运行结果如图 3.16 所示。

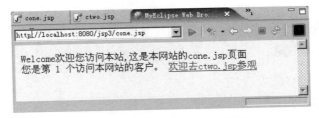

图 3.16 再次回到 cone.jsp 页面

再打开一个浏览器页面,输入 http：//localhost：8080/jsp3/cone.jsp,运行结果如图 3.17 所示。

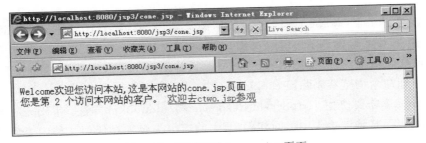

图 3.17 第三次进入 cone.jsp 页面

3.4.2 session 跟踪

因为 HTTP 协议是无连接的,浏览器访问网页的过程是建立连接,发出请求,得到响应,然后关闭连接。也就是说,连接只针对一个请求/响应过程。由于 HTTP 连接不会持久保留,所以容器就识别不出发出第二个请求的客户与前一个请求的客户是不是同一个客户。例如在网上购物这样的应用中,客户选完商品进入结算页面后,服务器端需要知道这个客户的购物车中有哪些商品。JSP 解决这类问题的方法就是 session 跟踪,通过 session 跟踪来辨认客户端,一般 session 跟踪的方法有使用 Cookie、URL 重写和使用隐藏表单域。

1. 使用 cookie

cookie 是 Web 服务器发送至客户端浏览器的小段文本信息,以后访问该服务器时,浏览器会不做任何修改地向服务器返回这些信息,可见 cookie 的目的是方便用户以及向服务器端传送相关信息。

当一个用户首次访问服务器上的一个 JSP 页面时,JSP 引擎产生一个 session 对象,同时分配一个 String 类型的 ID 号(session ID),JSP 引擎同时将这个 ID 号发送到用户端,存放在 cookie 中,这样 session 对象和用户之间就建立了一一对应的关系。当用户再访问连接该服务器的其他页面时,不再分配给用户新的 session 对象,直到关闭浏览器或该 session 达到最大生存时间后,服务器端该用户的 session 对象才取消,并且与用户的对应关系也会消失。当重新打开浏览器再连接到该服务器时,服务器为该用户创建一个新的 session 对象。

1) cookie 的发送

(1) 创建 cookie 对象:

`Cookie cookie=new Cookie("name","value");`

(2) 设置最大时效:

`cookie.setMaxAge(60);`

(3) 将 cookie 放入 HTTP 响应报头:

`response.addCookie(cookie);`

如果创建了一个 cookie,并将它发送到浏览器,默认情况下它是一个会话级别的 cookie,存储在浏览器的内存中,用户退出浏览器之后被删除。如果希望浏览器将该 cookie 存储在磁盘上,则需要使用 setMaxAge(),并给出一个以秒为单位的时间。将最大时效设为 0 即命令浏览器删除该 cookie。

发送 cookie 需要使用 HttpServletResponse 的 addCookie 方法,将 cookie 插入一个 Set-Cookie HTTP 请求报头中。同样要记住,响应报头必须在任何文档内容发送到客户端之前设置。

2) cookie 的读取

（1）调用 getCookies( ) 方法。要获取由浏览器发送来的 cookie,需要调用 HttpServletRequest 的 getCookies()方法,这个调用返回 cookie 对象的数组,对应 HTTP 请求中 cookie 报头输入的值。

（2）对数组进行循环,调用每个 cookie 的 getName()方法获得 cookie 名字,直到找到感兴趣的 cookie 为止,调用 getValue()方法得到 cookie 的值。例如:

```
String cookieName="userID";
    Cookie cookies[]=request.getCookies();
    if(cookies!=null){
        for(int  i=0;i<cookies.length;i++){
            Cookie cookie=cookies[i];
            if(cookieName.equals(cookie.getName())){
                doSomethingWith(cookie.getValue());
            }
        }
    }
```

2. URL 重写

如果客户端不支持 cookie,那么客户在不同网页之间的 session 对象可能是互不相同的,因为服务器无法将 ID 存放到客户端,就不能建立 session 对象和客户的一一对应关系。可以通过 URL 重写来实现 session 对象的唯一性。

所谓 URL 重写,就是当客户从一个页面连接到同一 Web 服务目录页面时,通过向这个新的 URL 添加参数,把 session 对象的 ID 传带过去,这样就可以保证客户在该网站各个页面中的 session 对象是完全相同的。以 http://host/path/file.html/;jsessionid=a1234 为例,jsessionid=a1234 作为会话标示符附加在 URL 尾部,即 URL+;jsessionid=a1234。

注意,不能对静态页面完成 URL 重写。使用 URL 重写只有一种可能,就是作为会话一部分的所有页面都是动态生成的。不能硬编码会话 ID,因为 ID 在运行之前并不存在。如果依赖会话,就要把 URL 重写作为一条后路,另外,因为需要 URL 重写,就必须在响应 HTML 中动态生成 URL,这意味着必须在运行时处理 HTML。

如果客户不接受 cookie,则 URL 重写是自动的,只有当对 URL 完成了编码时它才奏效。必须通过 response 对象调用 encodeURL()或 encodeRedirectURL()方法来运行所有 URL,其他的所有事情都由容器来做。

如何实现 URL 重写呢?例如从 a.jsp 页面重定向到 b.jsp 页面,但还想使用一个会话,就要首先在程序中实现 URL 重写:

```
String str=response.encodeRedirectURL("/b.jsp");
```

然后将连接目标写成<%=str%>即可。

注意,URL 重写的缺点是对所有的 URL 使用 URL 重写时,包括超链接、form 的 action 和重定向的 URL,每个引用站点的 URL,以及那些返回给用户的 URL(即使通过间接手段,例如服务器重定向中的 Location 字段)都要添加额外的信息。这意味着站点上不能有任何静态的 HTML 页面(至少静态页面中不能有任何链接到站点动态页面的链接)。因此,每个页面都必须使用 Servlet 或 JSP 动态生成,即使所有的页面都动态生成,如果用户离开了会话并通过书签或链接再次回来,会话的信息都会丢失,因为存储下来的链接含有错误的标识信息,该 URL 后面的 session ID 已经过期了。

3. 使用隐藏表单域

HTML 表单可以含有如下条目:

`<input type="hidden" name="session" value="a1234">`

这个条目表示在提交表单时,要将指定的名称和值自动包括在 GET 和 POST 数据中。这个隐藏域可以用来存储有关会话信息,其主要缺点是仅当每个页面都是由表单提交且动态生成时,才能使用这种方法。单击常规的<A HREF...>超文本链接并不产生表单提交,因此隐藏的表单域不能支持通常的会话跟踪,只能用于一系列特定的操作中,例如在线商店的结账过程。

3.5 application 对象

对于一个容器而言,每个用户都使用同一个 application 对象,这与 session 对象是不一样的,session 用于实现用户间数据共享。服务器启动后,就会自动创建 application 对象,这个对象会一直保持,直到服务器关闭为止。

application 对象常用方法如表 3.4 所示。

表 3.4 application 对象常用方法

方 法 名 称	说 明
setAttribute(String attName, Object value)	设定指定名字属性值
getAttribute(String attName)	获取指定名字属性值
Enumeration getAttributeNames()	返回所有 application 对象的属性名字,结果是枚举类对象
removeAttribute(String attName)	删除指定属性
String getRealPath(String path)	返回虚拟路径的真实路径

【例 3-11】 third_example5.jsp。

```
<%@page pageEncoding="GB2312" %>
<HTML><BODY>
<FORM action="messagePane.jsp" method="post" name="form">
    输入您的名字:<BR><INPUT  type="text" name="peopleName">
    <BR>输入您的留言标题:<BR>
    <INPUT  type="text"  name="Title">
```

```
    <BR>输入您的留言:<BR>
<TEXTAREA name="messages" ROWs="10" COLS="36"></TEXTAREA>
    <BR><INPUT type="submit" value="提交信息" name="submit">
 </FORM>
 <FORM action="showMessage.jsp" method="post" name="form1">
    <INPUT type="submit" value="查看留言板" name="look">
 </FORM>
</BODY></HTML>
```

messagePane.jsp：

```
<%@page import="java.util.*" pageEncoding="GBK"%>
<HTML><BODY>
   <%! Vector<String>v=new Vector<String>();
      int i=0; ServletContext application;
      synchronized void sendMessage(String s)
       { application=getServletContext();
         i++;
         v.add("No."+i+","+s);
         application.setAttribute("Mess",v);
       }
    %>
    <%String name=request.getParameter("peopleName");
      String title=request.getParameter("Title");
      String messages=request.getParameter("messages");
        if(name==null)
          {name="guest"+(int)(Math.random()*10000);
          }
        else
         {byte a[]=name.getBytes("ISO-8859-1");
          name=new String(a);
         }
        if(title==null)
          {title="无标题";
          }
        else
         {byte a[]=title.getBytes("ISO-8859-1");
          title=new String(a);
         }
        if(messages==null)
          {messages="无信息";
          }
        else
         {byte a[]=messages.getBytes("ISO-8859-1");
          messages=new String(a);
```

```
            }
        String s="姓名:"+name+"#"+"标题:"+title+"#"+"内容:"+"<BR>"+messages;
        sendMessage(s);
        out.print("您的信息已经提交!");
    %>
    <A HREF="third_example5.jsp" >返回
</BODY></HTML>
```

showMessage.jsp:

```
<%@page import="java.util.*" pageEncoding="GBK" %>
<HTML><BODY>
    <%Vector v=(Vector)application.getAttribute("Mess");
        for(int i=0;i<v.size();i++)
          { String message=(String)v.elementAt(i);
            StringTokenizer fenxi=new StringTokenizer(message,"#");
              while(fenxi.hasMoreTokens())
                { String str=fenxi.nextToken();
                  out.print("<BR>"+str);
                }
          }
    %>
</BODY></HTML>
```

运行结果如图 3.18 所示。

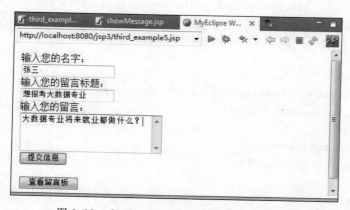

图 3.18　third_example5.jsp 的运行结果(一)

输入相关内容后单击"提交信息"按钮,之后单击"查看留言板"按钮,运行结果如图 3.19 所示。

程序说明:

```
ServletContext  application;
application=getServletContext();
```

得到 application 对象。

图 3.19　third_example5.jsp 的运行结果(二)

3.6　config 对象

config 对象被封装成 javax.servlet.ServletConfig 接口，表示 Servlet 的配置。当一个 Servlet 初始化时，容器把某些信息通过此对象传递给 Servlet。

config 对象常用方法如表 3.5 所示。

表 3.5　config 对象常用方法

方 法 名 称	说　明
getInitParameter(String name)	获取名字为 name 的初始参数值
Enumeration getInitParameterNames()	获取该 JSP 所有初始参数的名字
getServletContext()	返回执行 Servlet 的上下文

【例 3-12】third_example6.jsp。

```
<%@page import="java.util.*" pageEncoding="gb2312"%>
<html>
<body>
    <%
    Enumeration a=config.getInitParameterNames();
    while(a.hasMoreElements())
       { String name=(String)a.nextElement();
        if(name.equals("buaa")||name.equals("pku"))
          { String value=config.getInitParameter(name);
           out.print("参数名:"+name+"  "+"参数值:"+value+"<br>");
          }
        }
    %>
</body>
</html>
```

还要配置 Web.xml 文件：

```
<?xml version="1.0" encoding="UTF-8"?>
<web-app version="2.4"
```

```
        xmlns="http://java.sun.com/xml/ns/j2ee"
        xmlns:xsi="http://www.w3.org/2001/XMLSchema-instance"
        xsi:schemaLocation="http://java.sun.com/xml/ns/j2ee
        http://java.sun.com/xml/ns/j2ee/web-app_2_4.xsd">
<servlet>
  <servlet-name>pfc</servlet-name>
  <jsp-file>/third_example6.jsp</jsp-file>
  <init-param>
  <param-name>buaa</param-name>
  <param-value>北京航空航天大学</param-value>
  </init-param>
  <init-param>
  <param-name>pku</param-name>
  <param-value>北京大学</param-value>
  </init-param>
</servlet>
  <servlet-mapping>
  <servlet-name>pfc</servlet-name>
  <url-pattern>/third_example6.jsp</url-pattern>
  </servlet-mapping>
</web-app>
```

运行结果如图3.20所示。

图3.20　third_example6.jsp的运行结果

程序说明：

```
<init-param>
  <param-name>buaa</param-name>
  <param-value>北京航空航天大学</param-value>
</init-param>
```

设置初始化参数名为"buaa"，参数值为"北京航空航天大学"。

`Enumeration a=config.getInitParameterNames();`

获取该JSP所有初始参数的名字，返回一个枚举对象。

`String value=config.getInitParameter(name);`

获取名字为name的初始参数值。

3.7 pageContext 对象

pageContext 对象被封装成 javax.servlet.jsp.PageContext 接口,它为 JSP 页面包装页面上下文,封装了对其他八大隐式对象的引用,提供存取所有关于 JSP 程序执行时期要用到的属性和方法。

pageContext 对象常用方法如表 3.6 所示。

表 3.6 pageContext 对象常用方法

方 法 名 称	说 明
forward(String relativeURL)	把页面转发到另一个页面或者 Servlet 组件上
getAttribute(String name[,int scope])	获取属性的值
getException()	返回当前的 exception 对象
getRequest()	返回当前的 request 对象
getResponse()	返回当前的 response 对象
getServletConfig()	返回当前页面的 ServletConfig 对象
getServletContext()	返回 ServletContext 对象,这个对象对所有页面都是共享的
getSession()	返回当前页面的 session 对象
setAttribute(String name,String value)	设置属性值
removeAttribute(String name)	删除指定属性
invalidate()	返回 ServletContext 对象,全部销毁

【例 3-13】 third_example7.jsp。

```
<%@page pageEncoding="GBK" %>
<html>
<body>
<form method=post action="PageContext1.jsp">
<table>
<tr>
<td>姓名</td>
<td><input type=text name=name></td>
</tr>
<tr colspan=2>
<td><input type=submit value=登录></td>
</tr>
</table>
</body>
</html>
```

PageContext1.jsp：

```
<%@page pageEncoding="GBK"%>
<%
ServletRequest req=pageContext.getRequest();
String name=req.getParameter("name");
byte b[]=name.getBytes("ISO-8859-1");
name=new String(b);
out.println("name="+name);
pageContext.setAttribute("userName",name);
pageContext.getServletContext().setAttribute("sharevalue","多个页面共享的值");
pageContext.getSession().setAttribute("sessionValue","只有在session中才是共享的值");
out.println("<br>pageContext.getAttribute('userName')=");
out.println(pageContext.getAttribute("userName"));
%>
<a href="PageContext2.jsp">下一步--&gt;</a>
<hr>
```

可以在PageContext中设置属性，PageContext2.jsp如下：

```
<%@page pageEncoding="GBK"%>
pageContext的测试页面-获得前一页面设置的值:<br>
<%
out.println("<br>pageContext.getAttribute('userName')=");
out.println(pageContext.getAttribute("userName"));
out.println("<br>pageContext.getSession().getAttribute('sessionValue')=");
out.println(pageContext.getSession().getAttribute("sessionValue"));
out.print("<br>");
out.println("pageContext.getServletContext().getAttribute('sharevalue')=");
out.println(pageContext.getServletContext().getAttribute("sharevalue"));
%>
```

在地址栏中输入http://localhost:8080/jsp3/third_example7.jsp并按回车键，运行结果如图3.21所示。

图3.21 third_example7.jsp的运行结果（一）

输入"张三"，单击"登录"按钮，运行结果如图3.22所示。

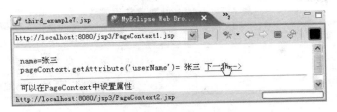

图 3.22　third_example7.jsp 的运行结果（二）

单击"下一步"链接，运行结果如图 3.23 所示。

图 3.23　third_example7.jsp 的运行结果（三）

重新启动一个 IE 浏览器，在地址栏中输入 http：//localhost：8080/jsp3/PageContext2.jsp 并按回车键，运行结果如图 3.24 所示。

图 3.24　pageContext2.jsp 的运行结果

程序说明：
（1） pageContext 属性默认在当前页面共享。
（2） session 属性在当前 session 中是共享的。
（3） ServletContext 对象的属性对所有页面都是共享的。

3.8　exception 对象

如果 JSP 页面中出现没有捕获的异常，就会生成 exception 对象，并把它传送到在 page 指令中设定的错误页面中，然后在错误处理页面中处理相应的 exception 对象。exception 对象只有在错误处理页面（在页面指令里 isErrorPage=true）才可以使用。

exception 对象常用方法如表 3.7 所示。

表 3.7　exception 对象常用方法

方 法 名 称	说　　明
getMessage()	获取异常消息字符串
toString()	以字符串形式返回对异常的描述

【例 3-14】　a.jsp。

```
<%@page language="java" pageEncoding="GB2312" errorPage="error.jsp" %>
<html>
  <body>
    <%! int a[]={0,1,2}; %>
    <%=a[3]%>
  </body>
</html>
```

error.jsp：

```
<%@page language="java" pageEncoding="GBK" isErrorPage="true" %>
<html>
  <body>
   <H2>
   <font color="red">
   错误原因：
   <%=exception.getMessage() %>
   <%=exception.toString() %>
   </font>
   </H2>
  </body>
</html>
```

运行结果如图 3.25 所示。

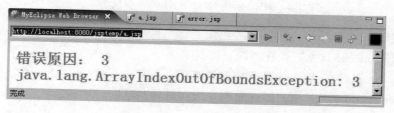

图 3.25　a.jsp 的运行结果

程序说明：

（1）errorPage="error.jsp"指定错误处理页面。

（2）isErrorPage="true"指定该页面是错误处理页面。

（3）在错误处理页面＜％＝exception.getMessage()％＞输出获取的异常消息字符串。

3.9 实验与训练指导

1. 在JSP中,使用(   )对象的(   )方法可完成网页重定向。(选择一项)
   A. request,getRequestDispatcher()
   B. request,forward()
   C. response,sendRedirect()
   D. response,setRequestDispatcher()

2. 对于ServletRequest接口的getAttribute()方法,下列说法正确的是(   )。(选择一项)
   A. 获取指定名称的属性值
   B. 设置指定属性的值
   C. 删除指定属性的值
   D. 以上都不对

3. 在JSP页面中,表达式语句(   )可以获取页面请求中名字为title的文本框的内容。(选择一项)
   A. <%=request.getParameter("title")%>
   B. <%=request.getAttribute("title")%>
   C. <%=request.getParameterValues("title")%>
   D. <%=request.getParameters("title")%>

4. JSP页面中有如下Java代码,一共存在(   )处错误。(选择一项)

```
<%
    String userName= (String)session.getParameter("userName");
    if(userName==null)
    {
%>
您尚未登录!
<%
    }
    else
    {
%>
欢迎您,<%=userName %>
<%
    }
%>
```

   A. 0
   B. 1
   C. 2
   D. 3

5. 以下代码中可以正确设置客户端请求编码为UTF-8的是(   )。(选择一项)
   A. request.setCharacterEncoding("UTF-8")
   B. request.setCharset("UTF-8")
   C. request.setContentType("UTF-8")

D. request.setEncoding("UTF-8")

6. 以下JSP代码中,用户访问login.jsp页面单击"登录"按钮后的显示结果是(　　)。（选择一项）

login.jsp页面代码如下：

```
<form action="display.jsp">
<input type="text" name="u1" value="admin1"/>
<input type="text" name="u2" value="admin2"/>
    <input type="submit" value="登录"/>
</form>
```

display.jsp页面代码如下：

```
<%
request.setAttribute("x","admin3");
request.getRequestDispatcher("success.jsp").forward(request,response);
%>
```

success.jsp页面代码如下：

```
<%=request.getParameter("u1")%>
<%=request.getAttributer("x")%>
```

  A. admin1 admin2   B. admin1 null
  C. admin1 admin3   D. null admin3

7. 假设session对象中存放了一个Book对象,即session.setAttribute("book",new Book()),则取出Book对象的正确语句是(　　)。（选择一项）

  A. Book book = session.getAttribute("book")
  B. Book book = (Book)session.getAttribute("book")
  C. Book book = session.getValue("book")
  D. Book book = (Book)session.getValue("book")

8. 在JSP中,假设表单的method="post",在发送请求时处理中文乱码的正确做法是(　　)。（选择一项）

  A. request.setCharacterEncoding("utf-8");
  B. response.setCharacter("utf-8");
  C. request.setContentType("text/html;charset=utf-8");
  D. response.setContentType("text/html;charset=utf-8");

9. 以下关于转发和重定向的说法中,错误的是(　　)。（选择一项）

  A. 转发通过request的getRequestDispatcher().forward()方法即可实现,它的作用是在多个页面的交互过程中实现请求数据的共享
  B. 重定向可以理解为浏览器至少提交了两次请求,它是在客户端发挥作用,通过请求新的地址实现页面转向
  C. 转发和重定向都可以共享request范围内的数据

D. 转发时客户端的 URL 地址不会发生改变，而重定向时客户端浏览器中显示的是新的 URL 地址

10. 编写一个 JSP 页面，要求提供一个包含各省份名称的下拉列表框，让用户选择其籍贯，提交后，判断用户籍贯是否是北京。如果是，则跳入一个欢迎界面；如果不是，则在页面上显示该用户籍贯。

11. 输入三角形三条边的边长，如图 3.26 所示，单击"提交"按钮，计算出三角形的面积，如图 3.27 所示。

图 3.26　输入三角形三条边的边长

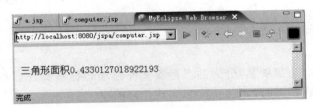

图 3.27　计算三角形面积

12. 如果表单提交的信息中有汉字，接收该信息的页面应如何处理？解决表单提交的中文呈现乱码有哪些方法？

13. 编写一个 JSP 页面，要求提供一组复选框，让用户选择日常饮用的饮料，提交后，在页面输出用户所有选择项。

14. 简述 JSP 的 9 个内置对象及其含义。

第4章 客户标签

JSP中的标签或者标签扩展(tag extension)实际上是一个Java类,更进一步说,是一个实现了接口javax.servlet.jsp.tagext.jspTag的JavaBean。程序员可利用标签把复杂、重复的代码或任务封装起来,这些代码可以以一种简单的形式被重用。标签库包含一组功能相关的、用户定义的XML标签。

使用标签的优点如下。

(1) 可减少Scriptlet代码:客户标签属性可用来接收参数,使用标签可避免或减少包含声明(定义变量)与Scriptlet(设置Java组件属性)。

(2) 可重用性:客户标签可以重用,能节省开发与部署代码的时间。

4.1 标签文件

标签文件以.tag为扩展名,分为静态标签文件和动态标签文件。程序员可以使用标签取出一段JSP代码,并通过定制功能来实现代码的重用。

4.1.1 静态标签文件

静态标签文件不带定制功能,即没有参数的传递。

```
<%@taglib prefix="p" tagdir="/WEB-INF/tags" %>
```

prefix命名空间前缀,tagdir标记文件所在目录,告诉容器在一个指定目录中查找一个标记库的标记文件实现。这个属性必须包含一个以/WEB-INF/tags开始的路径。

【例4-1】 fourth_example1.jsp。

```
<%@taglib prefix="p" tagdir="/WEB-INF/tags/pfctag" %>
<%@page pageEncoding="GBK" %>
<html>
<body>
<h2>
    中国是:<p:china/>
    美国是:<p:usa/>
</h2>
</body>
</html>
```

china.tag文件:

```
<h2>The People's Republic of China</h2>
```

usa.tag 文件：

```
<h2>USA</h2>
```

Web 目录的结构如图 4.1 所示。

运行结果如图 4.2 所示。

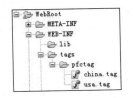

图 4.1 Web 目录的结构

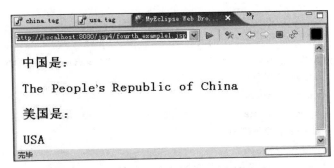

图 4.2 fourth_example1.jsp 的运行结果

程序说明：

```
<%@taglib prefix="p" tagdir="/WEB-INF/tags/pfctag" %>
```

prefix＝"p"表示命名前缀为"p"；tagdir＝"/WEB-INF/tags/pfctag"表示标记文件所在目录为"/WEB-INF/tags/pfctag"，在该目录下有两个标记文件 china.tag 和 usa.tag。

＜p：china/＞输出标记文件 china.tag 的内容"The People's Republic of China"。

＜p：usa/＞输出标记文件 usa.tag 的内容"USA"。

4.1.2 动态标签文件

动态标签文件带定制功能，即有参数的传递。

【例 4-2】 java.tag。

```
<%@attribute name ="name"%>
<%@attribute name ="size"%>
<%@attribute name ="align"%>
<table width="339" height="41" border="1">
  <tr>
    <td  align="${align}">${name}</td>
    <td  align="${align}"><font size ="${size}"><jsp:doBody/></td>
  </tr>
</table>
```

index.jsp：

```
<%@page contentType="text/html; charset=gb2312" language="java"  %>
<%@taglib prefix ="tags" tagdir="/WEB-INF/tags/pfctag"%>
```

```
<%--上述代码是对该标签文件的引用声明--%>
<html>
<head>
<meta http-equiv="Content-Type" content="text/html; charset=gb2312" />
<title>动态标签文件的应用</title>
</head>
<body>
以下是动态标签输出的内容<br>
<tags:java name="月薪 5000" size="3" align="left">
    Java 初级程序员
</tags:java>
<tags:java name="月薪 8000" size="4" align="center">
    Java 中级程序员
</tags:java>
<tags:java name="月薪 10000 以上" size="5" align="right">
    Java 高级程序员
</tags:java>
</body>
</html>
```

运行结果如图 4.3 所示。

图 4.3　index.jsp 的运行结果

程序说明：

1）在 java.tag 中

<%@ attribute %>这个指令只能由标记文件使用。

<%@ attribute name = "name"%>表示参数名字为 name。

<%@ attribute name = "size"%>表示参数名字为 size。

<%@ attribute name = "align"%>表示参数名字为 align。

<jsp：doBody/>表示取得标记体中的内容并放在这里。

2）在 index.jsp 中

```
<tags:java name="月薪 5000" size="3" align="left">
    Java 初级程序员
```

```
</tags:java>
```

参数 name 取值"月薪 5000"，size 取值"3"，align 取值"left"，"Java 初级程序员"为标记体。

4.2 自定义标签库的构建

标签库的组成部分如表 4.1 所示。

表 4.1 标签库的组成部分

要 求	特 性
标签处理程序	包含类的定义和定义标签功能的方法
标签描述符（TLD）文件	描述标签库的 XML 文件

采用这种结构时，开发者负责编码标签处理程序与 TLD 文件，Web 设计人员负责 Web 页面的静态内容，然后把客户标签加入 JSP 文件。

为使用 JSP 标签，应注意以下几点。

（1）创建实现 Tag 接口或继承 TagSupport 类的标签处理程序。该接口或标签处理程序定义标签执行的任务。

（2）使用 TLD 文件来映射标签与标签处理程序文件。

（3）JSP 文件包含 taglib 指令，指出标签的使用与标签的定义。

使用 uri 映射到标记库的语法：

```
<%@taglib prefix="c"
    uri="http://java.sun.com/jsp/jstl/core" %>
```

告诉容器此 JSP 将使用与 uri 相关联的标记库，可以通过一个 TLD 文件将这个 uri 与一个标记库关联。

4.2.1 标签处理程序的结构

用标签处理程序来定义标签的工作，该类实现 TagSupport 或 BodyTagSupport 接口，如表 4.2～表 4.6 所示。

表 4.2 识别标签处理程序的结构（继承 **TagSupport** 类）

标签处理程序的结构	要实现的方法
简单的无体和无属性标签	doStartTag()、doEndTag()、release()
带属性标签	doStartTag()、doEndTag()，以及各自的设置与对每个标签属性的 set、get 方法

表 4.3 标签处理程序的常用方法

方法	描述
doStartTag()	处理开始标签
doEndTag()	处理结束标签
release()	抹去标签处理程序实例
doAfterBody()	在完成体标签求值后被调用

表 4.4 doStartTag()返回值

返回值	描述
SKIP_BODY	空标签中用来指导 JSP 引擎跳过标签体,随后调用 doEndTag()
EVAL_BODY_INCLUDE	用来指导 JSP 引擎处理标签体内容

表 4.5 doEndTag()返回值

返回值	描述
SKIP_PAGE	用来指出跳过或省略对 JSP 页面其余部分的求值
EVAL_PAGE	用来指出对 JSP 页面其余部分的求值

表 4.6 doAfterBody()返回值

返回值	描述
EVAL_BODY_AGAIN	对体内容求值后,再一次对体内容求值,再一次调用 doAfterBody()
SKIP_BODY	随后调用 doEndTag()

4.2.2 标签描述文件

标签描述文件(tag library descriptor file)即 .tld 文件。
Demo.tld:

```
<?xml version="1.0" encoding="ISO-8859-1" ?>
<!DOCTYPE taglib
        PUBLIC "-//Sun Microsystems, Inc.//DTD JSP Tag Library 1.2//EN"
        "http://java.sun.com/j2ee/dtds/web-jsptaglibrary_1_2.dtd">
<taglib>
  <tlib-version>1.2</tlib-version>
  <jsp-version>1.2</jsp-version>
  <short-name>pfc Web Taglib</short-name>
  <uri>http://www.pfc.cn/taglib</uri>
  <description>
        An example tab library for Web Application.
  </description>
```

```xml
<tag>
  <name>heading</name>
  <tag-class>pfc.taglibs.HeadingHandler</tag-class>
  <body-content>JSP</body-content>
  <description>heading</description>
  <attribute>
    <name>alignment</name>
    <required>true</required>
    <rtexprvalue>false</rtexprvalue>
  </attribute>
  <attribute>
    <name>color</name>
    <required>false</required>
    <rtexprvalue>false</rtexprvalue>
  </attribute>
</tag>
</taglib>
```

表 4.7～表 4.9 对上述 Demo.tld 中用到的标签做了说明。

表 4.7 在 taglib 级上 TLD 文件的元素

标 签	说 明
<tlib-version>	标签库版本(1.2)
<jsp-version>	标签库依赖的 JSP 版本(1.2)
<short-name>	标签库名(pfc Web Taglib)
<uri>	标签库唯一 ID(http://www.pfc.cn/taglib)
<description>	关于标签库详细信息

表 4.8 在 tag 级上 TLD 文件的元素

标 签	说 明
<name>	标签的名(heading)
<tag-class>	标签处理程序类(pfc.taglibs.HeadingHandler)
<body-content>	标签体的定义。 • empty：为空标签 • JSP(默认)：能放在 JSP 中的东西都能放在这个标记体中 • tagdependent：标记体要看作纯文本，所以不会计算 EL，也不会触发标记/动作，例如 SQL 语句 • Scriptless：默认，标记体中不能有脚本元素，而脚本元素可以是 scriptlet (<%...%>)、脚本表达式((<%=...%>))和声明(<%!...%>)
<description>	关于标签的详细信息
<attribute>	关于标签的属性名与需求说明

表 4.9 在 attribute 级上 TLD 文件的元素

标 签	说 明
<name>	属性名
<required>	• true：属性是必需的 • false：属性可有可无
<rtexprvalue>	• true：属性值可动态生成 • false：默认，属性值不可动态生成 例如，true 代表<xxx：yyyy zzz="<%= something %>" />；标签库 zzz 的属性是<%=...%>表达式的结果而非"<%= something %>"这几个字母

4.2.3 包含客户标签的 JSP 文件执行序列

（1）当 JSP 引擎标识 JSP 页面中的 taglib 指令时，它识别出与 JSP 文件有关联的客户标签，此标签的 uri 与前缀作为说明唯一 uri 与标签名的引用性数据。

（2）对所指的标签处理程序初始化。

（3）执行关于每个标签的 get() 与 set() 方法。

（4）调用 doStartTag() 方法。

（5）下一步求值此标签体，如说明了 SKIP_BODY 常量，则跳过，直接调用 doEndTag() 方法。

（6）下一步调用 doAfterBody() 方法处理标签体求值后所生成的内容。

（7）下一步调用 doEndTag() 方法。

【例 4-3】 标签处理程序继承类 TagSupport。

1. 标签处理程序代码

1) CheckStatusHandler 类

```
package pfc.taglibs;
import java.util.List;
import javax.servlet.ServletRequest;
import javax.servlet.jsp.JspException;
import javax.servlet.jsp.tagext.TagSupport;
public class CheckStatusHandler extends TagSupport{
    private String name;
    public void setName(String name){
        this.name =name;
    }
    public int doStartTag() throws JspException{
        ServletRequest request =pageContext.getRequest();
        List list = (List)request.getAttribute(name);
        if (list ==null){
```

```java
            return SKIP_BODY;
        }else{
            return EVAL_BODY_INCLUDE;
        }
    }
    public int doEndTag() throws JspException{
        return EVAL_PAGE;
    }
    public void release(){
    }
}
```

2) GetRequestParamHandler 类

```java
package pfc.taglibs;
import java.io.IOException;
import javax.servlet.ServletRequest;
import javax.servlet.jsp.JspWriter;
import javax.servlet.jsp.tagext.TagSupport;
public class GetRequestParamHandler extends TagSupport{
    private String name =null;
    private String defaultValue ="";
    public GetRequestParamHandler(){
        //System.out.println("create GetRequestParamHandler");
    }
    public void setName(String name){
        System.out.println("setName()");
        this.name =name;
    }
    public void setDefaultValue(String defaultValue){
        System.out.println("setDefaultValue()");
        this.defaultValue =defaultValue;
    }
    public int doStartTag(){
        System.out.println("dostartTag()");
        try {
            ServletRequest request =pageContext.getRequest();
            String paramValue =request.getParameter(name);
            JspWriter out =pageContext.getOut();
            if (paramValue ==null)
                paramValue =defaultValue;
            out.print(paramValue);
        }catch (IOException ioe){
            ioe.printStackTrace();
        }
```

```
        return SKIP_BODY;
    }
    public void release(){
        System.out.println("release()");
        this.defaultValue ="";
    }
}
```

3) HeadingHandler 类

```
package pfc.taglibs;
import java.io.IOException;
import javax.servlet.jsp.JspWriter;
import javax.servlet.jsp.JspException;
import javax.servlet.jsp.tagext.TagSupport;
public class HeadingHandler extends TagSupport{
    private String alignment;
    private String color ="red";
    public void setAlignment(String alignment){
        System.out.println("setAlignment");
        this.alignment =alignment;
    }
    public void setColor(String color){
        System.out.println("setColor");
        this.color =color;
    }
    public int doStartTag() throws JspException{
        System.out.println("doStartTag()");
        try{
            JspWriter out =pageContext.getOut();
            out.print("<table border='0' cellspacing='0' cellpadding='0' width='300'>");
            out.print("<tr align='"+alignment+"' bgcolor='"+color+"'>");
            out.print("<td><H3>");
        } catch(IOException ioe){
            throw new JspException(ioe);
        }
        return EVAL_BODY_INCLUDE;
    }
    public int doEndTag() throws JspException{
        System.out.println("doEndTag()");
        try{
            JspWriter out =pageContext.getOut();
            out.print("</H3></td>");
            out.print("</tr>");
```

```java
            out.print("</table>");
        } catch(IOException ioe){
            throw new JspException(ioe);
        }
        return EVAL_PAGE;
    }
    public void release(){
        System.out.println("release()");
        this.color = "red";
    }
};
```

4) IteratorListHandler 类

```java
package pfc.taglibs;
import java.util.*;
import javax.servlet.ServletRequest;
import javax.servlet.jsp.tagext.TagSupport;
import javax.servlet.jsp.JspException;
import javax.servlet.jsp.PageContext;
public class IteratorListHandler extends TagSupport{
    private String name;
    private String id;
    private Iterator iterator =null;
    public void setId(String id){
        this.id = id;
    }
    public void setName(String name){
        this.name =name;
    }
    public int doStartTag() throws JspException{
        List list = (List)pageContext.getAttribute(name, PageContext.REQUEST_SCOPE);
        iterator =list.iterator();
        if (iterator.hasNext()){
            pageContext.setAttribute(id, (Person)iterator.next(), PageContext.PAGE_SCOPE);
        }
        return EVAL_BODY_INCLUDE;
    }
    public int doAfterBody() throws JspException{
        if (iterator.hasNext()){
            pageContext.setAttribute(id, (Person)iterator.next(), PageContext.PAGE_SCOPE);
            return EVAL_BODY_AGAIN;
```

```
        } else{
            return SKIP_BODY;
        }
    }
    public void release(){
    }
}
```

5）WriterHandler 类

```
package pfc.taglibs;
import java.util.*;
import java.io.*;
import javax.servlet.ServletRequest;
import javax.servlet.jsp.JspWriter;
import javax.servlet.jsp.tagext.TagSupport;
import javax.servlet.jsp.JspException;
import javax.servlet.jsp.PageContext;
public class WriterHandler extends TagSupport{
    private String name;
    public void setName(String name){
        this.name =name;
    }
    public int doStartTag() throws JspException{
        try {
            Person person = (Person)pageContext.getAttribute(name, PageContext.PAGE_SCOPE);
            JspWriter out =pageContext.getOut();
            out.print(person.getId() +"   " +
                person.getName() +"   " +
                person.getPwd() +"   " +
                person.getAddress() +"<br>");
        }catch (IOException ioe){
            ioe.printStackTrace();
        }
        return SKIP_BODY;
    }
    public void release(){
    }
}
```

2. 普通 Java 类：Person 类

```
package pfc.taglibs;
public class Person{
```

```java
    private int id;
    private String name;
    private String pwd;
    private String address;
    public Person(int id, String name, String pwd, String address){
        this.id =id;
        this.name =name;
        this.pwd =pwd;
        this.address =address;
    }
    public String getAddress() {
        return address;
    }
    public void setAddress(String address) {
        this.address =address;
    }
    public int getId() {
        return id;
    }
    public void setId(int id) {
        this.id =id;
    }
    public String getName() {
        return name;
    }
    public void setName(String name) {
        this.name =name;
    }
    public String getPwd() {
        return pwd;
    }
    public void setPwd(String pwd) {
        this.pwd =pwd;
    }
};
```

3. taglib.tld 文件

```xml
<?xml version="1.0" encoding="ISO-8859-1" ?>
<!DOCTYPE taglib
        PUBLIC "-//Sun Microsystems, Inc.//DTD JSP Tag Library 1.2//EN"
        "http://java.sun.com/j2ee/dtds/web-jsptaglibrary_1_2.dtd">
<taglib>
  <tlib-version>1.2</tlib-version>
```

```xml
<jsp-version>1.2</jsp-version>
<short-name>pfc Web Taglib</short-name>
<uri>http://www.pku.cn/taglib</uri>
<description>
    An example tab library for Web Application.
</description>
<tag>
  <name>getReqParam</name>
  <tag-class>pfc.taglibs.GetRequestParamHandler</tag-class>
  <body-content>empty</body-content>
  <description>
      This tag inserts into the output the value of the named
      request parameter.  If the parameter does not exist, then
      either the default is used (if provided) or the empty string.
  </description>
  <attribute>
    <name>name</name>
    <required>true</required>
    <rtexprvalue>false</rtexprvalue>
  </attribute>
  <attribute>
    <name>defaultValue</name>
    <required>false</required>
    <rtexprvalue>true</rtexprvalue>
  </attribute>
</tag>
<tag>
  <name>heading</name>
  <tag-class>pfc.taglibs.HeadingHandler</tag-class>
  <body-content>JSP</body-content>
  <description>heading</description>
  <attribute>
    <name>alignment</name>
    <required>true</required>
    <rtexprvalue>false</rtexprvalue>
  </attribute>
  <attribute>
    <name>color</name>
    <required>false</required>
    <rtexprvalue>false</rtexprvalue>
  </attribute>
</tag>
<tag>
  <name>check</name>
```

```xml
    <tag-class>pfc.taglibs.CheckStatusHandler</tag-class>
    <body-content>JSP</body-content>
    <description>check</description>
    <attribute>
      <name>name</name>
      <required>true</required>
      <rtexprvalue>false</rtexprvalue>
    </attribute>
</tag>
<tag>
    <name>iterator</name>
    <tag-class>pfc.taglibs.IteratorListHandler</tag-class>
    <body-content>JSP</body-content>
    <description>check</description>
    <attribute>
      <name>name</name>
      <required>true</required>
      <rtexprvalue>false</rtexprvalue>
    </attribute>
    <attribute>
      <name>id</name>
      <required>true</required>
      <rtexprvalue>false</rtexprvalue>
    </attribute>
</tag>
<tag>
    <name>writer</name>
    <tag-class>pfc.taglibs.WriterHandler</tag-class>
    <body-content>empty</body-content>
    <description>writer</description>
    <attribute>
      <name>name</name>
      <required>true</required>
      <rtexprvalue>false</rtexprvalue>
    </attribute>
  </tag>
</taglib>
```

4. fourth_example2.jsp 文件

```jsp
<%@taglib uri="http://www.pku.cn/taglib" prefix="pfc"%>
<%@page import="pfc.taglibs.Person,java.util.*"%>
<%@page pageEncoding="GBK" %>
<html>
```

```
<head>
  <title>This is Taglib JSP</title>
</head>
<body>
  <pfc:getReqParam name="address" defaultValue=" 东城区 "/><br>
  <pfc:heading alignment="center" color="yellow">
    The People's Republic of China
  </pfc:heading>
  <%
    List<Person>persons =new ArrayList<Person>();
    Person person1 =new Person(1, "Tom", "aaa", "海淀区");
    Person person2 =new Person(2, "Smith", "bbb", "西城区");
    Person person3 =new Person(3, "Mary", "ccc", "朝阳区");
    persons.add(person1);
    persons.add(person2);
    persons.add(person3);
    request.setAttribute("persons", persons);
  %>
  <pfc:check name="persons">
   <pfc:iterator id="person" name="persons">
      <pfc:writer name="person"/><!--id 与 name 都是属性,同名 -->
   </pfc:iterator>
  </pfc:check>
 </body>
</html>
```

5. Web 目录的结构

Web 目录的结构如图 4.4 所示。

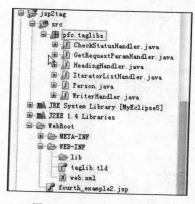

图 4.4　Web 目录的结构

6. 运行结果

fourth_example2.jsp 的运行结果如图 4.5 所示。

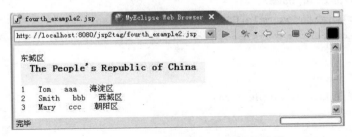

图 4.5　fourth_example2.jsp 的运行结果

程序说明：

（1）容器会查找 TLD 中的<uri>与 taglib 指令中的 url 值之间的匹配。

（2）taglib.tld 文件中有<uri>http：//www.pku.cn/taglib</uri>，所以 fourth_example2.jsp 文件中<%@ taglib uri="http：//www.pku.cn/taglib" prefix="pfc"%>，uri 取值为"http：//www.pku.cn/taglib"。

【例 4-4】　标签处理程序继承类 SimpleTagSupport。

GSTExample.jsp：

```
<!DOCTYPE HTML PUBLIC "-//W3C//DTD HTML 4.0 Transitional//EN">
<%@page language="java" contentType="text/html; charset=GB2312" %>
<%@taglib uri="/WEB-INF/tagExampleTld/gst.tld" prefix="GstTag" %>
<HTML>
    <HEAD><TITLE>General Simple Tag Example</TITLE></HEAD>
    <BODY><CENTER><BR><BR>
        <H3>这个 JSP 页面调用一个 Simple Tag,显示一个字符串如下:</H3>
        <H3><GstTag:Hello /></H3>
    </CENTER></BODY>
</HTML>
```

gst.tld 文件：

```
<?xml version="1.0" encoding="UTF-8" ?>
<taglib xmlns="http://java.sun.com/xml/ns/j2ee"
    xmlns:xsi="http://www.w3.org/2001/XMLSchema-instance"
    xsi:schemaLocation="http://java.sun.com/xml/ns/j2ee web-jsptaglibrary_2_0.xsd"
    version="2.0">
  <description>General Simple Tag library</description>
  <display-name>GST LIB</display-name>
  <tlib-version>1.0</tlib-version>
  <short-name>tagExampleTld</short-name>
```

```
    <uri></uri>
    <tag>
        <description>General Simple Tag Example --Hello</description>
        <name>Hello</name>
        <tag-class>tagexample.GSTExample</tag-class>
        <body-content>empty</body-content>
    </tag>
</taglib>
```

标签处理程序 GSTExample.java：

```java
package tagexample;
import java.io.*;
import javax.servlet.jsp.*;
import javax.servlet.jsp.tagext.*;
public class GSTExample extends SimpleTagSupport {
    public void doTag() throws JspException, IOException {
        JspWriter out =getJspContext().getOut();
        out.println("This is a General Simple Tag Example");
    }
}
```

运行结果如图 4.6 所示。

图 4.6　GSTExample.jsp 的运行结果

程序说明：

（1）在 gst.tld 文件中，<uri>和</uri>之间没有内容，所以在 GSTExample.jsp 文件中，uri 取值为标记文件所在路径"/WEB-INF/tagExampleTld/gst.tld"，即

```
<%@taglib uri="/WEB-INF/tagExampleTld/gst.tld" prefix="GstTag" %>
```

（2）在标签处理程序 GSTExample.java 中，getJspContext()返回 JspContext 类对象，该对象存储的是 JSP 页面的上下文。

【例 4-5】　标签处理程序继承类 SimpleTagSupport。

GSTExample1.jsp：

```
<!DOCTYPE HTML PUBLIC "-//W3C//DTD HTML 4.0 Transitional//EN">
<%@page language="java" contentType="text/html; charset=GB2312" %>
```

```
<%@taglib uri="/WEB-INF/tagExampleTld/gst.tld" prefix="GstTag" %>
<HTML>
    <HEAD><TITLE>General Simple Tag Example</TITLE></HEAD>
    <BODY><CENTER><BR><BR>
            <H3>这个 JSP 页面调用一个 Simple Tag,显示一个圆的半径、周长和面积:</H3>
            <H3><GstTag:Circle radius="1" /></H3>
            <H3><GstTag:Circle radius="2" /></H3>
            <H3><GstTag:Circle radius="3" /></H3>
        </CENTER></BODY>
</HTML>
```

gst.tld：

```
<?xml version="1.0" encoding="UTF-8" ?>
<taglib xmlns="http://java.sun.com/xml/ns/j2ee"
    xmlns:xsi="http://www.w3.org/2001/XMLSchema-instance"
    xsi:schemaLocation="http://java.sun.com/xml/ns/j2ee web-jsptaglibrary_2_0.xsd"
    version="2.0">
 <description>General Simple Tag library</description>
 <display-name>GST LIB</display-name>
 <tlib-version>1.0</tlib-version>
 <short-name>tagExampleTld</short-name>
 <uri></uri>
  <tag>
     <description>General Simple Tag Example --Circle</description>
   <name>Circle</name>
   <tag-class>tagexample.GSTExample1</tag-class>
   <body-content>empty</body-content>
   <attribute>
       <name>radius</name>
       <required>true</required>
       <rtexprvalue>true</rtexprvalue>
   </attribute>
  </tag>
 </taglib>
```

标签处理程序 GSTExample1.java：

```
package tagexample;
import java.io.*;
import javax.servlet.jsp.*;
import javax.servlet.jsp.tagext.*;
public class GSTExample1 extends SimpleTagSupport {
    private int radius;
    private double perimeter;
```

```
        private double area;
        public void setRadius(int r){
            radius =r;
            setPerimeter();
            setArea();
        }
        private void setPerimeter(){
            perimeter =2 * radius * Math.PI;
        }
        private void setArea(){
            area =radius * radius * Math.PI;
        }
        public void doTag() throws JspException, IOException {
            JspWriter out =getJspContext().getOut();
            out.println("半径为" +radius +"的圆,周长=" +perimeter +", 面积=" +area
+"。");
        }
}
```

运行结果如图 4.7 所示。

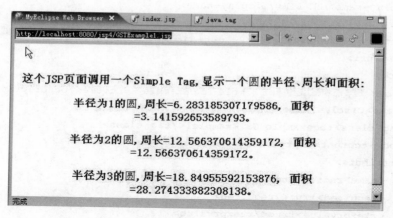

图 4.7　GSTExample1.jsp 的运行结果

综上所述,在 JSP 中使用自己制作的标签一般有 3 个步骤:
(1) 建立标签处理程序类;
(2) 建立标签描述文件;
(3) 建立 JSP 页面,包含<%@ taglib %>指令。

4.3　实验与训练指导

1. 自定义标签的作用是(　　)。
　　A. 编写和使用方便

B. 规定是这样的,如果不用,别人会说我们不专业
C. 可以减少 JSP 中的 Java 代码,将代码与界面标签分离,简化前台开发
D. 连接数据库

2. 若要在 JSP 正确使用标签:<x:getKing/>,在 JSP 中声明的 taglib 指令为 <%@taglib uri="/WEB-INF/myTags.tld" prefix="_____"%>,下画线处应该是( )。
   A. x   B. getKing   C. myTags   D. king

3. 自定义标签中,如果要声明标签参数为必需的,则需要进行的配置是( )。
   A. <required>true</required>
   B. <rtexprvalue>true</rtexprvalue>
   C. <required>false</required>
   D. <rtexprvalue>false</rtexprvalue>

4. 编写自定义标签处理类之后,需要编写一个( )去描述。
   A. .tag 文件   B. .tld 文件   C. .dtd 文件   D. .xml 文件

5. 自定义标签中,使用属性时,需要在( )文件中配置,使用( )标签。
   A. .tld、<attribute/>   B. web.xml、<attribute/>
   C. .tld、<tag/>   D. web.xml、<tag/>

6. 以下方法中,不属于 TagSupport 类的方法是( )。
   A. doPost()   B. doStartTag()
   C. doEndTag()   D. doAfterBody()

7. 建立一个简单标记。
(1) 编写一个扩展 SimpleTagSupport 的类:

```
package pfc;
import javax.servlet.jsp.tagext.SimpleTagSupport;
//更多 import 语句
public class SimpleTag1 extends SimpleTagSupport {
//放标记处理器代码
}
```

(2) 实现 doTag()方法:

```
public void doTag() throws JspException,IOException
{
getJspContext().getOut().print("SimpleTag first");
}
```

(3) 创建 TLD 文件,并放在 WEB-INF 目录下:

```
<taglib...>
    <tlib-version>1.0</tlib-version>
    <uri>simpleTags</uri>
    <tag>
```

```
    <name>simple1</name>
    <tag-class>pfc.SimpleTag1</tag-class>
    <body-content>empty</body-content>
  </tag>
</taglib>
```

(4) 编写使用标记的 JSP 文件:

```
<%@taglib uri="simpleTags" prefix="mytags" %>
<html>
  <body>
    <mytags:simple1/>
  </body>
</html>
```

8. 建立一个有标签体的简单标记。

(1) 使用标记:

```
<mytags:simple2>
   学会 JSP 真有用!
</mytags:simple2>
```

(2) 标记处理类:

```
package pfc;
import javax.servlet.jsp.tagext.SimpleTagSupport;
//更多 import 语句
public class SimpleTag2 extends SimpleTagSupport {
    public void doTag() throws JspException,IOException
    {
        getJspBody().invoke(null);//JspFragment 类
    }
}
```

(3) 标记的 TLD:

```
<taglib...>
  <tlib-version>1.0</tlib-version>
  <uri>simpleTags</uri>
  <tag>
    <name>simple2</name>
    <tag-class>pfc.SimpleTag2</tag-class>
    <body-content>scriptless</body-content>
  </tag>
</taglib>
```

9. 编写标签处理程序。

给出 JSP 和 TLD 文件的代码设置,显示当前日期和时间。

(1) JSP 文件代码如下：

```
<%@page import="TestTag" %>
<%@taglib uri="taglib.tld" prefix="first" %>
<HTML>
  <BODY>
    Hello, Welcome!
     <first:welcome>
     </first:welcome>
   </BODY>
</HTML>
```

(2) TLD 代码如下：

```
<taglib...>
  <tlib-version>1.0</tlib-version>
  <uri>simpleTags</uri>
  <tag>
    <name>welcome </name>
    <tag-class>TestTag </tag-class>
    <body-content>JSP </body-content>
  </tag>
</taglib>
```

(3) 标签处理程序代码在此省略（可在清华大学出版社网站下载）。

第 5 章　在 JSP 中使用 JavaBean

按照 Sun 公司的定义，JavaBean 是一个可重复使用的软件组件。实际上，JavaBean 是一种 Java 类，通过对属性和方法进行封装，成为具有独立功能、可重复使用并且可以与其他控件通信的组件对象。JavaBean 的功能没有任何限制，一个 JavaBean 可以完成一个极其简单的功能，例如将字符串转码，也可以完成一个相当复杂的功能，例如对商业数据进行统计分析。JSP 提供了内置功能来处理 JavaBean，这些功能是由 JSP 标准动作和 EL 表达式提供的。在大型 Web 应用中，JavaBean 已经成为在 JSP 逻辑与系统中其他部分之间传递数据和定制行为的主要机制。

5.1　编写 JavaBean

编写 JavaBean 就是编写一个 Java 类，JavaBean 与其他 Java 类存在一些区别，JavaBean 的独有特征包括以下几项：

(1) 是一个 public 类，可供其他类实例化；
(2) 必须有一个 public 的无参构造函数（默认构造函数）；
(3) 可有多个属性和多个可供调用的 public 方法。

JavaBean 属性命名规则：
(1) 如果属性不是 boolean，getter 方法的前缀必须是 get；
(2) 如果属性是 boolean，getter 方法的前缀必须是 get 或 is；
(3) setter 方法的前缀必须是 set；
(4) 为完成 getter 或 setter 方法名称，把属性的首字母大写，加上合适的前缀（get、is、set）。

setter 方法：

public void 方法名(属性类型 参数){}

getter 方法：

public 属性类型 方法名(){}

JavaBean 监听器命名规则：
(1) 注册监听器的前缀必须是 add；
(2) 删除监听器的前缀必须是 remove；
(3) 要添加或删除监听器类型必须作为参数传递给方法。

public void　addActionListener(ActionListener m)
public void　removeActionListener(ActionListener m)

有效 JavaBean 方法签名：

```
public void setMyValue(int v)
public int getMyValue()
public boolean isMyStatus()
public void addMyListener(MyListener m)
public void removeMyListener(MyListener m)
```

无效 JavaBean 方法签名：

```
void setCustomerName(String s)              //must be public
public void modifyMyValue(int v)            //can't use modify
public void addXListener(MyListener m)      //listener type mismatch
```

【例 5-1】 编写简单 JavaBean。

fifth_example1.jsp：

```
public class User {
    private String name;
    private String password;
    public String getName() {
        return name;
    }
    public void setName(String name) {
        this.name = name;
    }
    public String getPassword() {
        return password;
    }
    public void setPassword(String password) {
        this.password = password;
    }
}
```

5.2 使用 JavaBean

在 JSP 中使用 JavaBean 就是在 JSP 上通过＜jsp：useBean＞、＜jsp：setProperty＞、＜jsp：getProperty＞来应用 JavaBean。首先用＜jsp：useBean＞定义要应用的 JavaBean，然后用＜jsp：setProperty＞来存储属性，最后用＜jsp：getProperty＞提取存储的属性值。

5.2.1 ＜jsp：useBean＞

通过应用＜jsp：useBean＞动作可以在 JSP 页面中创建一个 Bean 实例，如果指定范围内已经存在指定 Bean 实例,那么将使用这个实例而不会重新创建。

<jsp：useBean>的语法：

```
<jsp:useBean id="Bean 实例名" scope="page|request|session|application"
             class="package.className"/>
```

1. id

Bean 实例名。

2. scope

(1) page：指出创建的 Bean 实例只在当前 JSP 文件中使用。

注意：不同用户的 scope 取值是 page 的 Bean 也是互不相同的(占用不同内存空间),即当两个客户同时访问一个 JSP 页面时,一个用户对自己 Bean 的属性的改变不会影响另一个用户。

(2) request：Bean 实例可在请求范围内存取。一个请求生命周期是从客户端向服务器发出一个请求到服务器响应这个请求给用户后结束,所以请求结束后,存储在其中的 Bean 就失效了。在请求被转发到的目标页面中可通过 request 对象的 getAttribute(id 属性值)获取创建的 Bean 实例。

注意：不同用户的 scope 取值是 request 的 Bean 也是互不相同的(占用不同内存空间),即当两个客户同时访问一个 JSP 页面时,一个用户对自己 Bean 的属性的改变不会影响另一个用户。

(3) session：Bean 实例的有效范围为 session。针对某一个用户而言,在该范围内对象可被多个页面共享。可通过 session 对象的 getAttribute(id 属性值)获取创建的 Bean 实例。

注意：不同用户的 scope 取值是 session 的 Bean 也是互不相同的(占用不同内存空间),即当两个客户同时访问一个 JSP 页面时,一个用户对自己 Bean 的属性的改变不会影响另一个用户。

(4) application：Bean 实例的有效范围从服务器启动开始到服务器关闭结束。application 对象在服务器启动时创建,被多个用户共享,所以访问该 application 对象的所有用户共享存储在该对象中的 Bean 实例。可通过 application 对象的 getAttribute(id 属性值)获取创建的 Bean 实例。

注意：不同用户的 scope 取值是 application 的 Bean 是相同的,即当多个客户同时访问一个 JSP 页面时,一个用户对自己 Bean 的属性的改变会影响其他用户。

(5) 省略 scope,默认值为 page。

以上四种 scope 存在期限排序如下：page<request<session<application。

3. class

class 指定 JSP 引擎查找 JavaBean 代码的路径,区分大小写。

<jsp：useBean>有两种使用格式。

第一种：

<jsp:useBean id="Bean 实例名" scope="Jsp 范围"...･/>
<jsp:setProperty name="Bean 实例名" property=" * "/>

第二种：

<jsp:useBean id="Bean 实例名" scope="Jsp 范围"...>
<jsp:setProperty name="Bean 实例名" property=" * "/>
</jsp:useBean>

两种格式是有区别的。在页面中使用<jsp：useBean>创建 Bean 时，如果该 Bean 是第一次实例化，那么对于<jsp：useBean>的第二种使用格式，标识体内的内容会被执行；如果已经存在了指定 Bean 实例，则标识体内的内容不再执行。对于第一种格式，无论指定范围是否已经存在一个指定 Bean 实例，<jsp：useBean>标识后的内容都会执行。

5.2.2 <jsp：setProperty>

<jsp：setProperty>与<jsp：useBean>是联系在一起的，同时它们使用的 Bean 实例的名字也应当相匹配，即<jsp：setProperty>中的 name 值应当与<jsp：useBean>中的 id 值相同。

<jsp：setProperty>的语法：

```
<jsp:setProperty name="Bean 实例名"
      property=" * "|
      property="propertyName"|
      property="propertyName" param="parameterName"|
      property="propertyName" value="值"/>
```

(1) name：Bean 实例名。按 page、request、session、application 的顺序查找这个 Bean 实例，直到第一个实例被找到，若任何范围内不存在这个 Bean 实例则会抛出异常。

(2) property=" * "：此时 request 请求中所有参数值将被一一赋给 Bean 中与参数具有相同名字的属性。如果请求中存在空值参数，那么 Bean 中对应属性不会赋值为 null；如果 Bean 中存在一个属性，但请求中没有与之对应的参数，那么该属性同样不会被赋值为 null。两种情况下，Bean 属性都会保留原来或默认的值。

(3) property="propertyName"：此时将 request 请求中与 Bean 属性同名的一个参数的值赋给该 Bean 属性。

(4) property="propertyName" param="parameterName"：param 指定 request 请求中的参数，property 指定 Bean 中的某个属性。这样允许将请求中的参数赋值给 Bean 中与该参数不同名的属性。

(5) property="propertyName" value="值"：将 value 的值赋给 Bean 属性。

一般不提倡使用<jsp：setProperty>，而应在 JSP 程序端中直接调用 JavaBean 组件实例对象的 setXXX()方法。

5.2.3 <jsp：getProperty>

<jsp：getProperty>动作用于从一个 JavaBean 中获取某个属性值。无论原先这个属性是什么类型，都会转换成一个 String 类型的值。

<jsp：getProperty>的语法：

`<jsp:getProperty name="Bean 实例名" property="propertyName"/>`

（1）name：Bean 实例名。按 page、request、session、application 的顺序查找这个 Bean 实例，直到第一个实例被找到，若任何范围内不存在这个 Bean 实例则会抛出异常。

（2）property：Bean 实例的属性名称。

【例 5-2】 fifth_example2.jsp。

```
<%@page contentType="text/html"%>
<%@page pageEncoding="UTF-8"%>
<jsp:useBean id="hello" scope="page" class="MyTest.HelloWorld"/>
<%
hello.setHello("你好,世界");
%>
<html>
    <head><title>JSP Page</title></head>
    <body>
<br>
<%=hello.getHello()%>
</body>
</html>
```

HelloWorld.java：

```
package MyTest;
public class HelloWorld
{
    String hello="";
    public void setHello(String name)
    {
        hello=name;
    }
    public String getHello()
    {
        return hello;
    }
}
```

运行结果如图 5.1 所示。

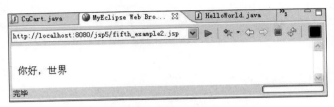

图 5.1 fifth_example2.jsp 的运行结果

程序说明：

(1) ＜jsp：useBean id＝"hello" scope＝"page" class＝"MyTest.HelloWorld"/＞创建 JavaBean 实例 hello。

(2) hello.setHello("你好,世界")调用方法 setHello("你好,世界")，把 JavaBean 的属性 hello 赋值为"你好,世界"。

(3) ＜％＝hello.getHello()％＞调用方法 getHello()，输出"你好,世界"。

5.3 JSP＋JavaBean 编程实例

【例 5-3】 fifth_example3.jsp。

```
<%@page pageEncoding="GBK"%>
<html>
    <head>
        <title>北京大学软件系</title>
    </head>
    <body bgcolor="CCCFFF">
     <form method="post" action="major.jsp">
        <font size=5 color="#000000">
            <br>
            请添加或删除专业：
            <br>
            添加专业：
            <SELECT NAME="item">
                <OPTION>软件技术
                <OPTION>软件测试
                <OPTION>游戏软件
                <OPTION>嵌入式软件编程
             </SELECT>
            <br>
            <br>
            <INPUT TYPE=submit name="submit" value="添加">
            <INPUT TYPE=submit name="submit" value="删除">
        </FONT>
```

```html
            </form>
        </body>
</html>
```

major.jsp：

```jsp
<%@page pageEncoding="GBK"%>
<html>
    <head><title>专业选择</title></head>
    <body>
        <jsp:useBean id="major" scope="session" class="test.Major"/>
        <jsp:setProperty name="major" property="*"/>
<%
major.processRequest(request);
%>
        <FONT size=5 COLOR="#000000">
            <br>您已添加的专业：
            <ol>
<%
//out.print("ok");
String[] items=major.getItems();
//out.print(items[0]);
for (int i=0;i<items.length;i++)
{
byte  b[]=items[i].getBytes("ISO-8859-1");
        items[i]=new String(b);
%>
                <li><%=items[i] %>
<%
}
%>
            </ol>
        </FONT>
        <hr>
        <hr>
        <%@include file ="fifth_example3.jsp"%>
    </body>
</html>
```

Major.java：

```java
package test;
import javax.servlet.http.*;
import java.io.UnsupportedEncodingException;
import java.util.Vector;
public class Major
```

```java
{
    Vector v=new Vector();
    String submit=null;
    String item=null;
    String[] s;
    private void addItem(String name)
    {
        v.addElement(name);
    }
    private void removeItem(String name)
    {
        v.removeElement(name);
    }
    public void setItem(String name)
    {
        item=name;
    }
    public void setSubmit(String s)
    {
        submit=s;
    }
    public String[] getItems()
    {
        s=new String[v.size()];
        v.copyInto(s);
        return s;
    }
    public void processRequest(HttpServletRequest request)
{
    try {
            byte b[];
            b =submit.getBytes("ISO-8859-1");
            submit=new String(b);
        } catch (UnsupportedEncodingException e) {
            submit="异常";
        }

        if(submit.equals("添加"))
            addItem(item);
        else if (submit.equals("删除"))
            removeItem(item);
        reset();
    }
    private void reset()
```

```
        {
            submit=null;
            item=null;
        }
    }
```

在浏览器地址栏中输入 http://localhost:8080/jsp5/fifth_example3.jsp 并按回车键,运行结果如图 5.2 所示。

图 5.2　fifth_example3.jsp 的运行结果(一)

在图 5.2 所示窗口的"添加专业"下拉列表框中选择"软件技术"选项,单击"添加"按钮,运行结果如图 5.3 所示。

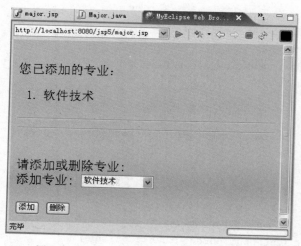

图 5.3　fifth_example3.jsp 的运行结果(二)

在图 5.3 所示窗口的"添加专业"下拉列表框中选择"软件测试"选项,单击"添加"按钮,运行结果如图 5.4 所示。

在图 5.4 所示窗口的"添加专业"下拉列表框中选择"软件测试"选项,单击"删除"按钮,运行结果如图 5.3 所示。

【例 5-4】　一个简单用户注册程序。

fifth_example4.jsp:

```
<%@page language="java" contentType="text/html; charset=gb2312"%>
```

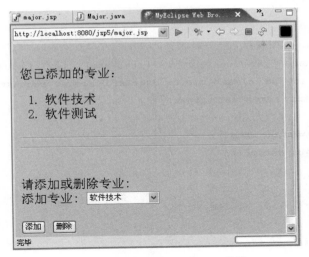

图 5.4　fifth_example3.jsp 的运行结果（三）

```
<html>
<head>
<title>用户注册</title>
</head>
<body>
  <form action="doreg.jsp" method="get">
  <table border="1"  width="250">
    <tr height="25" bgcolor="lightgrey">
     <td align="center" colspan="2">用户注册</td>
    </tr>
    <tr>
     <td align="right">用户名:</td>
     <td align="center"><input type="text" name="name" size="29"></td>
    </tr>
    <tr>
     <td align="right">职   务:</td>
     <td align="center"><input type="text" name="job" size="29"></td>
    </tr>
    <tr>
     <td align="center" colspan="2">
       <input type="submit" value="注册">
       <input type="reset" value="重置">
     </td>
    </tr>
  </table>
  </form>
  <br>
</body>
```

```
</html>
```

doreg.jsp：

```jsp
<%@page language="java" contentType="text/html; charset=gb2312"%>
<jsp:useBean id="us" class="pfc.cn.UserInfo" scope="request"/>
<jsp:setProperty name="us" property="*"/>
<%
   String name=us.getName();
   String job=us.getJob();
      if(name.equals("")||job.equals("")){
%>
   <jsp:forward page="/false.jsp"/>
<%}else{ %>
   <jsp:forward page="/success.jsp"/>
<%} %>
```

success.jsp：

```jsp
<%@page language="java" contentType="text/html; charset=gb2312"%>
<%@page import="pfc.cn.UserInfo" %>
<%
  String username= ((UserInfo)request.getAttribute("us")).getName();
  String userjob= ((UserInfo)request.getAttribute("us")).getJob();
%>
<html>
<head>
<title>注册成功</title>
</head>
<body>
    <table border="1" width="250" height="100"  >
     <tr height="25" bgcolor="lightgrey">
       <td align="center">注册成功</td>
     </tr>
     <tr>
       <td align="center">
         <b>用户名:</b><%=username%>
           
         <b>职  务:</b><%=userjob%>
       </td>
     </tr>
    </table>
    <a href="fifth_example4.jsp">返回</a>
</body>
</html>
```

false.jsp：

```jsp
<%@page language="java" contentType="text/html; charset=gb2312"%>
<html>
<head>
<title>注册失败!</title>
</head>
<body>
  <table border="1" height="100" width="250" >
    <tr bgcolor="lightgrey" height="25">
       <td align="center">注册失败!</td>
    </tr>
    <tr>
       <td align="center">请输入 <b>用户名</b>或 <b>职务</b>!</td>
    </tr>
  </table>
  <a href="fifth_example4.jsp">返回</a>
  </body>
</html>
```

UserInfo.java：

```java
package pfc.cn;
public class UserInfo {
    private String name;
    private String job;
    public UserInfo(){
        name="";
        job="";
    }
    public String getName() {
        return name;
    }
    public void setName(String name) throws Exception {
        this.name =new String(name.getBytes("ISO-8859-1"),"gbk");
    }
    public String getJob() {
        return job;
    }
    public void setJob(String job) throws Exception {
        this.job =  new String(job.getBytes("ISO-8859-1"),"gbk");
    }
}
```

在浏览器地址栏中输入 http：//localhost：8080/jsp5/fifth_example4.jsp 并按回车键,运行结果如图 5.5 所示。

图 5.5 fifth_example4.jsp 的运行结果

在图 5.5 所示窗口的"用户名"和"职务"文本框中输入用户名和职务信息后,单击"注册"按钮,运行结果如图 5.6 所示。

图 5.6 注册成功

如果没有在图 5.5 所示窗口的"用户名"和"职务"文本框中输入任何信息,单击"注册"按钮后,运行结果如图 5.7 所示。

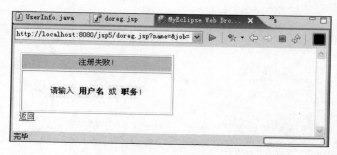

图 5.7 注册失败

【例 5-5】 构造三角形 Bean。
Triangle.java：

```
package pfc.cn;
public class Triangle
{ double sideA=-1,sideB=-1,sideC=-1, area=-1;
  boolean triangle;
  public void setSideA(double a)
    { sideA=a;
```

```
   }
   public double getSideA()
   {   return sideA;
   }
   public void setSideB(double b)
   {   sideB=b;
   }
   public double getSideB()
   {   return sideB;
   }
   public void setSideC(double c)
   {   sideC=c;
   }
   public double getSideC()
   {   return sideC;
   }
   public double getArea()
   {   double p=(sideA+sideB+sideC)/2.0;
       if(triangle)
          area=Math.sqrt(p*(p-sideA)*(p-sideB)*(p-sideC));
       return area;
   }
   public boolean isTriangle()
   {   if(sideA<sideB+sideC&&sideB<sideA+sideC&&sideC<sideA+sideB)
          triangle=true;
       else    triangle=false;
       return triangle;
   }
}
```

triangle.jsp：

```
<%@page pageEncoding="GB2312"%>
<%@page import="pfc.cn.Triangle"%>
<jsp:useBean id="tri" class="pfc.cn.Triangle" />
<HTML><BODY bgcolor=yellow><Font size=3>
<FORM action="" Method="post" >
    输入三角形三边:
    边A:<Input type=text name="sideA" value=0 size=5>
    边B:<Input type=text name="sideB" value=0 size=5>
    边C:<Input type=text name="sideC" value=0 size=5>
    <Input type=submit value="提交">
</FORM>
<jsp:setProperty name="tri" property="*" />
    三角形的三边是:
```

边 A:`<jsp:getProperty name="tri" property="sideA"/>`,
边 B:`<jsp:getProperty name="tri" property="sideB"/>`,
边 C:`<jsp:getProperty name="tri" property="sideC"/>`.
`<BR>`这三条边能构成一个三角形吗？`<jsp:getProperty name="tri" property="triangle"/>`
`<BR>`面积是：`<jsp:getProperty name="tri" property="area"/>`
`</FONT></BODY></HTML>`

运行结果如图 5.8 所示。

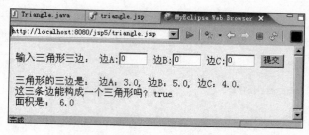

图 5.8　triangle.jsp 的运行结果

5.4　实验与训练指导

1. 以下对于 JavaBean 的理解中，错误的是（　　）。（选择一项）
   A. JavaBean 是基于组件重用的思想而提出的
   B. 按照用途不同，可分为封装数据和封装业务两种
   C. JavaBean 从本质上就是一个 Java 类，但它需要遵循一些编码的约定
   D. JavaBean 在项目中大量使用，编写时可随意约定规范

2. test.jsp 文件中有如下代码：

   `<jsp:useBean id="user" scope="____" class="com.UserBean">`

   要使 user 对象可以作用于整个应用程序，下画线中应为（　　）。
   　　A. page　　　　　B. request　　　　C. session　　　　D. application

3. 在 JSP 中，对`<jsp：setProperty>`标记描述正确的是（　　）。
   A. `<jsp：setProperty>`和`<jsp：getProperty>`必须在同一个 JSP 文件中搭配出现
   B. 就如同 session.setAttribute()一样，可以用来设计属性
   C. 和`<jsp：useBean>`动作一起使用，来设置 Bean 的属性值
   D. 就如同 request.setAttribute()一样，可以用来设置属性

4. 给定 TheBean 类，假设还没有创建 TheBean 类的实例，JSP 标准动作语句（　　）能创建这个 Bean 的一个新实例，并把它存储在请求作用域中。
   　　A. `<jsp：useBean  name="myBean" type="com.example.TheBean"/>`
   　　B. `<jsp：takeBean  name="myBean" type="com.example.TheBean"/>`

C. <jsp：useBean id="myBean" class="com.example.TheBean" scope="request"/>

D. <jsp：takeBean id="myBean" class="com.example.TheBean" scope="request"/>

5. 编写一个 JSP 页面,该页面提供了一个表单,用户可以通过表单输入梯形的上底、下底和高的值,并提交给本 JSP 页面,该 JSP 页面将计算梯形面积的任务交给一个 Bean,并由该 Bean 完成梯形面积的计算任务。JSP 页面使用 getProperty 动作标记显示梯形的面积。

6. 编写两个 JSP 页面 a.jsp 和 b.jsp,a.jsp 页面提供了一个表单,用户可以通过表单输入矩形的两条边的边长并提交给 b.jsp 页面,b.jsp 调用一个 Bean 去完成计算矩形面积的任务。b.jsp 页面使用 getProperty 动作标记显示矩形的面积。

7. 使用 JavaBean 实现用户登录。

(1) 创建 login.html：

```html
<html>
<head>
<meta http-equiv="Content-Type" content="text/html; charset=GBK">
</head>
<body>
<form name="form1" method="post" action="login.jsp">
  <table width="200" border="0" cellpadding="0" cellspacing="0">
    <tr>
      <td width="63" nowrap>用户名:</td>
      <td width="137"><input type="text" name="usr_name"></td>
    </tr>
    <tr>
      <td>密码:</td>
      <td><input type="text" name="usr_pass"></td>
    </tr>
    <tr>
      <td colspan="2"><input type="submit" name="Submit" value="登录"></td>
    </tr>
  </table>
</form>
</body>
</html>
```

(2) 创建 Login.jsp：

```jsp
<%@page language="java" contentType="text/html; charset=GBK"
    pageEncoding="GBK"%>
<%request.setCharacterEncoding("gbk");%>
<jsp:useBean id="login" class="logbean.Login" />
```

```
<jsp:setProperty name="login" property="usrName" param="usr_name"/>
<jsp:setProperty name="login" property="usrPassword" param="usr_pass"/>
<!DOCTYPE HTML PUBLIC "-//W3C//DTD HTML 4.01 Transitional//EN">
<html>
<head>
<meta http-equiv="Content-Type" content="text/html; charset=GBK">
</head>
<body>
<p>welcome,
<jsp:getProperty name="login" property="usrName"/>,your loging password is
<jsp:getProperty name="login" property="usrPassword"/>,enjoy yourself!</p>
</body>
</html>
```

(3) 创建 Login.java：

```
package logbean;
public class Login
{String usrName;
String usrPassword;
public String getUsrName() {
    return usrName;
}
public void setUsrName(String usrName) {
    this.usrName =usrName;
}
public String getUsrPassword() {
    return usrPassword;
}
public void setUsrPassword(String usrPassword) {
    this.usrPassword =usrPassword;
}
}
```

8. 使用 JavaBean 实现简单购物车功能。

(1) 创建 Shop.html：

```
<html>
<body>
<form name="form1" method="post" action="car.jsp">
  <table width="50%" border="0" cellspacing="0" cellpadding="0">
    <tr>
      <td colspan="3">welcome to my shop </td>
    </tr>
    <tr>
      <td colspan="3">select the fruit you want to buy </td>
```

```html
      </tr>
      <tr>
       <td><select name="item" >
             <option value="apple" checked>apple</option>
             <option value="banana">banana</option>
             <option value="orange">orange</option>
             </select>
        </td>
       <tr>
       <td width="34%"><input type="submit" name="sub" value="buy"></td>
       <td width="21%"><input type="submit" name="sub" value="cancel"></td>
         </tr>
      </table>
</form>
</body>
</html>
```

(2) 创建 car.jsp：

```jsp
<%@page language="java" pageEncoding="GBK"%>
<html>
<head>
<meta http-equiv="Content-Type" content="text/html; charset=GBK">
</head>
<body>
<jsp:useBean id="car" scope="session" class="car.Mycar"/>
<p>你购买的水果如下</p>
<%car.setSubmit(request.getParameter("sub"));
  String action=car.getSubmit();
if (action.equals("buy"))
{
      if(!car.addItem(request.getParameter("item")))
         {
          out.println("you have choosed this kind of fruit!");
         }
  }
   else
      {
          car.removeItem(request.getParameter("item"));
       }
String shop[] =car.getItems();
for(int i=0;i<shop.length;i++)
{
%>
<li><%=shop[i] %></li>
```

```
<%}%>
<%@include file="shop.html"%>
</body>
</html>
```

(3) 创建 MyCar.java：

```java
package car;
import java.util.Vector;
public class MyCar {
    Vector v=new Vector();
    String submit=null;
    String item=null;
    public String[] getItems() {
        String items[]=new String[v.size()];
        v.copyInto(items);
        return items;
    }
    public void setItem(String item) {
        this.item =item;
    }
    public String getSubmit() {
        return submit;
    }
    public void setSubmit(String submit) {
        this.submit =submit;
    }
    public boolean addItem(String item)
    {
        if(v.contains(item))
            return false;
        else
        {
            v.addElement(item);
            return true;
        }
    }
    public void removeItem(String item)
        {
            v.removeElement(item);
        }
}
```

第 6 章 Servlet 基础

Servlet 就是运行在 Web 服务器上的 Java 应用程序。Servlet 接收来自客户端的请求,将处理结果返回给客户端。从 JSP 的角度来看,Servlet 是 JSP 被解释执行的中间过程,所有的 JSP 都要先翻译成 Servlet,然后编译成 class,最后被执行。

客户或浏览器通过使用 get 或 post 方法把请求传给服务器。例如,Servlet 可以作为点击事件(单击按钮或页面超链接)的结果而被调用。当请求由 Servlet 处理后,处理结果以 html 页面的形式返回给客户。

客户请求包含以下内容:
(1) 服务器与客户之间通信使用的协议,如 HTTP;
(2) 可以为 get 或 post 的请求类型;
(3) 正被检索文档的 URL,包含附加信息的查询串,如登录名、口令及登录资料。
例如:

http://www.buaa.edu.cn/login.html?username="buaa"& passwd="123"

其中,login.html 为显示给用户的窗体名;username="buaa"& passwd="123"为传到服务器端程序的值。

6.1 创建和部署 Servlet

【例 6-1】 创建 Servlet 来跟踪点击计数。

每当用户访问 www.buaa.edu.cn 站点时,必须增加点击数。用来访问 Web 站点的客户浏览器运行在不同机器上,如果点击计数数据保存在客户端上,则该数据是针对特定用户的,所以,客户端(浏览器)不可能记录点击计数数据。此数据必须在服务器上捕获,可以使用服务器端程序(Servlet)技术来解决这个问题。编码名为 HitcountServlet 的类,可以扩展 HttpServlet 类,将用它来跟踪点击计数。

6.1.1 创建 Servlet

(1) 首先创建一个工程,工程名为 servlet1,过程如图 6.1~图 6.3 所示。

图 6.1 选择 Project 创建项目

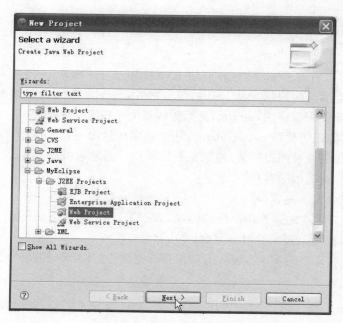

图 6.2 选择 Web Project

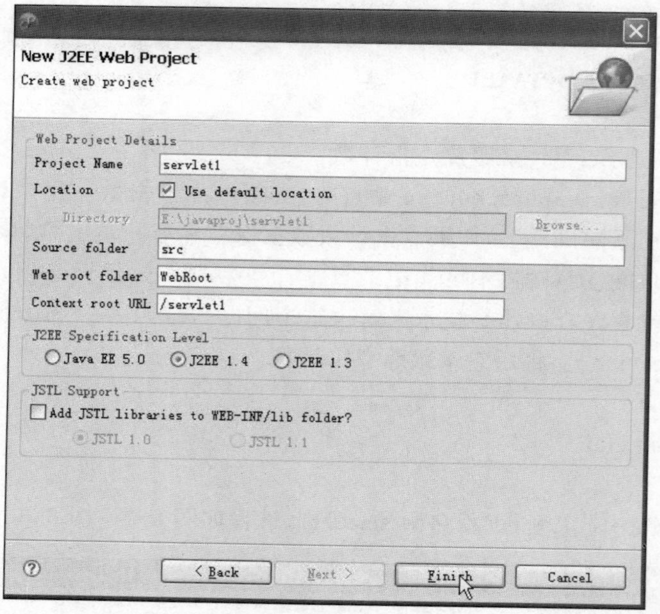

图 6.3 输入 Project Name

(2) 在默认包 src 下创建包"servlet1.java",过程如图 6.4 和图 6.5 所示。

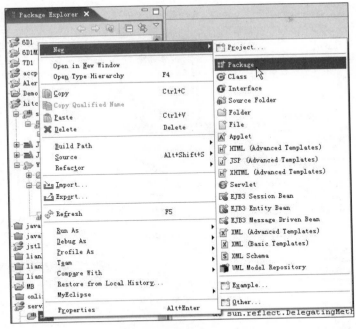

图 6.4　在默认包 src 下创建包

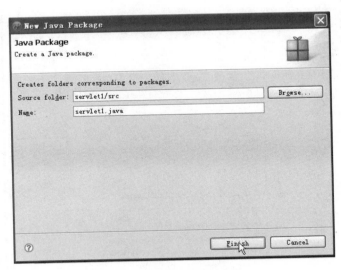

图 6.5　输入要创建的包名

(3) 在包名上右击,在快捷菜单中选择 New→Servlet 命令,如图 6.6 所示。

(4) 在图 6.7 所示对话框中输入 Servlet 的名称,设置 Superclass 为 javax.servlet.http.HttpServlet,选中 Create Inherited Methods、Create Constructors、Create init and destroy、Create doGet 和 Create doPost 复选框,单击 Next 按钮。

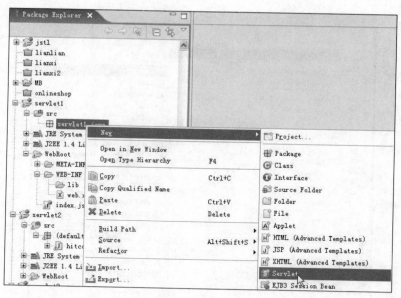

图 6.6 创建 Servlet

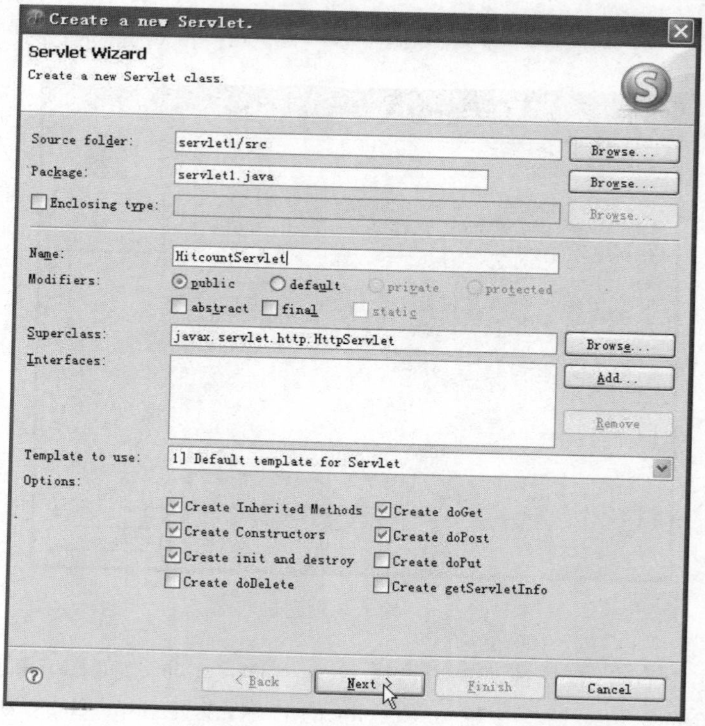

图 6.7 输入 Servlet 的名称，选择 Superclass 和方法

(5) 在图 6.8 所示对话框中单击 Finish 按钮,Servlet 创建成功。

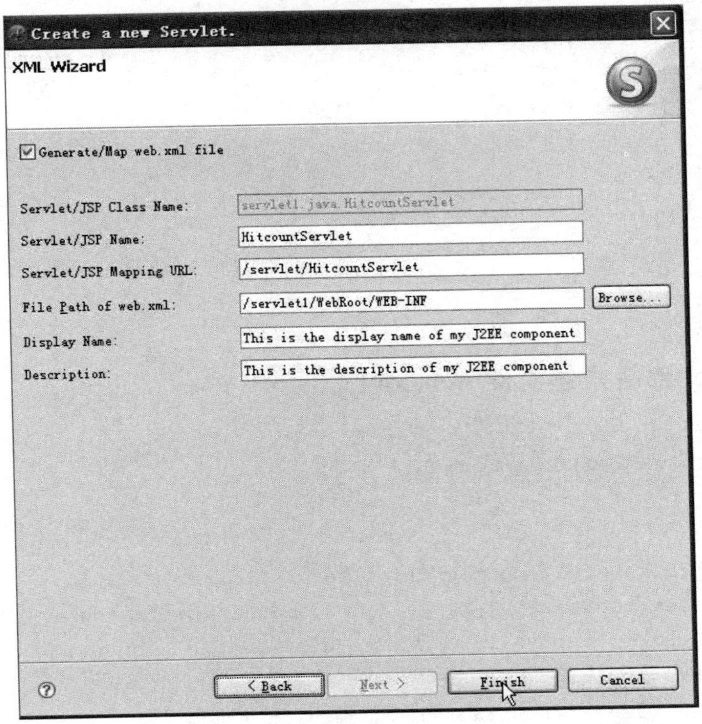

图 6.8 Servlet 创建成功

(6) 编写 HitcountServlet 代码。

```
package servlet1.java;
import javax.servlet.*;
import javax.servlet.http.*;
import java.io.*;
public class HitcountServlet extends HttpServlet
{
    public void init(ServletConfig config) throws ServletException
    {
    //The ServletConfig object must be passed to the super class
        super.init(config);
    }
    //A counter to keep track of the number of users visiting the website
    static int count;
    //Process the HTTP Get request
        public void doGet (HttpServletRequest request, HttpServletResponse response) throws ServletException, IOException
    {
        response.setContentType("text/html");
```

```
        PrintWriter out=response.getWriter();
        count++;
        out.println("<html>");
        out.println("<head><title>BasicServlet</title></head>");
        out.println("<body>");
        out.println("You are user number   " +String.valueOf(count)+"  visting our web site"+"\n");
        out.println("</body></html>");
    }
}
```

6.1.2　Servlet 部署描述文件 web.xml

```
<?xml version="1.0" encoding="UTF-8"?>
<web-app>
    <servlet>
      <servlet-name>HitcountServlet</servlet-name>
      <servlet-class>servlet1.java.HitcountServlet</servlet-class>
    </servlet>
    <servlet-mapping>
      <servlet-name>HitcountServlet</servlet-name>
      <url-pattern>/servlet/HitcountServlet</url-pattern>
    </servlet-mapping>
</web-app>
```

使用 MyEclipse 向导创建 Web 项目，MyEclipse 创建一个 web.xml 文件，称之为部署描述文件。在该文件中，＜servlet-mapping＞把用户访问的 URL 即/servlet/HitcountServlet 映射到 Servlet 内部名 HitcountServlet，＜servlet＞把 Servlet 内部名 HitcountServlet 映射到 Servlet 处理类 servlet1.java.HitcountServlet。

6.1.3　部署 Servlet

（1）单击部署按钮，在 Project 下拉列表框中选择 servlet1，如图 6.9 所示。
（2）在图 6.9 所示对话框中单击 Add 按钮，添加 Tomcat 服务器，如图 6.10 所示。
（3）启动 Tomcat 服务器，如图 6.11 所示。
（4）打开浏览器，如图 6.12 所示。
（5）在浏览器地址栏中输入 http：//localhost：8080/servlet1/servlet/HitcountServlet 并按回车键，运行结果如图 6.13 所示。其中，servlet1 为项目名，servlet/HitcountServlet 为＜url-pattern＞和＜/url-pattern＞之间的部分。
（6）单击图 6.13 中的"刷新"按钮，运行结果如图 6.14 所示。

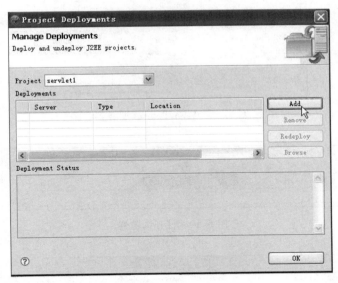

图 6.9　选择 servlet1

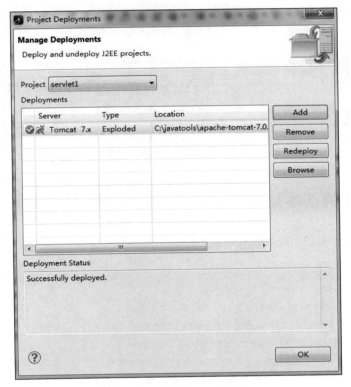

图 6.10　添加 Tomcat 服务器

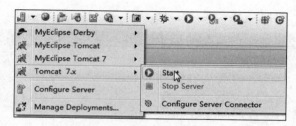

图 6.11　启动 Tomcat 服务器

图 6.12　打开浏览器

图 6.13　运行结果

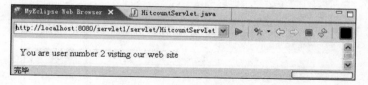

图 6.14　刷新后的运行结果

6.2　Servlet 的基本结构

【例 6-2】　ServletTemplate.java。

```
import java.io.*;
import javax.servlet.*;
import javax.servlet.http.*;
public class ServletTemplate extends HttpServlet {
  public void doGet(HttpServletRequest request,
              HttpServletResponse response)
    throws ServletException, IOException {
    //Use "request" to read incoming HTTP headers
    //(e.g., cookies) and query data from HTML forms.
    //Use "response" to specify the HTTP response status
```

```
        //code and headers (e.g., the content type, cookies).
        PrintWriter out =response.getWriter();
        //Use "out" to send content to browser
    }
}
```

Servlet 一般扩展 HttpServlet，并按照数据发送方式的不同（Get 或 Post）覆盖 doGet 或 doPost 方法。如果希望 Servlet 对 Get 和 Post 请求采用同样的行动，只须让 doGet 调用 doPost；反之，亦然。

doGet 和 doPost 都接受两个参数：HttpServletRequest 和 HttpServletResponse。通过 HttpServletRequest，可以得到所有的输入数据。通过 HttpServletResponse 可以指定输出信息，最重要的是，可以获得 PrintWriter，进而将文档内容发送给客户。

由于 doGet 和 doPost 抛出两种异常（ServletException 和 IOException），所以必须在方法声明中包括它们。

6.3 创建 Servlet 使用的某些类与接口

6.3.1 HttpServlet 类

HttpServlet 类提供 Servlet 接口的 HTTP 特定实现，主要方法如下。

第一种：

```
protected void doGet(HttpServletRequest req, HttpServletResponse resp)
        throws ServletException,IOException
```

服务器通过 service 方法调用 doGet 方法处理 Get 请求。

第二种：

```
protected void doPost(HttpServletRequest req, HttpServletResponse resp)
        throws ServletException,IOException
```

服务器通过 service 方法调用 doPost 方法处理 Post 请求。

第三种：

```
protected void service(HttpServletRequest req, HttpServletResponse resp)
        throws ServletException, IOException
```

第四种：

```
public void service(ServletRequest req, ServletResponse res)
        throws ServletException, IOException
```

其中，ServletRequest 为 HttpServletRequest 的父接口，ServletResponse 为 HttpServletResponse 的父接口。

6.3.2 HttpServletRequest 接口

HttpServletRequest 接口提供处理客户请求的方法。
HttpServletRequest request 对象常用方法如下。
（1）request.getParameter("param")获取客户端请求数据，param 为表单元素（如 text、password、select 等）的名称，返回 String 类型值。
（2）request.setCharacterEncoding("GBK")设置对客户端请求进行重新编码的编码。
（3）request.setAttribute("attribute",value)在 request 作用域内存储数据。

6.3.3 HttpServletResponse 接口

通过 HttpServletResponse 接口，对象以 html 页面的形式把请求结果发给客户。
HttpServletResponse response 对象常用方法如下。
（1）response.setContentType("text/html;charset=GBK")设置输出为 GBK 编码，解决中文乱码问题。
（2）response.sendRedirect("URL")让浏览器重定向到指定资源。URL 可为 Servlet、JSP、html 文件的路径。

6.3.4 ServletConfig 接口

ServletConfig 接口用来存储 Servlet 启动配置值与初始化参数。通过 Servlet 接口的 getServletConfig()方法可以得到关于 Servlet 的配置值信息。
ServletConfig 接口的主要方法：
（1）String getInitParameter(String name)。
（2）Enumeration getInitParameterNames()。
（3）ServletContext getServletContext()。

6.3.5 ServletContext 接口

ServletContext 接口定义一个 Servlet 环境对象，通过该对象，Servlet 引擎向 Servlet 提供环境信息。整个 Web 应用一个 ServletContext，而且 Web 应用中的所有部分都能访问它。每个 Servlet 都有一个 ServletConfig。
ServletContext 接口的主要方法：
（1）Object getAttribute(String name)。
（2）Enumeration getAttributeNames()。
（3）void setAttribute(String name, Object object)。

（4）void removeAttribute(String name)。

（5）String getRealPath(String path)返回一个与虚拟路径相对应的真实路径。

（6）RequestDispatcher getRequestDispatcher(String path)返回一个特定 URL 的 RequestDispatcher 对象，否则返回一个空值。

（7）ServletContext getContext(String uripath)。

6.4 Servlet 生命周期

创建 Servlet 的常用方法如表 6.1 所示。

表 6.1 创建 Servlet 的常用方法

方 法 名	功 能
Servlet.init(ServletConfig config) throws ServletException	包含关于 Servlet 的所有初始化代码，在第一次载入 Servlet 时调用
Servlet.service(ServletRequest,ServletResponse)	当第一个客户请求到来时，容器会开始一个新线程（每个到来的请求意味着一个新的线程）或者从线程池分配一个线程，并调用 Servlet 的 service() 方法，识别请求类型，把它们分派到 doGet() 或 doPost() 方法进行处理
Servlet.destroy()	仅当 Servlet 从服务器中移出时执行一次。此方法必须提供 Servlet 的清理代码
ServletResponse.getWriter()	把引用返回给 PrinterWriter 对象。用 PrinterWriter 类编写有格式对象，作为达到客户的文本输出流
ServletResponse.setContentType(String type)	设置用来响应客户浏览器而发送的内容类型，例如用 setContentType("text/html")把应答类型设置为文本

加载类，实例化 Servlet（构造函数运行），Servlet 在内存中仅被载入一次，由 init()方法初始化。Servlet 初始化之后，接收客户请求并通过 service()方法来处理，直到销毁实例之前调用 destroy()方法。对每个请求均执行 service()方法。

Servlet 执行过程如下。

1）加载

在下列时刻加载 Servlet：

（1）如果已配置自动加载选项，则在启动服务器时自动加载（web.xml 中设置＜load-on-startup＞）。

（2）服务器启动后，客户机首次向 Servlet 发出请求时。

（3）重新加载 Servlet 时。

2）实例化

加载 Servlet 后，服务器创建一个 Servlet 实例。

3）初始化

调用 Servlet 的 init()方法。在初始化阶段，Servlet 初始化参数被传递给 Servlet 配置对象 ServletConfig。

4）请求处理

对于到达服务器的客户机请求，服务器创建针对此次请求的一个"请求"对象和一个"响应"对象。服务器调用 Servlet 的 service() 方法，该方法用于传递"请求"对象和"响应"对象。service() 方法从"请求"对象处获得请求信息，处理该请求并用"响应"对象的方法以将响应传回客户机。service()方法可以调用 doGet()、doPost() 或其他方法来处理请求。

5）销毁

当服务器不再需要 Servlet 或重新装入 Servlet 的新实例时，服务器会调用 Servlet 的 destroy()方法。

6.5 通过 JSP 页面调用 Servlet

6.5.1 通过表单向 Servlet 提交数据

【例 6-3】 sixth_example1.jsp。

```
<%@page pageEncoding="GB2312" %>
<HTML>
<BODY>
<Font size=3>
<FORM action="servlet/Computer" method="post">
<BR>输入矩形的长：
   <Input Type=text name=length>
<BR>输入矩形的宽：
   <Input Type=text name=width>
   <Input Type=submit value="提交">
</FORM>
</Font>
</BODY>
</HTML>
```

Computer.java：

```
package pfc.cn;
import java.io.*;
import javax.servlet.*;
import javax.servlet.http.*;
public class Computer extends HttpServlet
{   public void init(ServletConfig config) throws ServletException
    {  super.init(config);
    }
```

```java
public void service(HttpServletRequest request,HttpServletResponse response)
                    throws IOException
{   response.setContentType("text/html;charset=GB2312");
    PrintWriter out=response.getWriter();
    out.println("<html><body>");
    String length=request.getParameter("length");    //获取客户提交的信息
    String width=request.getParameter("width");
    double area=0;
    try{   double length1=Double.parseDouble(length);
           double width1=Double.parseDouble(width);
           if(length1>=0 && width1>=0)
           { out.print("<BR>长是 "+length1+"宽是 "+width1+" 的矩形面积:");
               out.print("<BR>"+length1 * width1);
           }
           else
           {   out.print("<BR>矩形的长或宽不可以是负数!!");
           }
    }
    catch(NumberFormatException e)
    { out.print("<H1>请输入数字字符!</H1>");
    }
    out.println("</body></html>");
  }
}
```

在浏览器地址栏中输入 http://localhost:8080/jsp6/sixth_example1.jsp 并按回车键,运行结果如图 6.15 所示。

图 6.15 sixth_example1.jsp 的运行结果

单击"提交"按钮,运行结果如图 6.16 所示。

图 6.16 输入长和宽并提交后的运行结果

程序说明：

```
<FORM action="servlet/Computer" method="post">
  ...
  <Input Type=submit value="提交">
</FORM>
```

单击表单"提交"按钮，由 action 指定的 URL 对应的 Servlet 处理。

6.5.2 通过超链接访问 Servlet

【例 6-4】 sixth_example2.jsp。

```
<%@page pageEncoding="GB2312" %>
<HTML><BODY ><Font size=3>
   单击超链接查看英语字母表：
   <BR><A href="servlet/ShowLetter">查看英语字母表</A>
</Font></BODY></HTML>
```

ShowLetter.java：

```java
package pfc.cn;
import java.io.*;
import javax.servlet.*;
import javax.servlet.http.*;
public class ShowLetter extends HttpServlet
{ public void init(ServletConfig config) throws ServletException
   { super.init(config);
   }
  public void service(HttpServletRequest request,HttpServletResponse response)
                 throws IOException
   {  response.setContentType("text/html;charset=GB2312");
      PrintWriter out=response.getWriter();
      out.println("<html><body>");
      out.print("<BR>小写字母：");
      for(char c='a';c<='z';c++)
      {  out.print(" "+c);
      }
      out.print("<BR>大写字母：");
      for(char c='A';c<='Z';c++)
      {  out.print(" "+c);
      }
      out.println("</body></html>");
   }
}
```

在浏览器地址栏中输入 http：//localhost：8080/jsp6/sixth_example2.jsp 并按回车键，运行结果如图 6.17 所示。

图 6.17　sixth_example2.jsp 的运行结果

单击"查看英语字母表"超链接，运行结果如图 6.18 所示。

图 6.18　单击超链接后的运行结果

程序说明：

＜A href＝"servlet/ShowLetter"＞查看英语字母表＜/A＞表示单击超链接，由 href 指定的 URL 对应的 Servlet 处理。

6.6　用 Servlet 维护 session 信息

会话是访问 Web 站点时用户执行的一组活动，记住不同会话的过程称为会话跟踪。例如，网上购物商场的过程：用户选择产品，把它放入购物车；当用户移向不同页面时，购物车中的东西仍然保留，这样用户可检查购物车中的物件，然后发出订单。默认情况下，会话之间的数据不能用 HTTP 来存储，因为它是无状态协议。Java Servlet API 提供 HttpSession 的接口，可用它在当前 Servlet 上下文中记录会话。

6.6.1　使用 HttpSession 接口

在 Web 站点上注册的每个用户会自动地与 HttpSession 对象关联。Servlet 可用此对象来存储关于用户会话的信息。

HttpServletRequest 的方法：

`HttpSession getSession(boolean create)`

检索与用户关联的当前 HttpSession，调用 getSession(true)，若会话不存在，则创建。HttpSession 接口常用方法见 3.4.1session 对象的常用方法。

6.6.2 cookie

cookie 用来给 Web 浏览器提供内存，以便程序可以在一个页面中使用另一个页面的输入数据，或者在用户离开页面并返回时恢复用户的优先级及其他状态变量。cookie 是一些小文本文件，由 Web 服务器用来记录用户。cookie 有 Key-value 对形式的值，由服务器创建它们并发送给客户，带有 HTTP 应答头部。客户把 cookie 保存在本地硬盘上，并与 HTTP 请求头部一起发送给服务器。

cookie 的特征：

(1) cookie 只能送回给创建它们的服务器，不可送到任何其他服务器。

(2) 服务器可用 cookie 来找出计算机名、IP 地址或客户计算机的其他材料。

【例 6-5】 为推动使用开发的 Web 站点，某网站决定把礼物送给一月内登录四次以上的用户。要求创建一个个性化的用户点击计数器，当用户第五次登录此 Web 站点时显示礼物在等待该用户的相关消息。假定每位用户总是用同一台计算机登录此 Web 站点，不会有两个用户使用同一台计算机登录此 Web 站点。

sixth_example3.html：

```html
<html>
<body bgcolor=pink>
<br>
<form method=post action="servlet/giftServlet">
<table>
    <tr>
    <td>
        Enter Login Name :
    </td>
    <td>
        <input type=text name="loginid">
    </td>
    </tr>
    <tr>
    <td>
        Enter Password :
    </td>
    <td>
        <input type=password name="passwd">
    </td>
    </tr>
</table>
    <input type=SUBMIT value="Submit">
</form>
</body>
```

</html>

giftServlet.java:

```java
import javax.servlet.http.*;
import java.io.*;
public class giftServlet extends HttpServlet
{
    public void service (HttpServletRequest req, HttpServletResponse res) throws IOException
    {
        boolean cookieFound=false;
        Cookie myCookie=null;
        String log=req.getParameter("loginid");
        Cookie[] cookieset=req.getCookies();
        res.setContentType("text/html");
        PrintWriter pw=res.getWriter();
        pw.println("<HTML>");
        pw.println("<BODY>");
        try
        {
            for (int i=0;i<cookieset.length;i++)
            {
                if (cookieset[i].getName().equals("logincount"))
                {
                    cookieFound=true;
                    myCookie=cookieset[i];
                }
            }
        }
        catch(NullPointerException e)
        {
            cookieFound=false;
        }
        if (cookieFound)
        {
            int temp=Integer.parseInt(myCookie.getValue());
            temp++;
            if (temp==5)
            {
                pw.println("Congratulations!!!!!!, a gift is awaiting you");
            }
            pw.println("The number of times you have logged in is:  "+String.valueOf(temp));
```

```
            myCookie.setValue(String.valueOf(temp));
            int age=60*60*24*30;
            myCookie.setMaxAge(age);
            res.addCookie(myCookie);
            cookieFound=false;
        }
        else
        {
            int temp=1;
            pw.println("This is the first time you have logged on to the server");
    //myCookie=new Cookie("logincount",String.valueOf(temp));
            myCookie=new Cookie(log,String.valueOf(temp));
            int age=60*60*24;
            myCookie.setMaxAge(age);
            res.addCookie(myCookie);
        }
        pw.println("</BODY>");
        pw.println("</HTML>");
    }
}
```

(1) 在浏览器地址栏中输入 http：//localhost：8080/jsp6/sixth_example3.html 并按回车键，运行结果如图 6.19 所示。

图 6.19　sixth_example3.html 的运行结果

(2) 在图 6.19 所示窗口的 Enter Login Name 和 Enter Password 文本框中输入登录名和密码，密码为 aa，单击 Submit 按钮，运行结果如图 6.20 所示。

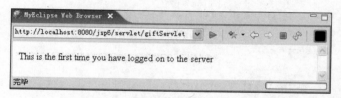

图 6.20　输入信息并提交后的运行结果

(3) 当第五次登录时,运行结果如图 6.21 所示。

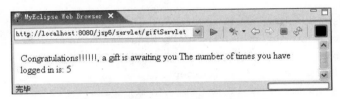

图 6.21　第五次登录时的运行结果

【例 6-6】　在 Servlet 中对 cookie 进行操作。

sixth_example4.jsp：

```
<%@page contentType="text/html; charset=gb2312" %>
<html>
<link href="css/style.css" type="text/css" rel="stylesheet">
<body bgcolor="#669966"><div align="center"><br>
<form method="post" action="servlet/WriteCookie">
  <input type="text" name="name">
  <input type="submit" name="sumbit" value="写入 Cookie">
</form>
<form method="post" action="ShowCookie">
<input type="submit" name="sumbit" value="显示 Cookie">
</form>
<%if(request.getAttribute("name")!=null){%>
<table width="300" border="1" >
  <tr>
    <td width="100" height="20"><span class="word_white"><strong>Cookie 名称
</strong></span></td>
    <td width="185"><span class="word_white"><strong><%=request.getAttribute
("name")%></strong></span></td>
  </tr>
  <tr>
    <td height="20"><span class="word_white"><strong>Cookie 值</strong>
</span></td>
    <td><span class="word_white"><strong><%=request.getAttribute
("value")%></strong></span></td>
  </tr>
</table>
<%}%>
</div>
</body>
</html>
```

ShowCookie.java：

```
import javax.servlet.*;
```

```java
import javax.servlet.http.*;
import java.io.*;
public class ShowCookie extends HttpServlet {
    public void doGet (HttpServletRequest request, HttpServletResponse response) throws
            ServletException, IOException {
        response.setContentType("text/html; charset=GBK");
        Cookie[] cookies = request.getCookies();
        for (int i = 0; i < cookies.length; i++) {
            request.setAttribute("name", cookies[i].getName());
            //获得名字
            request.setAttribute("value", cookies[i].getValue());
            //获得值
        }
        RequestDispatcher dispatcher = request.getRequestDispatcher(
                "/sixth_example4.jsp");
        dispatcher.forward(request, response);
    }
    public void doPost (HttpServletRequest request, HttpServletResponse response) throws
            ServletException, IOException {
        doGet(request, response);
    }
}
```

WriteCookie.java：

```java
import javax.servlet.*;
import javax.servlet.http.*;
import java.io.*;
//写入cookie
public class WriteCookie extends HttpServlet {
    public void doGet (HttpServletRequest request, HttpServletResponse response) throws
            ServletException, IOException {
        response.setContentType("text/html; charset=GBK");
        Cookie cookie = new Cookie("pfc", request.getParameter("name"));
                                                    //生成一个有名和值的cookie
        cookie.setMaxAge(60);              //返回该cookie的最大寿命
        cookie.setPath("/");               //设置该cookie的有效访问路径
        response.addCookie(cookie);
        RequestDispatcher dispatcher = request.getRequestDispatcher(
                "/sixth_example4.jsp");
        dispatcher.forward(request, response);
    }
    public void doPost (HttpServletRequest request, HttpServletResponse
```

```
response) throws
          ServletException, IOException {
       doGet(request, response);
    }
}
```

css/style.css:

```
<meta http-equiv="Content-Type" content="text/html; charset=gb2312">
td {
    font-size: 9pt;color: #000000;
}
input{
    font-family: "宋体";
    font-size: 9pt;
    color: #333333;
    border: 1px solid #999999;
}
.word_white{
color:#FFFFFF;
}
```

(1) 在浏览器地址栏中输入 http://localhost:8080/jsp6/sixth_example4.jsp 并按回车键,运行结果如图 6.22 所示。

图 6.22　sixth_example4.jsp 的运行结果

(2) 在图 6.22 中输入 PFC,单击"写入 Cookie"按钮,再单击"显示 Cookie"按钮,运行结果如图 6.23 所示。如果再次运行,则需要单击 IE 浏览器"工具"→"Internet 选项"→"删除 Cookies"命令。

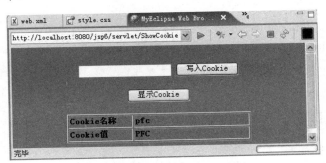

图 6.23　输入信息后的运行结果

6.7 Servlet 之间的通信

出现在同一个 Web 服务器上的 Servlet 可使用 RequestDispatcher 接口来实现 Servlet 之间的通信和资源共享。RequestDispatcher 接口可以把用户对当前 JSP 页面或 Servlet 的请求转发给另一个 JSP 页面或 Servlet，而且将用户对当前 JSP 页面或 Servlet 的请求和响应（HttpServletRequest 对象和 HttpServletResponse 对象）传递给转发的 JSP 页面或 Servlet。即当前页面所要转发的目标页面或 Servlet 对象可以使用 request 获取用户提交的数据。

ServletContext 为部署 Web 服务器内的 Servlet 目录，在同一服务器中执行的 Servlet 属于同一个 Servlet。用 ServletConfig 接口的 getServletContext() 方法实现 Servlet 上下文的引用。

实现转发的步骤如下。

(1) 得到 RequestDispatcher 引用：

```
public abstract RequestDispatcher getRequestDispatcher(String urlpath)
```

其中，urlpath 为要转发的 JSP 页面或 Servlet 地址。

```
RequestDispatcher dispatcher=request.getRequestDispatcher(a.jsp);
```

或

```
RequestDispatcher dispatcher;
dispatcher =getServletContext().getRequestDispatcher(/SecondServlet);
```

(2) 转发：

```
public abstract void forward(ServletRequest request,ServletResponse response)
              throws ServletException,IOException
```

该方法用来把一个 JSP 或 Servlet 请求提交给另一个 JSP 或 Servlet。当其输出完全由第二个 Servlet 或被调用 Servlet 生成时，必须用此方法。若第一个 Servlet 已访问了 PrintWriter 对象，则由此方法引发异常。

```
dispatcher.forward(request, response);
```

【例 6-7】 Servlet 之间的通信。

sixth_example5.jsp：

```
<%@page contentType="text/html;charset=GB2312" %>
<HTML><BODY ><Font size=4>
<FORM action="Verify" method=post>
    输入姓名:<Input Type=text name=name>
<BR>输入分数:<Input Type=text name=score>
<BR><Input Type=submit value="提交">
```

```
</FORM>
</BODY></HTML>
```

Verify.java：

```java
import java.io.*;
import javax.servlet.*;
import javax.servlet.http.*;
public class Verify extends HttpServlet
{  public void init(ServletConfig config) throws ServletException
      {super.init(config);
      }
public void  doPost(HttpServletRequest request,HttpServletResponse response)
throws ServletException,IOException
{   String name=request.getParameter("name");
    String score=request.getParameter("score");
      //获取客户提交的信息
       if(name.length()==0||name==null)
         { response.sendRedirect("sixth_example5.jsp");           //重定向
         }
       else if(score.length()==0)
         { response.sendRedirect("sixth_example5.jsp ");           //重定向
         }
       else if(score.length()>0)
         { try { int numberScore=Integer.parseInt(score);
              if(numberScore<0||numberScore>100)
                { response.sendRedirect("sixth_example5");
                }
              else
                {  RequestDispatcher dispatcher=
                   request.getRequestDispatcher("ShowMessage");
                   dispatcher.forward(request, response);            //转发
                }
              }
            catch(NumberFormatException e)
              { response.sendRedirect("sixth_example5.jsp ");
              }
          }
     }
   public void  doGet(HttpServletRequest request,HttpServletResponse response)
                  throws ServletException,IOException
    {  doPost(request,response);
    }
}
```

ShowMessage.java

```java
import java.io.*;
import javax.servlet.*;
import javax.servlet.http.*;
public class ShowMessage extends HttpServlet
{  public void init(ServletConfig config) throws ServletException
     {super.init(config);
     }
   public void doPost(HttpServletRequest request,HttpServletResponse response)
throws ServletException,IOException
     {  response.setContentType("text/html;charset=GB2312");
        PrintWriter out=response.getWriter();
        String name=request.getParameter("name");
        //获取客户提交的信息
        String score=request.getParameter("score");
        //获取客户提交的信息
        try{ byte bb[]=name.getBytes("ISO-8859-1");
            name=new String(bb,"gb2312");
        }
        catch(Exception exp){}
        out.print("<Font color=blue size=4>您的姓名是:");
        out.print(name);
        out.print("<BR><Font color=pink size=4>您的成绩是:");
        out.print(score);
     }
   public void doGet(HttpServletRequest request,HttpServletResponse response)
                throws ServletException,IOException
     {  doPost(request,response);
     }
}
```

运行结果如图6.24所示。

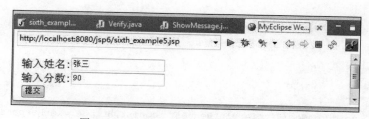

图6.24 sixth_example5.jsp 的运行结果

分别在图6.24所示窗口的"输入姓名"和"输入分数"文本框中输入"张三"和"90",单击"提交"按钮,运行结果如图6.25所示。

图 6.25　输入信息并提交后的运行结果

程序说明：

RequestDispatcher dispatcher=request.getRequestDispatcher("ShowMessage");

其中，ShowMessage 指＜url-pattern＞的值。在 web.xml 文件中如下：

```
<servlet-mapping>
    <servlet-name>ShowMessage</servlet-name>
    <url-pattern>/ShowMessage</url-pattern>
</servlet-mapping>
```

6.8　实验与训练指导

1. 在 Servlet 生命周期中，对应服务阶段的方法是（　　）。（选择一项）
   A. init()　　　　　B. destroy()　　　　C. service()　　　　D. initial()
2. 在 Web 编程中，关于 cookie 的作用说法正确的是（　　）。（选择一项）
   A. 为了识别不同的用户信息　　　　B. 为了简化程序开发
   C. 为了提高程序执行速度　　　　　D. 以上说法都不对
3. 对于以下代码片段，说法正确的是（　　）。（选择二项）

```
<servlet>
    <servlet-name>testServlet</servlet-name>
    <servlet-class>com.servlet.TestServlet</servlet-class>
</servlet>
```

   A. 配置了逻辑名为 testServlet 的 Servlet 组件
   B. 其对应的类的路径是 com.servlet.TestServlet
   C. 客户端可以通过 testServlet 访问
   D. 以上说法都不对
4. 在 Java Web 应用开发中，Servlet 程序需要在（　　）文件中配置。（选择一项）
   A. JSP　　　　　B. web.xml　　　　C. struts.xml　　　　D. servlet.xml
5. 写出 Servlet 的生命周期。
6. ServletConfig 和 ServletContext 的区别是什么？
7. 转发和重定向的区别是什么？

第 7 章 访问数据库

7.1 JDBC 概述

JDBC(Java Database Connectivity)是一种可用于执行 SQL 语句的 Java API，它为访问相关数据库提供了标准的库。从本质上来说，JDBC 就是调用者(程序员)和实现者(数据库厂商)之间的协议。JDBC 的实现由数据库厂商以驱动程序的形式提供。JDBC API 使开发人员可以使用纯 Java 的方式来连接数据库，并进行操作。

JDBC 中包括两个包：java.sql 和 javax.sql。

（1）java.sql：提供基本功能。这个包中的类和接口主要针对基本的数据库编程服务，如生成连接、执行语句，以及准备语句和运行批处理查询等。同时，也有一些高级的处理，如批处理更新、事务隔离和可滚动结果集等。

（2）javax.sql：提供扩展功能。它主要为数据库方面的高级操作提供了接口和类。例如，为了给连接管理、分布式事务和旧有的连接提供更好的抽象，引入了容器管理的连接池、分布式事务和行集等。

JDBC 可以实现以下 3 个方面的功能：同一个数据库建立连接、向数据库发送 SQL 语句和处理数据库返回的结果。图 7.1 所示为编写 JDBC 程序的一般过程。

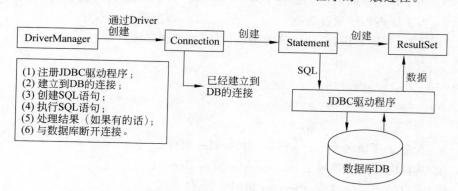

图 7.1 编写 JDBC 程序的一般过程

7.2 使用纯 Java 数据库驱动程序

7.2.1 连接 MySQL 数据库

【例 7-1】 查询本地 MySQL 服务器上的 school2 数据库中表 course 的记录。

seventh_example1.jsp:

```jsp
<%@page contentType="text/html; charset=gb2312" import="java.sql.*" %>
<HTML>
<BODY>
<CENTER>
<FONT SIZE=4 COLOR=blue>JDBC 访问数据库</FONT>
</CENTER>
<HR>
<CENTER>
<%!
String driverName="com.mysql.jdbc.Driver";
String uri="jdbc:mysql://localhost:3306/school2";
String user="root";
String password="root";
Connection con;
Statement stmt;
ResultSet rs;
%>
<%
try {
Class.forName(driverName);
con=DriverManager.getConnection(uri, user, password);
out.print("连接成功!");
stmt = con.createStatement (ResultSet.TYPE_SCROLL_INSENSITIVE, ResultSet.CONCUR_READ_ONLY);
rs=stmt.executeQuery("SELECT * FROM course");
                                      //建立ResultSet(结果集)对象,并执行SQL语句
rs.last();                            //移至最后一条记录
}
catch(Exception e) {
e.printStackTrace();
}
%>
<br>
数据表中共有
<FONT SIZE=4 COLOR=red>
<!--取得最后一条记录的行数-->
<%=rs.getRow() %>
</FONT>
笔记录
<br>
<TABLE border=1 bordercolor="#FF0000" bgcolor=#EFEFEF WIDTH=400>
<TR bgcolor=CCCCCC ALIGN=CENTER>
```

```
<TD><B>记录条数</B></TD>
<TD><B>课程号</B></TD>
<TD><B>课程名</B></TD>
<TD><B>教师号</B></TD>
</TR>
<%
rs.beforeFirst();                      //移至第一条记录之前
//利用 while 循环配合 next 方法将数据表中的记录列出
while(rs.next())
{
%>
<TR ALIGN=CENTER>
<!--利用 getRow 方法取得记录的位置-->
<TD><B><%=rs.getRow() %></B></TD>
<TD><B><%=rs.getString("cno") %></B></TD>
<TD><B><%=rs.getString("cname") %></B></TD>
<TD><B><%=rs.getString("tno") %></B></TD>
</TR>
<%
}
rs.close();                            //关闭 ResultSet 对象
stmt.close();                          //关闭 Statement 对象
con.close();                           //关闭 Connection 对象
%>
</TABLE>
</CENTER>
</BODY>
</HTML>
```

运行结果如图 7.2 所示。

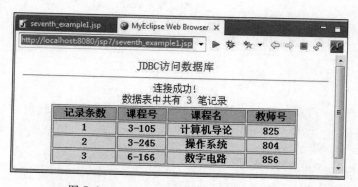

图 7.2　seventh_example1.jsp 的运行结果

程序说明：

1）加载驱动程序

把 MySQL 驱动 mysql-connector-java-5.0.4-bin.jar 放到项目 WebRoot/WEB-INF/

lib 目录下。

```
String driverName = "com.mysql.jdbc.Driver";
Class.forName(driverName);
```

2) 建立数据库连接

Connection 是与数据库连接的对象,一个应用程序可与单个数据库有一个或多个连接,或者与多个数据库有多个连接。打开连接对象与数据库建立连接的标准方法是:

```
Connection con=DriverManager.getConnection("URI","用户名","口令");
```

代码如下:

```
String uri = "jdbc:mysql://localhost:3306/school2";
String user = "root";
String password = "root";
Connection con = DriverManager.getConnection(uri, user, password);
```

这样就和数据库 school2 建立了连接,可以通过 SQL 语句和数据库中指定的表交互信息,如查询、更新表中记录。

3) 访问数据库

(1) Statement 用于将 SQL 语句发送到要访问的数据库中,并获取指定 SQL 语句的结果。JDBC 实际有 3 种类型的 Statement 对象:Statement、PreparedStatement(继承 Statement)、CallableStatement(继承 PreparedStatement),它们都作为在给定连接上执行 SQL 语句的包容器。它们都用于发送特定类型的 SQL 语句:Statement 对象用于执行不带参数的简单 SQL 语句;PreparedStatement 对象用于执行带或不带 IN 参数的预编译 SQL 语句;CallableStatement 对象用于执行对数据库进行存储的过程。

要从指定的数据库连接得到一个 Statement(java.sql 包)实例,代码如下:

```
Statement stmt = con.createStatement(ResultSet.TYPE_SCROLL_INSENSITIVE,
ResultSet.CONCUR_READ_ONLY);
```

(2) 通过 ResultSet 来获得查询结果,通常对数据库查询返回一个包含查询结果的 ResultSet 对象。执行查询,代码如下:

```
ResultSet rs = stmt.executeQuery("SELECT * FROM course");
```

ResultSet 接口的主要方法:

① void beforeFirst() throws SQLException 移动记录指针到第一条记录前。

② boolean first() throws SQLException 移动记录指针到第一条记录。

③ boolean last() throws SQLException 移动记录指针到最后一条记录。

④ void afterLast() throws SQLException 移动记录指针到最后一条记录后。

⑤ boolean absolute(int row) throws SQLException 移动记录指针到指定位置,第一行为 1。

⑥ boolean next() throws SQLException 移动记录指针到下一条记录。

⑦ String getString(int columnIndex) throws SQLException 取得指定字段值，columnIndex 为查询结果集中列索引值。

⑧ String getString(String columnName) throws SQLException 取得指定字段值，columnName 为列名。

常用 get×××方法如表 7.1 所示。

表 7.1　常用 get×××方法

返回值类型	方法名称	返回值类型	方法名称
int	getInt()	java.sql.Time	getTime()
java.lang.String	getString()	java.sql.Date	getDate()

⑨ ResultSetMetaData getMetaData() throws SQLException 取得 ResultSetMetaData 类对象，它保存了所有 ResultSet 类对象中关于字段的信息。

7.2.2　连接 Oracle 数据库

1. 注册一个 driver

需要把 Oracle 驱动 ojdbc6.jar 放到项目 WebRoot/WEB-INF/lib 目录下，然后注册驱动程序。

```
Class.forName("oracle.jdbc.OracleDriver");
```

Java 规范中明确规定：所有的驱动程序必须在静态初始化代码块中将驱动注册到驱动程序管理器中。

2. 建立连接

```
String url = "jdbc:oracle:thin:@127.0.0.1:1521:orcl";
String user = "scott";
String password = "tiger";
Connection conn = null;
conn = DriverManager.getConnection(url, user, password);
```

Oracle URL 的格式：

```
jdbc:oracle:thin(协议):@×××.×××.×××.×××:××××(IP 地址及端口号):
××××××××(所使用的数据库名)
```

7.3　查询操作

JSP 和数据库的交互是非常重要的技术，因为人们经常需要从数据库中查询数据。JSP 和数据库建立连接后，就可以使用 JDBC 提供的 API 与数据库交互信息。JDBC 提供了 3 种接口来实现 SQL 语句的发送和执行：Statement、PreparedStatement（继承 Statement）、CallableStatement（继承 PreparedStatement）。

7.3.1 Statement

使用 Statement 类来发送、执行 SQL 语句首先要创建 Statement 对象实例。建立 Statement 类对象可以通过 Connection 类中的 createStatement() 方法创建。

方法 1：

```
Statement createStatement() throws SQLException
```

方法 2：

```
Statement createStatement(int resultSetType,
                          int resultSetConcurrency)
            throws SQLException
```

其中，resultSetType 参数有三个取值。

（1）ResultSet.TYPE_FORWARD_ONLY：当前结果集游标只能向下滚动。

（2）ResultSet.TYPE_SCROLL_INSENSITIVE：游标可以上下滚动，数据库变化时，当前结果集不变。

（3）ResultSet.TYPE_SCROLL_SENSITIVE：游标可以上下滚动，数据库变化时，结果集随之变动。

resultSetConcurrency 用来指定是否可以使用结果集更新数据库，它有两个取值。

（1）ResultSet.CONCUR_READ_ONLY：不能用结果集更新数据库中的表。

（2）ResultSet.CONCUR_UPDATABLE：能用结果集更新数据库中的表。

例如：

```
Statement stmt = con.createStatement(ResultSet.TYPE_SCROLL_INSENSITIVE,
ResultSet.CONCUR_READ_ONLY);
```

创建好 Statement 对象后，就可以利用它提供的 executeQuery() 方法来执行一个产生单个结果集的查询语句，它返回一个 ResultSet 对象。

```
ResultSet executeQuery(String sql) throws SQLException
```

例如：

```
ResultSet rs = stmt.executeQuery("SELECT * FROM course");
```

7.3.2 PreparedStatement

【例 7-2】 查询本地 MySql 服务器上的 school2 数据库中表 course 的记录。
seventh_example2.jsp：

```jsp
<%@page contentType="text/html; charset=gb2312" import="java.sql.*" %>
<HTML>
<BODY>
<CENTER>
<FONT SIZE=4 COLOR=blue>JDBC 访问 MySQL 数据库</FONT>
</CENTER>
<HR>
<CENTER>
<%!
String driverName ="com.mysql.jdbc.Driver";
String uri ="jdbc:mysql://localhost:3306/school2";
String user ="root";
String password ="root";
Connection con;
PreparedStatement pstmt;
ResultSet rs;
%>
<%
try {
Class.forName(driverName);
con =DriverManager.getConnection(uri, user, password);
out.print("连接成功!");
pstmt = con.prepareStatement("SELECT * FROM course where tno=?" ,ResultSet.TYPE_SCROLL_INSENSITIVE,ResultSet.CONCUR_READ_ONLY);
pstmt.setString(1,"825");
rs =pstmt.executeQuery();          //建立 ResultSet(结果集)对象,并执行 SQL 语句
rs.last();                          //移至最后一条记录
}
catch(Exception e) {
e.printStackTrace();
}
%>
<br>
数据表中共有
<FONT SIZE=4 COLOR=red>
<!--取得最后一条记录的行数-->
<%=rs.getRow() %>
</FONT>
笔记录
<br>
<TABLE border=1 bordercolor="#FF0000" bgcolor=#EFEFEF WIDTH=400>
<TR bgcolor=CCCCCC ALIGN=CENTER>
<TD><B>记录条数</B></TD>
<TD><B>课程号</B></TD>
```

```
<TD><B>课程名</B></TD>
<TD><B>教师号</B></TD>
</TR>
<%
rs.beforeFirst();                        //移至第一条记录之前
//利用 while 循环配合 next 方法将数据表中的记录列出
while(rs.next())
{
%>
<TR ALIGN=CENTER>
<!--利用 getRow 方法取得记录的位置-->
<TD><B><%=rs.getRow() %></B></TD>
<TD><B><%=rs.getString("cno") %></B></TD>
<TD><B><%=rs.getString("cname") %></B></TD>
<TD><B><%=rs.getString("tno") %></B></TD>
</TR>
<%
}
rs.close();                              //关闭 ResultSet 对象
pstmt.close();                           //关闭 Statement 对象
con.close();                             //关闭 Connection 对象
%>
</TABLE>
</CENTER>
</BODY>
</HTML>
```

运行结果如图 7.3 所示。

图 7.3 seventh_example2.jsp 的运行结果

使用 PreparedStatement 类执行的 SQL 语句可以包含一个或多个 IN 参数。所谓 IN 参数，是指那些在 SQL 语句创立时尚未指定值的参数，在 SQL 语句中 IN 参数的值用"？"代替。建立 PreparedStatement 类对象可以通过 Connection 类中的 prepareStatement() 方法创建。

方法 1：

```
PreparedStatement prepareStatement(String sql)
                                         throws SQLException
```

方法2:

```
PreparedStatement prepareStatement(String sql,
                                   int resultSetType,
                                   int resultSetConcurrency)
                                         throws SQLException
```

例如:

```
PreparedStatement pstmt;
pstmt=con.prepareStatement("SELECT * FROM course where tno=?",ResultSet.
TYPE_SCROLL_INSENSITIVE,ResultSet.CONCUR_READ_ONLY);
```

在 PreparedStatement 对象执行前,每一个 IN 参数都必须设置值,通过 setXXX() 方法来实现,其中 XXX 表示各种数据类型名。如 IN 参数为 integer 类型,则可用 setInt() 方法设置它。

例如 pstmt.setString(1,"825") 中,1 表示参数位置,825 表示参数值。

设置好 IN 参数后,执行查询使用 executeQuery() 方法,代码如下:

```
ResultSet rs;
rs=pstmt.executeQuery();
```

7.3.3 CallableStatement

【例 7-3】 利用存储过程查询 school2 数据库中学生的学号、姓名、课程名和成绩。

(1) 创建存储过程 stud_degree,查询学生学号、姓名、课程名和成绩。

```
call stud_degree();
delimiter
create procedure stud_degree()
begin
    select s.sno,s.sname,c.cname,sc.degree
    from   student s,course c,score sc
    where  s.sno=sc.sno and c.cno=sc.cno;
end;
delimiter ;
```

(2) seventh_example3.jsp:

```
<%@page contentType="text/html; charset=gb2312" import="java.sql.*" %>
<HTML>
<BODY>
<CENTER>
```

```
<FONT SIZE =4 COLOR =blue>JDBC访问MySql数据库</FONT>
</CENTER>
<HR>
<CENTER>
<%!
String driverName ="com.mysql.jdbc.Driver";
String uri ="jdbc:mysql://localhost:3306/school2";
String user ="root";
String password ="root";
Connection con;
CallableStatement callstmt;
ResultSet rs;
%>
<%
try {
Class.forName(driverName);
con =DriverManager.getConnection(uri, user, password);
out.print("连接成功!");
callstmt = con. prepareCall ( " call  stud_degree ()", ResultSet. TYPE_SCROLL_INSENSITIVE,ResultSet.CONCUR_READ_ONLY);
rs =callstmt.executeQuery();            //建立ResultSet(结果集)对象,并执行SQL语句
rs.last();                              //移至最后一条记录
}
catch(Exception e) {
e.printStackTrace();
}
%>
<br>
数据表中共有
<FONT SIZE =4 COLOR =red>
<!--取得最后一条记录的行数-->
<%=rs.getRow() %>
</FONT>
笔记录
<br>
<TABLE border=1 bordercolor="#FF0000" bgcolor=#EFEFEF WIDTH=400>
<TR bgcolor=CCCCCC ALIGN=CENTER>
<TD><B>记录条数</B></TD>
<TD><B>学号</B></TD>
<TD><B>姓名</B></TD>
<TD><B>课程名</B></TD>
<TD><B>成绩</B></TD>
</TR>
<%
```

```
rs.beforeFirst();                          //移至第一条记录之前
//利用 while 循环配合 next 方法将数据表中的记录列出
while(rs.next())
{
%>
<TR ALIGN=CENTER>
<!--利用 getRow 方法取得记录的位置-->
<TD><B><%=rs.getRow() %></B></TD>
<TD><B><%=rs.getString("sno") %></B></TD>
<TD><B><%=rs.getString("sname") %></B></TD>
<TD><B><%=rs.getString("cname") %></B></TD>
<TD><B><%=rs.getString("degree") %></B></TD>
</TR>
<%
}
rs.close();                                //关闭 ResultSet 对象
callstmt.close();                          //关闭 Statement 对象
con.close();                               //关闭 Connection 对象
%>
</TABLE>
</CENTER>
</BODY>
</HTML>
```

运行结果如图 7.4 所示。

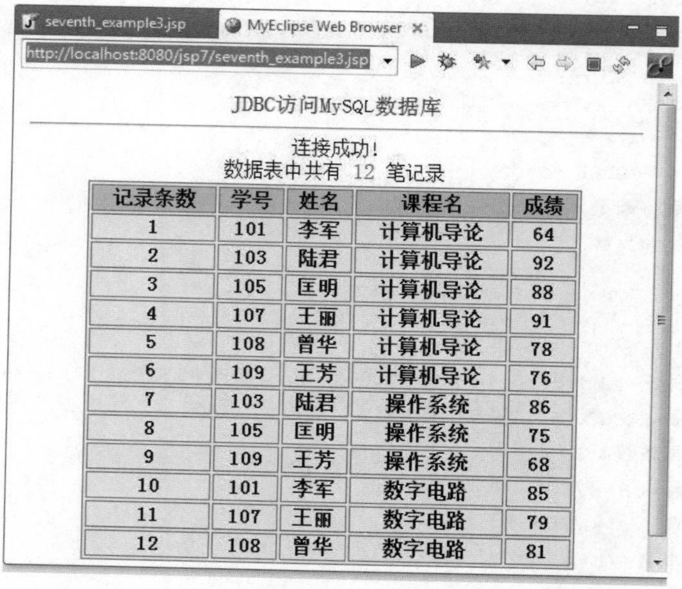

记录条数	学号	姓名	课程名	成绩
1	101	李军	计算机导论	64
2	103	陆君	计算机导论	92
3	105	匡明	计算机导论	88
4	107	王丽	计算机导论	91
5	108	曾华	计算机导论	78
6	109	王芳	计算机导论	76
7	103	陆君	操作系统	86
8	105	匡明	操作系统	75
9	109	王芳	操作系统	68
10	101	李军	数字电路	85
11	107	王丽	数字电路	79
12	108	曾华	数字电路	81

图 7.4　seventh_example3.jsp 的运行结果

CallableStatement 对象用于执行对数据库的存储。建立 CallableStatement 类对象可以通过 Connection 类中的 prepareCall()方法创建。

方法 1：

```
CallableStatement prepareCall(String sql) throws SQLException
```

方法 2：

```
CallableStatement prepareCall(String sql,
                              int resultSetType,
                              int resultSetConcurrency)
                     throws SQLException
```

例如：

```
CallableStatement callstmt;
ResultSet rs;
callstmt =con.prepareCall("call stud_degree()",
ResultSet.TYPE_SCROLL_INSENSITIVE,
ResultSet.CONCUR_READ_ONLY);
rs =callstmt.executeQuery();
```

7.4 插入、更新和删除操作

Statement 对象调用 executeUpdate()方法执行插入、更新和删除操作。

```
int executeUpdate(String sql) throws SQLException
```

方法返回值是一个整数，指示受影响的行数。对于创建表 create table 或删除表 drop table 等不操作行的语句，executeUpdate()返回值总是 0。

7.4.1 插入记录

【例 7-4】 seventh_example4.jsp。

```
<%@page contentType="text/html; charset=gb2312" import="java.sql.*" %>
<HTML>
<BODY>
<CENTER>
<FONT SIZE =4 COLOR =blue>JDBC 访问 MySQL 数据库</FONT>
</CENTER>
<HR>
<CENTER>
<%!
String driverName ="com.mysql.jdbc.Driver";
```

```jsp
String uri ="jdbc:mysql://localhost:3306/school2";
String user ="root";
String password ="root";
Connection con;
Statement stmt;
ResultSet rs;
%>
<%
try {
Class.forName(driverName);
con =DriverManager.getConnection(uri, user, password);
out.print("连接成功!");
stmt = con.createStatement (ResultSet.TYPE_SCROLL_INSENSITIVE, ResultSet.CONCUR_READ_ONLY);
rs =stmt.executeQuery("SELECT * FROM course");
                                    //建立ResultSet(结果集)对象,并执行SQL语句
rs.last();                          //移至最后一条记录
}
catch(Exception e) {
e.printStackTrace();
}
%>
<br>
插入前数据表中共有
<FONT SIZE =4 COLOR =red>
<!--取得最后一条记录的行数-->
<%=rs.getRow() %>
</FONT>
笔记录
<br>
<TABLE border=1 bordercolor="#FF0000" bgcolor=#EFEFEF WIDTH=400>
<TR bgcolor=CCCCCC ALIGN=CENTER>
<TD><B>记录条数</B></TD>
<TD><B>课程号</B></TD>
<TD><B>课程名</B></TD>
<TD><B>教师号</B></TD>
</TR>
<%
rs.beforeFirst();                   //移至第一条记录之前
//利用while循环配合next方法将数据表中的记录列出
while(rs.next())
{
%>
<TR ALIGN=CENTER>
```

```
<!--利用 getRow 方法取得记录的位置-->
<TD><B><%=rs.getRow() %></B></TD>
<TD><B><%=rs.getString("cno") %></B></TD>
<TD><B><%=rs.getString("cname") %></B></TD>
<TD><B><%=rs.getString("tno") %></B></TD>
</TR>
<%
}
%>
</TABLE>
<%
try {
int count= stmt.executeUpdate("insert into course values('3-102','JSP','825')");
if( count!=0) System.out.print("影响行数"+count);
rs =stmt.executeQuery("SELECT * FROM course");
                                    //建立 ResultSet(结果集)对象,并执行 SQL 语句
rs.last();                          //移至最后一条记录
}
catch(Exception e) {
e.printStackTrace();
}
%>
<br>
插入后数据表中共有
<FONT SIZE =4 COLOR =red>
<!--取得最后一条记录的行数-->
<%=rs.getRow() %>
</FONT>
笔记录
<br>
<TABLE border=1 bordercolor="#FF0000" bgcolor=#EFEFEF WIDTH=400>
<TR bgcolor=CCCCCC ALIGN=CENTER>
<TD><B>记录条数</B></TD>
<TD><B>课程号</B></TD>
<TD><B>课程名</B></TD>
<TD><B>教师号</B></TD>
</TR>
<%
rs.beforeFirst();                   //移至第一条记录之前
//利用 while 循环配合 next 方法将数据表中的记录列出
while(rs.next())
{
%>
```

```
<TR ALIGN=CENTER>
<!--利用 getRow 方法取得记录的位置-->
<TD><B><%=rs.getRow() %></B></TD>
<TD><B><%=rs.getString("cno") %></B></TD>
<TD><B><%=rs.getString("cname") %></B></TD>
<TD><B><%=rs.getString("tno") %></B></TD>
</TR>
<%
}
%>
<%
rs.close();                       //关闭 ResultSet 对象
stmt.close();                     //关闭 Statement 对象
con.close();                      //关闭 Connection 对象
%>
</TABLE>
</CENTER>
</BODY>
</HTML>
```

运行结果如图 7.5 所示。

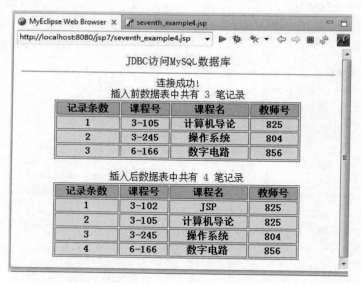

图 7.5 seventh_example4.jsp 的运行结果

插入记录代码如下：

```
int count=stmt.executeUpdate("insert into course values('3-102','JSP','825')");
```

7.4.2 更新记录

【例 7-5】 seventh_example5.jsp。

```jsp
<%@page contentType="text/html; charset=gb2312" import="java.sql.*" %>
<HTML>
<BODY>
<%!
String driverName ="com.microsoft.jdbc.sqlserver.SQLServerDriver";
String dbURL = " jdbc: microsoft: sqlserver://localhost: 1433; DatabaseName = school";
String userName ="sa";
String userPwd ="";
Connection con;
Statement stmt;
ResultSet rs;
%>
<%
try {
Class.forName(driverName);
con =DriverManager.getConnection(dbURL, userName, userPwd);
stmt = con. createStatement (ResultSet. TYPE _ SCROLL _ INSENSITIVE, ResultSet. CONCUR_READ_ONLY);
rs =stmt.executeQuery("SELECT * FROM course where cno='3-102'");
//建立 ResultSet(结果集)对象,并执行 SQL 语句
rs.first();
}
catch(Exception e) {
e.printStackTrace();
}
%>
<br>
记录修改前
<br>
<TABLE border=1 bordercolor="#FF0000" bgcolor=#EFEFEF WIDTH=400>
<TR bgcolor=CCCCCC ALIGN=CENTER>
<TD><B>课程号</B></TD>
<TD><B>课程名</B></TD>
<TD><B>教师号</B></TD>
</TR>
<TR ALIGN=CENTER>
<TD><B><%=rs.getString("cno") %></B></TD>
<TD><B><%=rs.getString("cname") %></B></TD>
```

```
<TD><B><%=rs.getString("tno") %></B></TD>
</TR>
</TABLE>
<%
try {
int count=stmt.executeUpdate("update course set cname='Servlet' where cno='3-102'");
if( count!=0) System.out.print("影响行数"+count);
rs =stmt.executeQuery("SELECT * FROM course");
//建立 ResultSet(结果集)对象,并执行 SQL 语句
}
catch(Exception e) {
e.printStackTrace();
}
%>
<br>
记录修改后
<br>
<TABLE border=1 bordercolor="#FF0000" bgcolor=#EFEFEF WIDTH=400>
<TR bgcolor=CCCCCC ALIGN=CENTER>
<TD><B>课程号</B></TD>
<TD><B>课程名</B></TD>
<TD><B>教师号</B></TD>
</TR>
<%rs.first();%>
<TR ALIGN=CENTER>
<TD><B><%=rs.getString("cno") %></B></TD>
<TD><B><%=rs.getString("cname") %></B></TD>
<TD><B><%=rs.getString("tno") %></B></TD>
</TR>
</TABLE>
<%
rs.close();                    //关闭 ResultSet 对象
stmt.close();                  //关闭 Statement 对象
con.close();                   //关闭 Connection 对象
%>
</TABLE>
</CENTER>
</BODY>
</HTML>
```

运行结果如图 7.6 所示。

图 7.6 seventh_example5.jsp 的运行结果

更新记录代码如下：

```
int count=stmt.executeUpdate("update course set cname='Servlet' where cno='3-102'");
```

7.4.3 删除记录

【例 7-6】 seventh_example6.jsp。

```
<%@page contentType="text/html; charset=gb2312" import="java.sql.*" %>
<HTML>
<BODY>
<%!
String driverName ="com.mysql.jdbc.Driver";
String uri ="jdbc:mysql://localhost:3306/school2";
String user ="root";
String password ="root";
Connection con;
Statement stmt;
ResultSet rs;
int count;
%>
<%
try {
Class.forName(driverName);
con =DriverManager.getConnection(uri, user, password);
stmt = con.createStatement(ResultSet.TYPE_SCROLL_INSENSITIVE, ResultSet.CONCUR_READ_ONLY);
rs =stmt.executeQuery("SELECT * FROM course where cno='3-102'");
                        //建立 ResultSet(结果集)对象,并执行 SQL 语句
rs.first();
}
```

```
catch(Exception e) {
e.printStackTrace();
}
%>
```
记录删除前
```
<br>
<TABLE border=1 bordercolor="#FF0000" bgcolor=#EFEFEF WIDTH=400>
<TR bgcolor=CCCCCC ALIGN=CENTER>
<TD><B>课程号</B></TD>
<TD><B>课程名</B></TD>
<TD><B>教师号</B></TD>
</TR>
<TR ALIGN=CENTER>
<TD><B><%=rs.getString("cno") %></B></TD>
<TD><B><%=rs.getString("cname") %></B></TD>
<TD><B><%=rs.getString("tno") %></B></TD>
</TR>
</TABLE>
<%
try {
count=stmt.executeUpdate("delete from course where cno='3-102'");
rs =stmt.executeQuery("SELECT * FROM course where cno='3-102'");
                                //建立 ResultSet(结果集)对象,并执行 SQL 语句
}
catch(Exception e) {
e.printStackTrace();
}
%>
<br>
```
记录删除后
```
<br>
<%if(count!=0) out.print("不存在 cno='3-102'的记录");%>
<br>
<TABLE border=1 bordercolor="#FF0000" bgcolor=#EFEFEF WIDTH=400>
<TR bgcolor=CCCCCC ALIGN=CENTER>
<TD><B>课程号</B></TD>
<TD><B>课程名</B></TD>
<TD><B>教师号</B></TD>
</TR>
<%while(rs.next()){ %>
<TR ALIGN=CENTER>
<TD><B><%=rs.getString("cno") %></B></TD>
<TD><B><%=rs.getString("cname") %></B></TD>
<TD><B><%=rs.getString("tno") %></B></TD>
```

```
</TR>
<%}%>
</TABLE>
<%
rs.close();                    //关闭 ResultSet 对象
stmt.close();                  //关闭 Statement 对象
con.close();                   //关闭 Connection 对象
%>
</BODY>
</HTML>
```

运行结果如图 7.7 所示。

图 7.7 seventh_example6.jsp 的运行结果

删除记录代码如下：

```
count=stmt.executeUpdate("delete from course where cno='3-102'");
```

7.5 分页显示记录

如果从数据库中查询的记录非常多，就需要进行分页显示。有两种分页解决方案，一种是第一次把所有资料都查询出来，然后在每页中显示指定的资料；另一种是多次查询数据库，每次只获得本页的数据。考虑到数据往往是大量甚至是海量的，如果一次性获取，那么这些数据必然大量占用服务器内存资源，使系统性能大大降低，因此建议使用第二种方法。

【例 7-7】 seventh_example7.jsp。

```
<%@page contentType="text/html; charset=gb2312" import="java.sql.*"%>
<html>
<head>
<style type="text/css">
<!--
.style1 {
    font-size: 24px;
```

```html
        color: #3300FF;
    }
    -->
</style>
</head>
<body>
<div align="center"><span class="style1">分页显示记录</span><BR>
</div>
<BR>
<table border=2 bordercolor="#FF0000"  align="center">
    <tr>
        <td>sno</td>
        <td>sname</td>
        <td>ssex</td>
        <td>sbirthday</td>
        <td>sage</td>
    </tr>
```
```jsp
<%Class.forName("com.microsoft.jdbc.sqlserver.SQLServerDriver");
String   url =" jdbc: microsoft: sqlserver://localhost: 1433; DatabaseName = school";
//school 为你的数据库
String  user="sa";
String  password="";
Connection  conn=  DriverManager.getConnection(url,user,password);
int intPageSize;                          //一页显示的记录数
int intRowCount;                          //记录总数
int intPageCount;                         //总页数
int intPage;                              //待显示页码
java.lang.String strPage;
int i;
intPageSize =2;                           //设置一页显示的记录数
strPage =request.getParameter("page");    //取得待显示页码
if(strPage==null){
//表明在 QueryString 中没有 page 这一个参数,此时显示第一页数据
intPage =1;
} else{
//将字符串转换成整型
intPage =java.lang.Integer.parseInt(strPage);
if(intPage<1) intPage =1;
}
Statement   stmt = conn. createStatement (ResultSet. TYPE _ SCROLL _ SENSITIVE, ResultSet.CONCUR_UPDATABLE);
String  sql="select  *  from  student";
ResultSet  rs=stmt.executeQuery(sql);
```

```
rs.last();                                          //光标指向查询结果集中最后一条记录
intRowCount = rs.getRow();                          //获取记录总数
intPageCount = (intRowCount+intPageSize-1) / intPageSize;   //计算总页数
if(intPage>intPageCount)
intPage = intPageCount;                             //调整待显示的页码
if(intPageCount>0)
{
rs.absolute((intPage-1) * intPageSize +1);
//将记录指针定位到待显示页的第一条记录上
//显示数据
i =0;
while(i<intPageSize && !rs.isAfterLast())  {%>
  <tr>
    <td><%=rs.getString("sno")%></td>
    <td><%=rs.getString("sname")%></td>
    <td><%=rs.getString("ssex")%></td>
    <td><%=rs.getDate("sbirthday")%></td>
    <td><%=rs.getInt("sage")%></td>
  </tr>
   <%rs.next();
      i++;
   }
}
%>
</table>
<hr color="#999999" >
<div align="center">第<%=intPage%>页 共<%=intPageCount%>页
  <%if(intPage<intPageCount){%>
  <a href="seventh_example9.jsp?page=<%=intPage+1%>">下一页</a>
  <%}%>
  <%if(intPage>1){%>
  <a href="seventh_example9.jsp?page=<%=intPage-1%>">上一页</a>
  <%}%>
  <%rs.close();
    stmt.close();
    conn.close();
  %>
</div>
</body>
</html>
```

运行结果如图7.8所示。

图 7.8　seventh_example7.jsp 的运行结果（一）

单击"下一页"超链接，运行结果如图 7.9 所示。

图 7.9　seventh_example7.jsp 的运行结果（二）

【例 7-8】　显示数据库记录。

（1）首先开发一个页面控制的 JavaBean。
PageBean.java：

```
package com;
import java.util.Vector;
public class PageBean {
public int curPage;                              //当前是第几页
public int maxPage;                              //一共有多少页
public int maxRowCount;                          //一共有多少行
public int rowsPerPage=2;                        //每页多少行
public Vector data;                              //本页中要显示的资料
public PageBean()
{
}
public void countMaxPage(){                      //根据总行数计算总页数
    if(this.maxRowCount%this.rowsPerPage==0){
        this.maxPage=this.maxRowCount/this.rowsPerPage;
    }
    else{
        this.maxPage=this.maxRowCount/this.rowsPerPage+1;
```

```
        }
    }
    public Vector getResult()
    {
        return this.data;
    }
    public PageBean(ContactBean contact) throws Exception
    {
        this.maxRowCount=contact.getAvailableCount();
        //得到总行数
        this.data=contact.getResult();           //得到要显示于本页的资料
        this.countMaxPage();
    }
}
```

(2) PageBean(ContactBean contact)构造函数中,ContactBean是一个和特定业务相关的JavaBean,它操作数据库并返回相关的结果。

ContactBean.java:

```
package com;
import java.sql.*;
import java.util.Vector;
public class ContactBean {
Connection conn;
Vector v;
public ContactBean() throws Exception
{   Class.forName("com.mysql.jdbc.Driver");
    String  url="jdbc:mysql://localhost:3306/school2";
    //school 为你的数据库
    String  user="root";
    String  password="root";
    conn=  DriverManager.getConnection(url,user,password);
    v=new Vector();
}
public int getAvailableCount() throws Exception       //返回要查询的记录数
{int ret=0;
Statement stmt=conn.createStatement();
String strSql="select count(*) from student";
ResultSet rset=stmt.executeQuery(strSql);
while(rset.next())
{
    ret=rset.getInt(1);
}
return ret;
}
```

```java
public PageBean listData(String page)throws Exception
//获取指定页面数据,并封装在PageBean中返回
{
    try{
        PageBean pageBean=new PageBean(this);
        int pageNum=Integer.parseInt(page);
        Statement stmt=conn.createStatement();
        int offset=(pageNum-1)*pageBean.rowsPerPage;
        int length=pageBean.rowsPerPage;
        String strSql="select * from student order by sno limit "+offset+","+length;
        ResultSet rset=stmt.executeQuery(strSql);
        while(rset.next())
        {
            Object[]obj=new Object[5];
            obj[0]=rset.getString("sno");
            obj[1]=rset.getString("sname");
            obj[2]=rset.getString("ssex");
            obj[3]=rset.getDate("sbirthday");
            obj[4]=rset.getInt("sage");
            v.add(obj);
        }
        rset.close();
        stmt.close();
        pageBean.curPage=pageNum;
        pageBean.data=v;
        return pageBean;
    }
    catch(Exception e)
    {
        e.printStackTrace();
        throw e;
    }
}
public Vector getResult()throws Exception
{
    return v;
}
}
```

（3）怎么使用页面控制的 JavaBean。需要一个 Servlet（ContactServlet.java），用于接收客户端的请求，调用 ContactBean 的 listData() 方法，并且获得 PageBean 对象，把它保存在 request 对象中。

ContactServlet.java：

```java
package com;
```

```java
import java.io.IOException;
import javax.servlet.RequestDispatcher;
import javax.servlet.ServletException;
import javax.servlet.http.HttpServlet;
import javax.servlet.http.HttpServletRequest;
import javax.servlet.http.HttpServletResponse;
public class ContactServlet extends HttpServlet {
    public ContactServlet() {
        super();
    }
    public void destroy() {
        super.destroy();
    }
    public void doGet(HttpServletRequest request, HttpServletResponse response)
            throws ServletException, IOException {
        response.setContentType("text/html");
        try{
            ContactBean contact=new ContactBean();
            PageBean pageCtl= contact.listData((String) request.getParameter("jumpPage"));
            request.setAttribute("pageCtl",pageCtl);
//把 PageBean 保存在 request 中
        }
        catch(Exception e)
        {
            e.printStackTrace();
        }
        RequestDispatcher dis = request.getRequestDispatcher("/seventh_example8.jsp");
        dis.forward(request,response);
    }
    public void doPost(HttpServletRequest request, HttpServletResponse response)
            throws ServletException, IOException {
        doGet(request,response);
    }
    public void init() throws ServletException {
    }
}
```

ContactServlet 执行过程如下：获得要显示的页面代码，ContactBean 对象以页面代码为参数调用 ContactBean 的 listData() 方法。从 ContactBean 获得一个 PageBean 物件，把 PageBean 对象设置为 request 属性，把视图派发到目的页面 seventh_example8.jsp。

（4）seventh_example8.jsp：

```
<%@page language="java" import="java.util.*,com.PageBean" pageEncoding=
```

```jsp
"GBK"%>
<jsp:useBean id="pageCtl" class="com.PageBean" scope="request"/>
<script language="JavaScript">
function Jumping()
{
//document.write(document.PageForm.jumpPage.value);
document.PageForm.submit();
return;
}
function gotoPage(pagenum){
document.PageForm.jumpPage.value=pagenum;
//document.write(document.PageForm.jumpPage.value);
document.PageForm.submit();
return;
}
</script>
<table border=1>
<tr>
    <td align="center" width="95">sno</td>
    <td align="center" width="95">sname</td>
    <td align="center" width="95">ssex</td>
    <td align="center" width="95">sbirthday</td>
    <td align="center" width="95">sage</td>
  </tr>
<%//pageCtl=(PageBean)request.getAttribute("pageCtl");
Vector v=pageCtl.getResult();
Enumeration e=v.elements();
while(e.hasMoreElements())
{Object[]obj=(Object[])e.nextElement();
%>
<tr>
<td align="center" width="95"><%=obj[0]%></td>
<td align="center" width="95"><%=obj[1]%></td>
<td align="center" width="95"><%=obj[2]%></td>
<td align="center" width="95"><%=obj[3]%></td>
<td align="center" width="95"><%=obj[4]%></td>
</tr>
<%}%>
</table>
<%if(pageCtl.maxPage!=1) {%>
<form name="PageForm" action="/jsp7/CS" method="post">
每页<%=pageCtl.rowsPerPage %>行
共<%=pageCtl.maxRowCount %>行
第<%=pageCtl.curPage %>页
共<%=pageCtl.maxPage%>页
<br>
```

```jsp
<%if(pageCtl.curPage==1){out.print("首页 上一页");}else{%>
<a href="javascript:gotoPage(1)">首页</a>
<a href="javascript:gotoPage(<%=pageCtl.curPage-1%>)">上一页</a>
<%}%>
<%if(pageCtl.curPage==pageCtl.maxPage){out.print("下一页 尾页");}else{%>
<a href="javascript:gotoPage(<%=pageCtl.curPage+1%>)">下一页</a>
<a href="javascript:gotoPage(<%=pageCtl.maxPage%>)">尾页</a>
<%}%>
转到<select name="jumpPage" onchange="Jumping()">
<%for(int i=1;i<=pageCtl.maxPage;i++)
{
if(i==pageCtl.curPage){
%>
<option selected value=<%=i%>><%=i %></option>
<%}else{ %>
<option  value=<%=i%>><%=i %></option>
<%}} %>
</select>页
</form>
<%}%>
```

在地址栏中输入 http：//localhost：8080/jsp7/CS?jumpPage＝1 并按回车键，运行结果如图 7.10 所示。

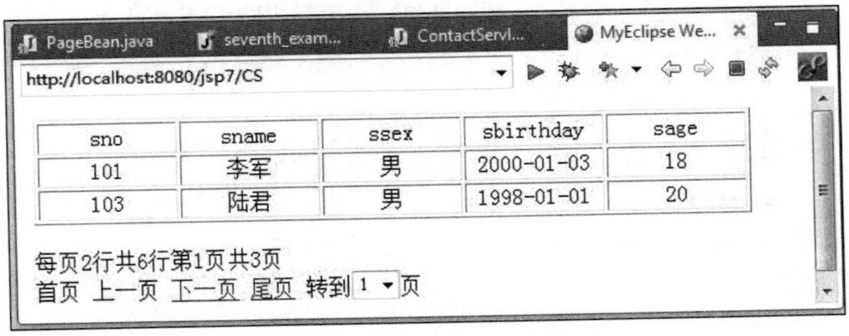

图 7.10　seventh_example8.jsp 的运行结果（一）

单击"尾页"超链接，运行结果如图 7.11 所示。

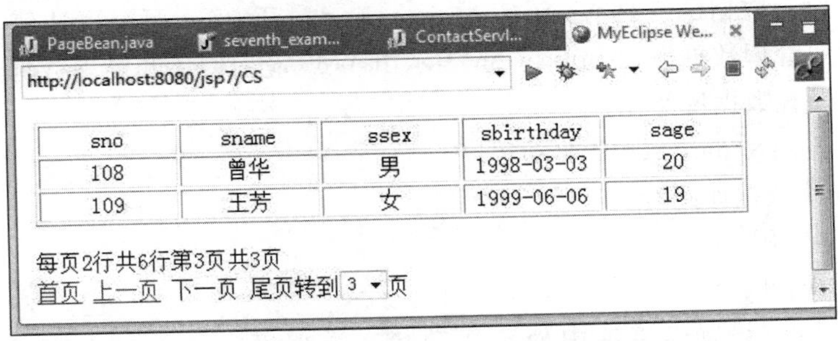

图 7.11　seventh_example8.jsp 的运行结果（二）

7.6 数据库连接池

数据库操作中,和数据库建立连接是最为耗时的操作之一,而且数据库都有最大连接数目限制,如果很多用户同时访问同一数据库,所进行的都是同样的操作,比如记录查询,那么,为每个用户都建立一个连接是不合理的。为解决这一问题,引入连接池的概念。

所谓连接池,就是预先建立好一定数量的数据库连接,将这些连接对象存放在一个称为连接池的容器中,当用户需要访问数据库时,只要从连接池中取出一个连接对象即可;用户使用完连接对象后,则将该连接对象放回连接池中。如果某用户需要操作数据库时,连接池中已没有连接对象可用,那么该用户就必须等待,直到连接池中有了连接对象。

【例 7-9】 配制连接池数据源,seventh_example9.jsp。

1) 方法 1

(1) 确保 Tmcat 安装目录 webapps\yourweb\WEB-INF\lib 中包含 JDBC 连接数据库所必需的 jar 驱动文件。

(2) 在 Web 工程 META-INFO 目录下新建 context.xml 文件,代码如下:

```
<Context>
<Resource    name="jdbc/TestDB"
             auth="Container"
             type="javax.sql.DataSource"
             driverClassName="com.mysql.jdbc.Driver"
             url="jdbc:mysql://localhost:3306/school2"
             username="root"
             password="root"
             maxIdle="10"
             maxWait="1000"
             maxActive="100"
          />
</Context>
```

其中,Resource 元素属性的含义如下:

① name:设置数据源 JNDI(Java Naming and Directory Interface)名称。

② auth:设置数据源管理者,有 Container 和 Application 两个可选值,Container 表示由容器创建和管理数据源,Application 表示由 Web 应用创建和管理数据源。

③ type:设置数据源类型。

④ driverClassName:JDBC 驱动程序。

⑤ url:连接数据库路径。

⑥ username:用户名。

⑦ password:口令。

⑧ maxActive:设置连接池中处于活动状态数据库连接的最大数目,0 表示不受限制。

⑨ maxIdle：设置连接池中处于空闲状态数据库连接的最大数目，0 表示不受限制。
⑩ maxWait：设置连接池中没有处于空闲状态的连接时，请求数据库连接的请求的最长等待时间（单位为 ms），如果超出该时间将抛出异常，-1 表示无限等待。

(3) 测试代码 seventh_example9.jsp：

```
<%@page contentType="text/html;charset=GBK" %>
<%@page import="java.sql.*" %>
<%@page import="javax.naming.*" %>
<%
try{
Context initCtx=new InitialContext();
Context ctx=(Context) initCtx.lookup("java:comp/env");
Object obj=(Object)ctx.lookup("jdbc/TestDB");
javax.sql.DataSource ds=(javax.sql.DataSource)obj;
Connection conn=ds.getConnection();
Statement stmt=conn.createStatement();
ResultSet rs=stmt.executeQuery("select * from course");
while(rs.next()){
String cName=rs.getString(2);
out.println(cName+"<br>");
}
rs.close();
stmt.close();
conn.close();
}
catch(Exception ex){
out.print(ex);
}
%>
```

运行结果如图 7.12 所示，表明数据库连接池配置成功。

图 7.12　seventh_example9.jsp 的运行结果

程序说明：

javax.sql.DataSource 接口负责与数据库建立连接，在应用时不需要编写连接数据库代码，可以直接从数据源中获得数据库连接。在 DataSource 中预先建立了多个数据库连接，这些数据库连接保存在数据库连接池中，当程序访问数据库时，只需从连接池中取出空闲的连接，访问结束后，再将连接归还给连接池。DataSource 对象由容器（例如

Tomcat)提供,不能通过创建实例方法来获得 DataSource 对象,需要利用 Java 的 JNDI 来获得 DataSource 对象的引用。JNDI 是一种将对象和名字绑定的技术,对象工厂负责生产对象,并将其与唯一的名字绑定,在程序中可以通过名字获得对象引用。

通过 JNDI 获取数据源,代码如下:

```
Context initCtx=new InitialContext();
Context ctx=(Context) initCtx.lookup("java:comp/env");
Object obj=(Object)ctx.lookup("jdbc/TestDB");
javax.sql.DataSource ds=(javax.sql.DataSource)obj;
```

2) 方法 2

(1) 确保 Tmcat 安装目录 webapps\yourweb\WEB-INF\lib 中包含 JDBC 连接数据库所必需的 jar 驱动文件。

(2) 在 Tomcat 中配置连接池,修改 Tmcat 安装目录的 conf/server.xml 文件,在 <GlobalNamingResources>元素中添加如下内容,用于配置连接数据库各项信息。注意,配置文件中原有<Resource.../>保留。

```
<Resource     name="jdbc/TestDB"
              auth="Container"
              type="javax.sql.DataSource"
              username="root"
              password="root"
              driverClassName="com.mysql.jdbc.Driver"
              maxIdle="10"
              maxWait="1000"
              maxActive="100"
              url=" jdbc:mysql://localhost:3306/school2"
/>
```

其中,Resource 元素属性的含义同方法 1。

(3) 修改 Tmcat 安装目录的 conf/context.xml 文件,在<Context>元素中添加如下内容:

```
< ResourceLink global ="jdbc/TestDB" name ="jdbc/TestDB" type ="javax.sql.
DataSource"/>
```

Context 元素代表一个 Web 应用,连接池需要读取该元素中的信息完成数据库连接。

(4) 测试代码还是 seventh_example10.jsp。部署后,运行成功。

在配置数据源时,建议采用方法 1,因为这样配置的数据源更有针对性。

【例 7-10】 seventh_example10.jsp,利用 c3p0 数据库连接池。

右击项目 jsp7,新建 source Folder,命名为 config。源文件下所有内容直接被 JDK 加载到 classes 下。在 config 文件夹中新建 jdbc.properties 文件。

jdbc.properties:

```
jdbc.driver=com.mysql.jdbc.Driver
jdbc.url=jdbc:mysql://localhost:3306/school2?
jdbc.user=root
jdbc.password=root
acquireIncrement=8
initialPoolSize=10
minPoolSize=3
maxPoolSize=20
checkoutTimeout=90000
acquireRetryAttempts=30
numHelperThreads=7
acquireRetryDelay=1000
testConnectionOnCheckin=false
```

在 WebRoot/WEB-INF/lib 下添加 c3p0-0.9.1.jar 文件。右击 jsp7 项目下 src 文件夹，新建文件夹 conpool，在 conpool 文件夹中新建文件夹 utils。在 utils 文件夹中创建工具类 DBHelper_C3P0。

DBHelper_C3P0.java：

```java
package conpool.utils;
import java.io.InputStream;
import java.sql.Connection;
import java.sql.ResultSet;
import java.sql.SQLException;
import java.sql.Statement;
import java.util.Properties;
import com.mchange.v2.c3p0.ComboPooledDataSource;
public class DBHelper_C3P0 {
    private static ComboPooledDataSource ds =null;
    /**
     * 读取配置文件,配置 c3p0 数据库连接池属性
     */
    static {
        try {
            ds =new ComboPooledDataSource();
            //利用反射
            InputStream in =DBHelper_C3P0.class
                    .getResourceAsStream("/jdbc.properties");
            Properties prop =new Properties();
            prop.load(in);
            String driverClass =prop.getProperty("jdbc.driver");
            String jdbcUrl =prop.getProperty("jdbc.url");
            String user =prop.getProperty("jdbc.user");
            String password =prop.getProperty("jdbc.password");
```

```java
                    String acquireIncrement =prop.getProperty("acquireIncrement");
                    String initialPoolSize =prop.getProperty("initialPoolSize");
                    String minPoolSize =prop.getProperty("minPoolSize");
                    String maxPoolSize =prop.getProperty("maxPoolSize");
                    String checkoutTimeout =prop.getProperty("checkoutTimeout");
                    String acquireRetryAttempts =prop
                            .getProperty("acquireRetryAttempts");
                    String acquireRetryDelay =prop.getProperty("acquireRetryDelay");
                    String testConnectionOnCheckin =prop
                            .getProperty("testConnectionOnCheckin");
                    ds.setDriverClass(driverClass);
                    ds.setJdbcUrl(jdbcUrl);
                    ds.setUser(user);
                    ds.setPassword(password);
                    ds.setAcquireIncrement(Integer.parseInt(acquireIncrement));
                    ds.setInitialPoolSize(Integer.parseInt(initialPoolSize));
                    ds.setMinPoolSize(Integer.parseInt(minPoolSize));
                    ds.setMaxPoolSize(Integer.parseInt(maxPoolSize));
                    ds.setCheckoutTimeout(Integer.parseInt(checkoutTimeout));
                    ds.setAcquireRetryAttempts(Integer.parseInt(acquireRetryAttempts));
                    ds.setAcquireRetryDelay(Integer.parseInt(acquireRetryDelay));
                    ds.setTestConnectionOnCheckin(Boolean
                            .valueOf(testConnectionOnCheckin));
            } catch (Exception e) {
                    throw new ExceptionInInitializerError(e);
            }
    }
    /**
     * 从 c3p0 获取一个数据库连接
     */
    public static Connection getConnection() throws SQLException {
            return ds.getConnection();
    }
    /**
     * 关闭数据库
     */
    public static void closeConnection (Connection conn, Statement stmt,
ResultSet rs) {
            if (rs !=null) {
                    try {
                        rs.close();
                    } catch (Exception e) {
                        e.printStackTrace();
                    }
```

```
                rs =null;
            }
        if (stmt !=null) {
            try {
                stmt.close();
            } catch (Exception e) {
                e.printStackTrace();
            }
            stmt =null;
        }
        if (conn !=null) {
            try {
                conn.close();
            } catch (Exception e) {
                e.printStackTrace();
            }
            conn =null;
        }
    }
}
```

seventh_example10.jsp：

```
<%@page import="conpool.utils.DBHelper_C3P0"%>
<%@page contentType="text/html;charset=GBK" %>
<%@page import="java.sql.*" %>
<%
try{
Connection conn=DBHelper_C3P0.getConnection();
Statement stmt=conn.createStatement();
ResultSet rs=stmt.executeQuery("select * from course");
while(rs.next()){
String cName=rs.getString(2);
out.println(cName+"<br>");
}
DBHelper_C3P0.closeConnection(conn, stmt, rs);
}
catch(Exception ex){
out.print(ex);
}
%>
```

运行结果如图7.13所示。

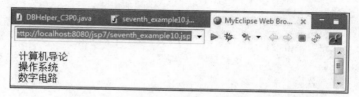

图 7.13　seventh_example10.jsp 的运行结果

7.7　查询 Excel 电子表格

（1）创建 Excel 文件 student.xls，如图 7.14 所示。

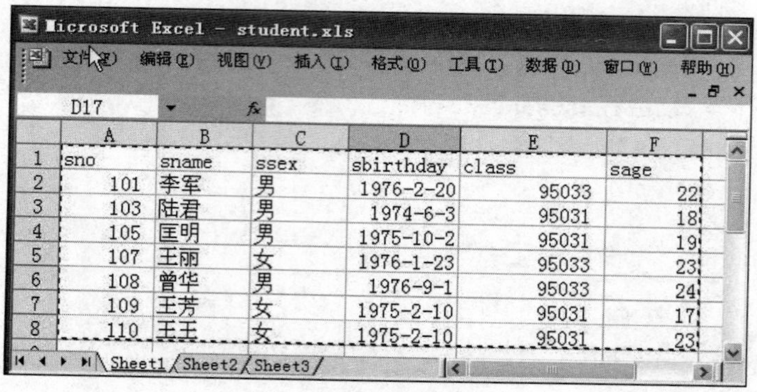

图 7.14　创建 Excel 文件

（2）创建 ODBC 数据源，命名为 my_excel。在"创建新数据源"对话框中选择 Microsoft Excel Driver(*.xls)选项，之后在"ODBC Microsoft Excel 安装"对话框中选择刚创建的 Excel 文件 student.xls，单击"确定"按钮即可。

（3）编写 JSP 文件。

【例 7-11】　查询 Excel 电子表格。

seventh_example11.jsp：

```
<%@page contentType="text/html; charset=gb2312" language="java"
import="java.sql.*" errorPage="" %>
<!DOCTYPE HTML PUBLIC "-//W3C//DTD HTML 4.01 Transitional//EN"
"http://www.w3.org/TR/html4/loose.dtd">
<html>
<head>
<meta http-equiv="Content-Type" content="text/html; charset=gb2312">
<title>使用 JSP 查询 Excel 表格中的数据</title>
<style type="text/css">
<!--
.style1 {
    font-size: 18px;
```

```
        color: #3366FF;
}
-->
</style>
</head>
<body>
<div align="center" class="style1">
使用JSP查询Excel表格中的数据
<br>
</div>
<table border=1 bordercolor="#33FF66"  align="center">
   <tr>
   <td width="80" align="center">学号</td>
    <td width="80" align="center">姓名</td>
    <td width="80" align="center">性别</td>
    <td width="80" align="center">出生日期</td>
    <td width="80" align="center">班级</td>
    <td width="80" align="center">年龄</td>
   </tr>
<%
    Class.forName("sun.jdbc.odbc.JdbcOdbcDriver");
    Connection conn =DriverManager.getConnection("jdbc:odbc:my_excel",
         "", "");
    Statement stmt =conn.createStatement(ResultSet.TYPE_SCROLL_SENSITIVE,
         ResultSet.CONCUR_UPDATABLE);
    String sql ="select * from [Sheet1$]";
    ResultSet rs =stmt.executeQuery(sql);
    while (rs.next()) {
%>
   <tr>
   <td><%=rs.getString("sno").substring(0,3)%></td>
   <td><%=rs.getString("sname")%></td>
    <td><%=rs.getString("ssex")%></td>
   <td><%=rs.getDate("sbirthday")%></td>
    <td><%=rs.getString("class").substring(0,5)%></td>
   <td><%=rs.getInt("sage")%></td>
    </tr>
 <%
     }
     %>
 <%
         out.print("恭喜您,查询Excel表成功!");
         %>
 <%
```

```
                rs.close();
                stmt.close();
                conn.close();
            %>
    </table>
     </body>
    </html>
```

运行结果如图 7.15 所示。

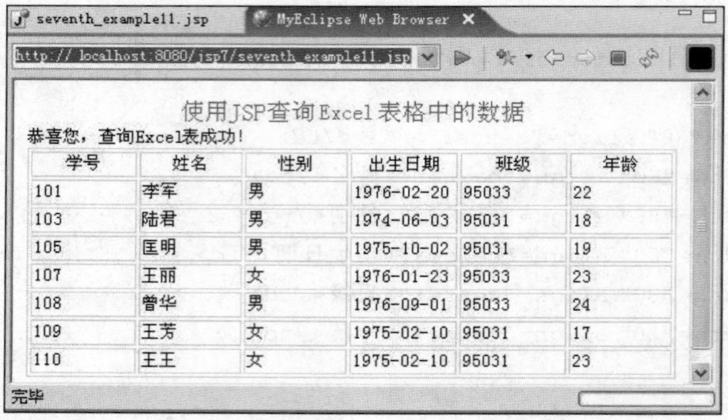

学号	姓名	性别	出生日期	班级	年龄
101	李军	男	1976-02-20	95033	22
103	陆君	男	1974-06-03	95031	18
105	匡明	男	1975-10-02	95031	19
107	王丽	女	1976-01-23	95033	23
108	曾华	男	1976-09-01	95033	24
109	王芳	女	1975-02-10	95031	17
110	王王	女	1975-02-10	95031	23

图 7.15　seventh_example11.jsp 的运行结果

程序说明：

要通过 ODBC 访问 Excel，必须先为 Excel 建立一个 ODBC 数据源，操作如下。

(1) 选择"开始"→"设置"→"控制面板"命令，打开"控制面板"对话框，双击"管理工具"图标打开"管理工具"对话框，再双击"数据源(ODBC)"图标打开"ODBC 数据源管理器"对话框，如图 7.16 所示。

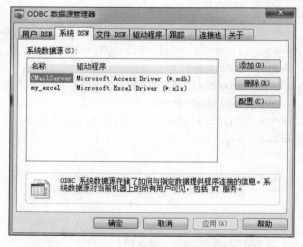

图 7.16　"ODBC 数据源管理器"对话框

(2) 选择"系统 DSN"选项卡,单击"添加"按钮,打开"创建新数据源"对话框,如图 7.17 所示。

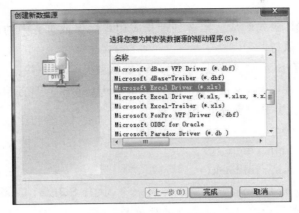

图 7.17 选择 Microsoft Excel Driver(*.xls)

(3) 选中 Microsoft Excel Driver(*.xls),单击"完成"按钮,打开"ODBC Microsoft Excel 安装"对话框,如图 7.18 所示。设置数据源名为 my_excel,单击"选择工作簿"按钮,选中 Excel 文件 student.xls。

图 7.18 输入 Excel 数据源名,选择 Excel 文件

单击"确定"按钮,数据源 my_excel 创建完成,如图 7.19 所示。

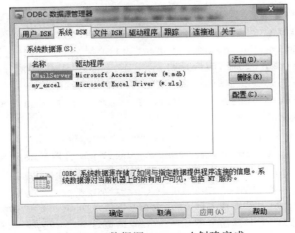

图 7.19 数据源 my_excel 创建完成

7.8 事务

事务由一组 SQL 语句组成。事务处理指应用程序保证事务中的 SQL 语句要么全部执行,要么一个也不执行。

MySql 默认一条 SQL 语句就是一个事务,默认就开启事务并提交事务。

JDBC 默认是自动事务,执行 SQL 语句 executeUpdate(),事务自动提交。

通过 JDBC 的 API 手动事务如下。

(1) 开启事务:conn.setAutoCommit(false)。
(2) 提交事务:conn.commit()。
(3) 回滚事务:conn.rollback()。

注意:控制事务的 Connection 必须是同一个,执行 SQL 的 Connection 与开启事务的 Connection 必须是同一个才能对事务进行控制。

【例 7-12】 seventh_example12.jsp。

实现转账功能,每转账一次 A 账户的数值减少 100,B 账户的数值增加 100,数据库为 bank。

seventh_example12.jsp:

```
<%@page import="java.sql.*" %>
<%@page contentType="text/html;charset=gb2312" %>
<HTML><body bgcolor=AAEF9E><font size=2>
<%  Connection con=null;
    Statement stat;
    ResultSet rs;
    try { Class.forName("com.mysql.jdbc.Driver");
    }
    catch(ClassNotFoundException e){
    }
    try{  int n=100;
        String uri="jdbc:mysql://localhost:3306/bank?"+"user=root&password=root&characterEncoding=gb2312";
        con=DriverManager.getConnection(uri);
        con.setAutoCommit(false);                //关闭自动提交模式
        stat=con.createStatement();
        rs=stat.executeQuery("SELECT userMoney FROM user WHERE name='A'");
        rs.next();
        double aMoney=rs.getDouble("userMoney");
        rs=stat.executeQuery("SELECT userMoney FROM user WHERE name='B'");
        rs.next();
        double bMoney=rs.getDouble("userMoney");
        out.print("转账前 A 的 userMoney 的值是"+aMoney+"<br>");
        out.print("转账前 B 的 userMoney 的值是"+bMoney+"<br>");
```

```
            aMoney=aMoney-n;
            if(aMoney>=0) {
              bMoney=bMoney+n;
               stat.executeUpdate("UPDATE user SET userMoney ="+aMoney+" WHERE name='A'");
               stat.executeUpdate("UPDATE user SET userMoney="+bMoney+" WHERE name='B'");
              //int a=1/0;
              con.commit();                                    //开始事务处理
            }
            rs=stat.executeQuery("SELECT * FROM user WHERE name='A'||name='B'");
            out.println("<b>转账后的情况如下:<br>");
            while(rs.next()) {
               out.print(rs.getString(1)+"     ");
               out.print(rs.getString(2));
               out.print("<br>");
            }
            con.close();
        }
        catch(Exception e){
            try{ con.rollback();                               //撤销事务所做的操作
            }
            catch(SQLException exp){
            }
            out.println(e);
        }
%>
</font>
</body>
</HTML>
```

运行结果如图 7.20 所示。

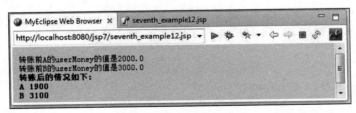

图 7.20　seventh_example12.jsp 的运行结果

修改 seventh_example12.jsp 文件,把"//int a=1/0;"前注释符号去掉,此时发生算数异常 ArithmeticException,回滚事务。因此,账户 A 的数值没有减少,账户 B 的数值也没有增加。运行结果如图 7.21 所示。

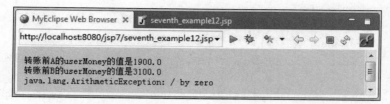

图 7.21 有异常事务回滚的运行结果

7.9 综合应用

【例 7-13】 seventh_example13.jsp。

```
<%@page contentType="text/html;charset=GB2312" %>
<%@page import="java.sql.*" %>
<jsp:useBean id="conSet" class="pfc.ApplcationCon" scope="application"/>
<jsp:useBean id="inquire" class="pfc.UseConBean" scope="request"/>
<%Connection connection=conSet.getOneConnetion();
   inquire.setConnection(connection);
%>
<jsp:setProperty  name="inquire"  property="tableName" param="tableName" />
<HTML>
<Body bgcolor=cyan>
  你连接的数据库是 school2
 <form  method="post" action="">
 输入表的名字:
<Input type="text" name="tableName" size=8>
<Input type="submit"   value="提交">
</form>
 <%if(inquire.getTableName().length()>0){ %>
<BR>
在<jsp:getProperty name="inquire" property="tableName"/>表查询到记录:
<jsp:getProperty name="inquire" property="queryResult"/>
<%}
 else{
 out.print("请输入正确的表名!");
 }
 conSet.putBackOneConnetion(connection);
 %>
</Body>
</HTML>
```

ApplicationCon.java：

```java
package pfc;
import java.sql.*;
import java.util.LinkedList;
public class ApplicationCon
{  LinkedList<Connection>list;   //存放 Connection 对象的链表
   public ApplicationCon()
   { try {   Class.forName("com.mysql.jdbc.Driver");
         }
     catch(Exception e){}
     list=new LinkedList<Connection>();
    for(int k=0;k<=10;k++)         ////创建 10 个连接
     {  try{
             String uri="jdbc:mysql://localhost:3306/school2";
             String user="root";
             String password="root";
             Connection con=DriverManager.getConnection(uri,user,password);
             list.add(con);
          }
       catch(SQLException e){}
     }
   }
   public synchronized Connection getOneConnection()
   {  if(list.size()>0)
       return list.removeFirst();  //链表删除第一个节点,并返回该节点中的连接对象
      else
       return null;
   }
   public synchronized void putBackOneConnection(Connection con)
   {  list.addFirst(con);
   }
}
```

UseConBean.java：

```java
package pfc;
import java.sql.*;
public class UseConBean
{  String tableName="";               //表名
   StringBuffer queryResult;          //查询结果
   Connection con;
   public UseConBean()
   {
       queryResult=new StringBuffer();
```

```java
        }
    public void setTableName(String s)
    {   tableName=s.trim();
        queryResult=new StringBuffer();
    }
    public String getTableName()
    {   return tableName;
    }
  public void setConnection(Connection con)
    { this.con=con;
    }
    public StringBuffer getQueryResult()
    {   Statement sql;
        ResultSet rs;
      try{  queryResult.append("<table border=1>");
            DatabaseMetaData metadata=con.getMetaData();
            ResultSet rs1=metadata.getColumns(null,null,tableName,null);
            int 字段个数=0;
            queryResult.append("<tr>");
            while(rs1.next())
             { 字段个数++;
                String clumnName=rs1.getString(4);
                queryResult.append("<td>"+clumnName+"</td>");
             }
            queryResult.append("</tr>");
            sql=con.createStatement();
            rs=sql.executeQuery("SELECT * FROM "+tableName);
            while(rs.next())
            {   queryResult.append("<tr>");
                for(int k=1;k<=字段个数;k++)
                {   queryResult.append("<td>"+rs.getString(k)+"</td>");
                }
                queryResult.append("</tr>");
            }
            queryResult.append("</table>");
        }
      catch(SQLException e)
        {   queryResult.append("请输入正确的表名");
        }
      return queryResult;
    }
}
```

运行结果如图7.22所示。

图 7.22　seventh_example13.jsp 的运行结果(一)

在图 7.22 的"输入表的名字："文本框中输入"course"，单击"提交"按钮，运行结果如图 7.23 所示。

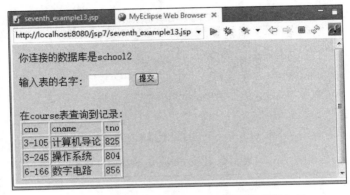

图 7.23　seventh_example13.jsp 的运行结果(二)

7.10　实验与训练指导

1. 以下关于数据库连接池的说法中正确的是(　　)。(选择一项)
    A. 连接池从一定程度上提高了数据库访问效率
    B. 使用连接池后，在程序代码中不必显示关闭连接
    C. 连接池开销大，成本高，在企业级项目开发中不建议使用
    D. 以上说法均正确

2. 在 JSP 中使用 JDBC 语句访问数据库，正确导入 SQL 类库的语句是(　　)。(选择一项)
    A. <%@ page import="java.sql.*" %>
    B. <%@ page import="sql.*" %>
    C. <% page import="java.sql.*" %>
    D. <%@ import="java.sql.*" %>

3. 假设已经在 tomcat/conf/context.xml 中配置了 <Resource> 元素，其 name 属性为 jdbc/book，type 属性为 DataSource，能够正确获取数据源对象的代码是(　　)。(选择一项)

A. Context ic = new Context();
DataSource ds = ic.lookup("java：comp/env/jdbc/book");
B. Context ic = new InitialContext();
DataSource ds =(DataSource) ic.lookup("java：comp/env/jdbc/book");
C. Context ic = new Context();
DataSource ds = (DataSource)ic.lookup("java：comp/env/jdbc/book");
D. Context ic = new InitialContext();
DataSource ds =(DataSource) ic.lookup("java/comp/env/jdbc/book");

4. 在JDBC中，负责执行SQL语句的接口是（　　）。（选择两项）
   A. Connection   B. Statement
   C. Result   D. PreparedStatement
5. 在JDBC中，用于封装查询结果的是（　　）。（选择一项）
   A. ResultSet   B. Connection
   C. PreparedStatement   D. DriverManager
6. 查询MySql数据库。
(1) 建立数据库Mysqldb。
(2) 建立表employees，表employees的结构如表7.2所示。

表7.2　表employees的结构

列　　名	数 据 类 型	长　　度	说　　明
EmpId	int	11	雇员id,主键、自增长
EmpName	varchar	20	雇员姓名
DepId	int	11	部门id
Title	varchar	50	职务
Salary	int	11	薪水

(3) 建立mysql.jsp：

```
<%@page contentType="text/html; charset=gb2312" import="java.sql.*" %>
<HTML>
<BODY>
<HR>
<CENTER>
<%!
String driverName ="com.mysql.jdbc.Driver";
String dbURL ="jdbc:mysql://127.0.0.1:3306/mysqldb";
String userName ="root";
String userPwd ="root";
Connection con;
Statement stmt;
```

```
ResultSet rs;
%>
<%
try {
Class.forName(driverName);
con = DriverManager.getConnection(dbURL, userName, userPwd);
out.print("连接成功!");
stmt = con.createStatement(ResultSet.TYPE_SCROLL_INSENSITIVE, ResultSet.
CONCUR_READ_ONLY);
rs = stmt.executeQuery("SELECT * FROM employees");
                                        //建立ResultSet(结果集)对象,并执行SQL语句
rs.last();                              //移至最后一条记录
}
catch(Exception e) {
e.printStackTrace();
}
%>
<br>
数据表中共有
<FONT SIZE =4 COLOR =red>
<!--取得最后一条记录的行数-->
<%=rs.getRow() %>
</FONT>
笔记录
<br>
<TABLE border=1 bordercolor="#FF0000" bgcolor=#EFEFEF WIDTH=400>
<TR bgcolor=CCCCCC ALIGN=CENTER>
<TD><B>记录条数</B></TD>
<TD><B>雇员 id</B></TD>
<TD><B>雇员姓名</B></TD>
<TD><B>部门 id</B></TD>
<TD><B>职务</B></TD>
<TD><B>薪水</B></TD>
</TR>
<%
rs.beforeFirst();                       //移至第一条记录之前
//利用while循环配合next方法将数据表中的记录列出
while(rs.next())
{
%>
<TR ALIGN=CENTER>
<!--利用getRow方法取得记录的位置-->
<TD><B><%=rs.getRow() %></B></TD>
<TD><B><%=rs.getString("EmpId") %></B></TD>
```

```
<TD><B><%=rs.getString("EmpName") %></B></TD>
<TD><B><%=rs.getString("DepId") %></B></TD>
<TD><B><%=rs.getString("Title") %></B></TD>
<TD><B><%=rs.getString("Salary") %></B></TD>
</TR>
<%
}
rs.close();            //关闭 ResultSet 对象
stmt.close();          //关闭 Statement 对象
con.close();           //关闭 Connection 对象
%>
</TABLE>
</CENTER>
</BODY>
</HTML>
```

第 8 章　JSP 和 EL

8.1　EL 及其在 JSP 中的重要地位

【例 8-1】　如果 Bean 有一个性质不是 String 或基本类型，而是 Object 类型。这个 Object 类型又有自己的性质，如何打印性质的性质？

Person 有一个 String "name"性质和一个 Car "car"性质，Car 有一个 String "color"性质。如何打印 Person 的 car 的颜色 color 呢？

Servlet 代码：

```
package pfc;
import java.io.IOException;
import java.io.PrintWriter;
import javax.servlet.RequestDispatcher;
import javax.servlet.ServletException;
import javax.servlet.http.HttpServlet;
import javax.servlet.http.HttpServletRequest;
import javax.servlet.http.HttpServletResponse;
public class EL extends HttpServlet {
    public EL() {
        super();
    }
    public void destroy() {
        super.destroy();
    }
    public void doGet(HttpServletRequest request, HttpServletResponse response)
            throws ServletException, IOException {
        doPost(request,response);
    }

    public void doPost(HttpServletRequest request, HttpServletResponse response)
            throws ServletException, IOException {
        Person p=new Person();
         p.setName("tom");
        Car c=new Car();
         c.setColor("blue");
         p.setCar(c);
        request.setAttribute("person",p);
        RequestDispatcher view=request.getRequestDispatcher("result.jsp");
```

```
        view.forward(request,response);
    }
    public void init() throws ServletException {
        //Put your code here
    }
}
```

显示性质的性质,使用脚本,result.jsp:

```
<%@page language="java"   pageEncoding="GBK"%>
<html>
<body>
Car's color is:
<%=((pfc.Person)request.getAttribute("person")).getCar().getColor()%>
</body>
</html>
```

在地址栏中输入http://localhost:8080/jsp8temp/EL,输出"Car's color is:blue"。
使用标准动作(没有脚本),result1.jsp:

```
<%@page language="java"   pageEncoding="GBK"%>
<html>
<body>
<jsp:useBean id="person" class="pfc.Person" />
Car's color is:<jsp:getProperty name="person" property="car"/>
</body>
</html>
```

car的值是什么?我们希望得到"Car's color is:blue"。在地址栏中输入http://localhost:8080/jsp8temp/EL,实际得到"Car's color is:pfc.Car@103de90"。

不能使用property="car.color",利用<jsp:getProperty>只能访问Bean属性的性质,不能访问嵌套性质也就无法得到我们想要的性质的性质。

此时可以使用表达式语言。没有脚本的JSP代码,使用EL(Expression Language)。result2.jsp:

```
<%@page language="java" pageEncoding="GBK"%>
<html>
<body>
Car's color is:${person.car.color}
</body>
</html>
```

在地址栏中输入http://localhost:8080/jsp8temp/EL,输出"Car's color is:blue"。
使用${person.car.color}代替<%=((Person)request.getAttribute("person")).getCar().getColor()%>。

可见,使用EL打印嵌套性能非常容易,可以轻松打印性质的性质。

引入 EL 的主要原因之一是希望不依赖脚本元素就能创建表示层 JSP 页面。脚本元素一般是用 Java 编写的代码,可以嵌入一个 JSP 页面中。之所以想在 JSP 中嵌入脚本元素,主要是受应用需求的驱使。要求使用脚本元素的主要应用需求如下:

- 为 JSP 提供流程控制。
- 设置 JSP 页面局部变量,并在以后访问。
- 要提供复杂表达式(涉及 Java 对象)的值。
- 访问一个任意 Java 对象的属性。
- 调用 JavaBean 或其他 Java 对象的方法。

经验告诉我们,长远来看,在 JSP 中使用脚本元素会使大型项目难以维护,还会带来一些不好的编程实践,可能会使应用的表示(用户界面)与业务逻辑紧密地耦合,从而降低应用的灵活性和可扩展性。创建 Web 应用时,在 JSP 中使用脚本元素是很不合适的。理想情况下,应尽一切可能创建没有脚本元素的 JSP。

为了创建完全没有脚本元素也能正常工作的 JSP,它应满足上述 5 个应用需求,而且无须使用嵌入的 Java 代码。前两项由 JSTL 处理,后三项由 EL 解决。

8.2 EL 语法

EL 语法:

${expression}

以 ${ 开头,expression 是 EL 的表达式,最后以 } 结尾。在这里,"${"被视为 EL 的起始点,所以如果要在 JSP 网页中显示字符串"${",必须在前面加上反斜杠符号\,即写成\${ 的格式,或者写成 ${ '${' },也就是用 EL 来输出字符串"${"。在 EL 中要输出一个字符串,可将此字符串放在一对单引号或双引号内。

【例 8-2】 表达式的用法,eighth_example1.jsp。

```
<%@page contentType="text/html; charset=gb2312" %>
<html>
<head>
<meta http-equiv="Content-Type" content="text/html; charset=gb2312" />
<link href="style.css" type="text/css" rel="stylesheet">
<title>表达式的用法实例</title>
</head>
<body>
<table width="524" border="1" align="center">
  <tr>
    <td width="147" height="20">表示方法</td>
    <td width="126">显示结果</td>
    <td width="229">含义</td>
  </tr>
  <tr>
```

```html
        <td height="20">\${expression}</td>
        <td>${expression}</td>
        <td>expression 对象不存在,返回 null</td>
      </tr>
      <tr>
        <td height="20">\${'expression'}</td>
        <td>${'expression'}</td>
        <td>返回数据 expression</td>
      </tr>
      <tr>
        <td height="20">\${"expression"}</td>
        <td>${"expression"}</td>
        <td>返回数据 expression</td>
      </tr>
      <tr>
        <td height="20">\\${expression}</td>
        <td>\${expression}</td>
        <td>返回数据\${expression}</td>
      </tr>
      <tr>
        <td height="20">\${'\${'}expression}</td>
        <td>${'${'}expression}</td>
        <td>返回数据\${expression}</td>
      </tr>
      <tr>
        <td height="20">${expression}</td>
        <td>${expression}</td>
        <td>表达式$和{符号之间不能有空格</td>
      </tr>
    </table>
  </body>
</html>
```

运行结果如图 8.1 所示。

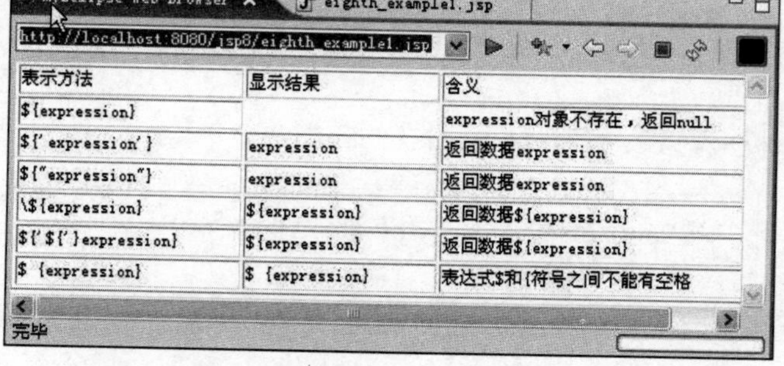

图 8.1 eighth_example1.jsp 的运行结果

8.3 EL 运算符

1. 使用"[]"和"."取得对象属性

${user.name}或者${user[name]}表示取出对象 user 的 name 属性值。

(1) 如果表达式中变量后有一对中括号[],左边变量则有更多选择,可以是 Map、Bean、List 或者数组。

(2) 如果中括号里是一个 String 直接量(即用引号引起的串),这可以是一个 Map 键或是一个 Bean 性质,还可以是 List 或者数组中的索引。

对数组使用[]操作符的使用说明如下。

Servelt 中的代码:

```
public class a extends HttpServlet {
    public a() {
        super();
    }
    public void doGet(HttpServletRequest request, HttpServletResponse response)
        throws ServletException, IOException {
        String book[]={"java","jsp",""struts"};
        request.setAttribute("booka",book);
        RequestDispatcher dispatcher = request
                .getRequestDispatcher("aaa.jsp");
        dispatcher.forward(request, response);
    }
}
```

JSP 中的代码:

```
<%@page language="java" pageEncoding="GBK"   %>
 <html>
<body>
Book is :${booka[0]}
<br>
Book is :${booka["0"]}
</body>
</html>
```

两者都输出"Book is : java"。

结论:数组和 List 中的 String 索引会强制转换为 int。

(3) 对于 Bean 和 Map,这两个操作符都可以使用。如果中括号里没有引号,容器就会计算中括号的内容,搜索与该名字绑定的属性,并替换为这个属性的值。

Servlet 中的代码:

```
java.util.Map bookMap=new java.util.HashMap();
bookMap.put("a","java");
bookMap.put("b","jsp");
bookMap.put("c","struts");
request.setAttribute("bookMap", bookMap);
request.setAttribute("abc", "a");
```

JSP 中,Book is：${bookMap[abc]}计算为 Book is：${bookMap["a"]}。由于有一个名为"abc"的请求属性,它的值为"a",而且"a"是 bookMap 的一个键。

在 JSP 中,这样写是不行的(给定以上 Servlet 代码)：Book is：${bookMap["abc"]} 计算为 Book is：${bookMap["abc"]},结果不变,因为 bookMap 中没有名为"abc"的键。

2. % 求余运算符

${9%7} 结果为 2。

3. 关系运算符

关系运算符的说明及举例如表 8.1 所示。

表 8.1　关系运算符的说明及举例

关系运算符	说　　明	例　　子	结　　果
==	等于	${8==8}	true
!=	不等于	${8!=8}	false
>	大于	${8>7}	true
>=	大于或等于	${8>=7}	true
<	小于	${8<7}	false
<=	小于或等于	${8<=7}	false

4. 逻辑运算符

逻辑运算符的说明及举例如表 8.2 所示。

表 8.2　逻辑运算符的说明及举例

逻辑运算符	说　　明	例　　子	结　　果
&&	与	${8==8 && 8>7}	true
||	或	${8==8 || 8>7}	true
!	非	${!(8>=7)}	false

5. empty 运算符

empty 运算符是一个前缀运算符,即 empty 运算符位于操作数前方,被用来决定一个

对象或变量是否为 null 或空,格式如下:

${empty 变量或对象}

empty 运算符的操作数类型如表 8.3 所示。

表 8.3　empty 运算符的操作数类型

操作数类型	空　　值	操作数类型	空　　值
字符串	""	映射(map)	无元素
所有命名变量	null	列表(list)	无元素
数组(array)	无元素		

6. 条件运算符

${条件表达式？表达式 1：表达式 2}

若条件表达式为真,则计算表达式 1 的值,否则计算表达式 2 的值。
${8>=7? 8+7：8-7},结果为 15。

【例 8-3】　访问 JavaBean 属性,eighth_example2.jsp。

```
<%@page contentType="text/html; charset=gb2312" language="java" %>
<html>
<head>
<meta http-equiv="Content-Type" content="text/html; charset=gb2312" />
<link href="css/style.css" type="text/css" rel="stylesheet">
</head>
<body>
<table width="659" height="425" border="0" align="center" cellpadding="0" cellspacing="0" >
  <tr>
    <td height="71" align="center">用户注册</td>
  </tr>
  <tr>
    <td valign="top">
    <form name="form" method="post" action="getInfo.jsp">
    <table width="346" border="1" align="center" cellpadding="0" cellspacing="0">
      <tr align="center">
        <td width="113" height="30">用  户  名:</td>
        <td width="227"><input type="text" name="account"></td>
      </tr>
      <tr align="center">
        <td height="30">密     码:</td>
        <td><input type="password" name="password"></td>
      </tr>
```

```html
        <tr align="center">
          <td height="30">姓     名:</td>
          <td><input type="text" name="username"></td>
        </tr>
        <tr align="center">
          <td height="30">年     龄:</td>
          <td><input type="text" name="age"></td>
        </tr>
        <tr align="center">
          <td height="30">性     别:</td>
          <td><input type="text" name="sex"></td>
        </tr>
      </table>
      <table width="346" border="0" align="center">
        <tr align="center">
          <td>
            <input type="submit" name="Submit" value="提交">   
            <input type="reset" name="Submit2" value="清除">
          </td>
        </tr>
      </table>
    </form>
    </td>
  </tr>
</table>
</body>
</html>
```

getInfo.jsp：

```jsp
<%@page contentType="text/html; charset=gb2312" %>
<html>
<head>
<meta http-equiv="Content-Type" content="text/html; charset=gb2312" />
<link href="css/style.css" type="text/css" rel="stylesheet">
<jsp:useBean id="userBean" scope="request" class="pfc.UserBean"/>
<%
request.setCharacterEncoding("gb2312");
userBean.setAccount(request.getParameter("account"));
userBean.setPassword(request.getParameter("password"));
userBean.setAge(request.getParameter("age"));
userBean.setSex(request.getParameter("sex"));
userBean.setUsername(request.getParameter("username"));
%>
</head>
<body>
```

```html
<table width="659" height="425" border="0" align="center" cellpadding="0" cellspacing="0"background="image/background.jpg">
  <tr>
    <td height="71" align="center">用户注册信息是</td>
  </tr>
  <tr>
    <td valign="top">
    <table width="346" border="1" align="center" cellpadding="0" cellspacing="0">
      <tr align="center">
        <td width="113" height="30">用  户  名:</td>
        <td width="227">${userBean.account}</td>
      </tr>
      <tr align="center">
        <td height="30">密     码:</td>
        <td>${userBean.password}</td>
      </tr>
      <tr align="center">
        <td height="30">姓     名:</td>
        <td>${userBean.username}</td>
      </tr>
      <tr align="center">
        <td height="30">年     龄:</td>
        <td>${userBean.age}</td>
      </tr>
      <tr align="center">
        <td height="30">性     别:</td>
        <td>${userBean.sex}</td>
      </tr>
        </table>
        </td>
  </tr>
</table>
</body>
</html>
```

UserBean.java：

```java
package pfc;
public class UserBean {
    public String account ="";
    public String password ="";
    public String username="";
    public String age="";
    public String sex="";
    public String getAccount() {
        return account;
```

```java
        }
        public void setAccount(String account) {
            this.account =account;
        }
        public String getAge() {
            return age;
        }
        public void setAge(String age) {
            this.age =age;
        }
        public String getSex() {
            return sex;
        }
        public void setSex(String sex) {
            this.sex =sex;
        }
        public String getUsername() {
            return username;
        }
        public void setUsername(String username) {
            this.username =username;
        }
        public String getPassword() {
            return password;
        }
        public void setPassword(String password) {
            this.password =password;
        }
}
```

运行结果如图 8.2 所示。

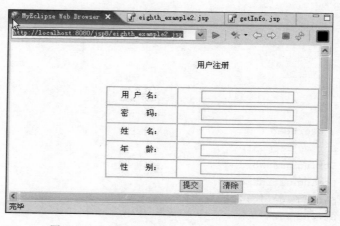

图 8.2　eighth_example2.jsp 的运行结果(一)

在图 8.2 的各文本框中分别输入"3 只小猪""123""张三""23""男",单击"提交"按钮,运行结果如图 8.3 所示。

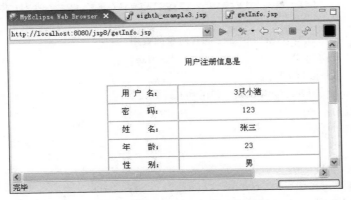

图 8.3　eighth_example2.jsp 的运行结果(二)

8.4　EL 表达式中的隐含对象

EL 表达式中的隐含对象如表 8.4 所示。

表 8.4　EL 表达式中的隐含对象

隐含对象	对象类型	说　　明
pageContext	javax.servlet.jsp.PageContext	用于访问 JSP 隐含对象,如 request、response、out、session、config、servletContext 等,例如 ${pageContext.session},也可以取得一个 JSP 页面背景信息
pageScope	java.util.Map	存取 page 范围内属性值
requestScope	java.util.Map	存取 request 范围内属性值
sessionScope	java.util.Map	存取 session 范围内属性值
applicationScope	java.util.Map	存取 application 范围内属性值
param	java.util.Map	ServletRequest.getParameter(String name),返回 String 类型值
paramValues	java.util.Map	ServletRequest.getParameterValues(String name),返回 String[]类型数组
initParam	java.util.Map	ServletContext.getInitParameter(String name),返回 String 类型值
cookie	java.util.Map	HttpServletRequest.getCookies()

【例 8-4】　pageContext 隐含对象的应用,eighth_example3.jsp。

```
<%@page pageEncoding="gb2312"%>
<html>
```

```html
    <head>
        <title>pageContext 隐含对象的调用</title>
        <link href="css/style.css" type="text/css" rel="stylesheet">
<body>
<p align="center">pageContext 隐含对象的调用</p>
<table width="737" border="1" align="center">
  <tr align="center">
    <td>pageContext 隐含对象的调用</td>
    <td >说明</td>
    <td >调用结果</td>
  </tr>
  <tr>
    <td>\${pageContext.request.queryString}</td>
    <td>获取参数</td>
    <td>${pageContext.request.queryString}</td>
  </tr>
  <tr>
    <td>\${pageContext.request.requestURL}</td>
    <td>获取当前网页的地址,但是包含请求的参数</td>
    <td>${pageContext.request.requestURL}</td>
  </tr>
  <tr>
    <td>\${pageContext.request.contextPath}</td>
    <td>Web 应用的名称</td>
    <td>${pageContext.request.contextPath}</td>
  </tr>
  <tr>
    <td>\${pageContext.request.method}</td>
    <td>获取 HTTP 的方法(GET 或 POST)</td>
    <td>${pageContext.request.method}</td>
  </tr>
  <tr>
    <td>\${pageContext.request.remoteAddr}</td>
    <td>获取用户的 IP 地址</td>
    <td>${pageContext.request.remoteAddr}</td>
  </tr>
</table>
</body>
</html>
```

运行结果如图 8.4 所示。

图 8.4　eighth_example3.jsp 的运行结果

【例 8-5】　获取参数隐含对象的应用。

eighth_example4.jsp：

```
<%@page pageEncoding="gb2312"%>
<html>
<link href="css/style.css" type="text/css" rel="stylesheet">
<body>
<p align="center">param 和 paramValues 隐含对象的应用</p>
<form name="form" method="post" action="getPara.jsp">
<table width="426" border="0" align="center" cellpadding="0" cellspacing="0">
  <tr>
    <td width="108" height="30">姓名</td>
    <td width="298" height="30"><input type="text" name="name"></td>
  </tr>
  <tr>
    <td height="30">性别</td>
    <td height="30">
      <input type="radio" name="sex" value="男">
    男     
    <input type="radio" name="sex" value="女">
    女</td>
  </tr>
  <tr>
    <td height="30">年龄</td>
    <td height="30"><input type="text" name="age"></td>
  </tr>
  <tr>
    <td height="30">职业</td>
    <td height="30"><input type="text" name="profession"></td>
  </tr>
  <tr>
    <td height="30">您喜欢的高校</td>
```

```
            <td height="30">
              <input type="checkbox" name="school" value="清华">
    清华
              <input type="checkbox" name="school" value="北大">
    北大
              <input type="checkbox" name="school" value="北航">
    北航
              <input type="checkbox" name="school" value="其他">
    其他</td>
        </tr>
        <tr align="center">
            <td height="30" colspan="2">
              <input type="submit" name="Submit" value="提交">
         
                <input type="reset" name="Submit2" value="清除">
            </td>
        </tr>
</table></form>
</body>
</html>
```

getPara.jsp：

```
<%@page pageEncoding="gb2312"%>
<html>
<head>
<meta http-equiv="Content-Type" content="text/html; charset=gb2312" />
        <link href="css/style.css" type="text/css" rel="stylesheet">
<%request.setCharacterEncoding("gb2312");%>
</head>
<body>
<p align="center">param 和 paramValues 隐含对象的参数</p>
<table width="416" border="0" align="center" cellpadding="0" cellspacing="0">
  <tr>
    <td width="108" height="30">姓名</td>
    <td width="298" height="30">${param.name}</td>
  </tr>
  <tr>
    <td height="30">性别</td>
    <td height="30">${param.sex}</td>
  </tr>
  <tr>
    <td height="30">年龄</td>
    <td height="30">${param.age}</td>
  </tr>
```

```
      <tr>
        <td height="30">职业</td>
        <td height="30">${param.profession}</td>
      </tr>
      <tr>
        <td height="30">您喜欢的高校</td>
        < td height = " 30 " > ${paramValues.school[0]} ${paramValues.school[1]}
${paramValues.school[2]} ${paramValues.school[3]}</td>
      </tr>
    </table>
  </body>
</html>
```

运行结果如图 8.5 所示。

图 8.5 eighth_example4.jsp 的运行结果（一）

在图 8.5"姓名"文本框中输入"张三"，选择"男"单选按钮，在"年龄"和"职业"文本框中分别输入"21"和"学生"，勾选"清华""北大"和"北航"，单击"提交"按钮，运行结果如图 8.6 所示。

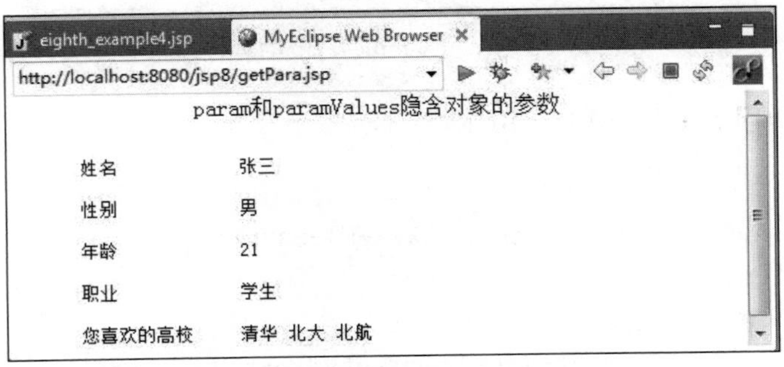

图 8.6 eighth_example4.jsp 的运行结果（二）

【例 8-6】 访问作用域范围隐含对象的应用，eighth_example5.jsp。

```
<%@page contentType="text/html; charset=gb2312" language="java"  %>
<html>
```

```
<head>
<meta http-equiv="Content-Type" content="text/html; charset=gb2312" />
<title>EL 中 pageScope、requestScope、sessionScope、applicationScope 隐含对象
</title>
</head>
<%
pageContext.setAttribute("name","作用域为page",PageContext.PAGE_SCOPE);
pageContext.setAttribute("name","作用域为request",PageContext.REQUEST_SCOPE);
pageContext.setAttribute("name","作用域为session",PageContext.SESSION_SCOPE);
pageContext.setAttribute("name","作用域为application",PageContext.APPLICATION_SCOPE);
%>
<body>
\${name}:${name}<br>
\${pageScope}:${pageScope.name}<br>
\${requestScope}:${requestScope.name}<br>
\${sessionScope}:${sessionScope.name}<br>
\${applicationScope}:${applicationScope.name}
</body>
</html>
```

运行结果如图 8.7 所示。

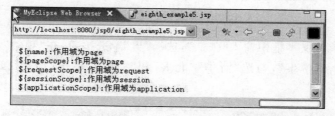

图 8.7　eighth_example5.jsp 的运行结果

【例 8-7】　访问 Servlet 中的作用域。

eighth_example6.jsp：

```
<%@page contentType="text/html; charset=gb2312" %>
<html>
<head>
<meta http-equiv="Content-Type" content="text/html; charset=gb2312" />
<link href="css/style.css" rel="stylesheet" type="text/css">
<title>访问 Servlet</title>
<style type="text/css">
<!--
body {
```

```
      background-color: #FFCC00;
}
-->
</style></head>
<body>
<p align="center">访问 Servlet</p>
<table width="402" height="100" border="0" align="center">
  <tr>
    <td width="143">作用域为 request:</td>
    <td width="306">${university1}</td>
  </tr>
  <tr>
    <td>作用域为 session:</td>
    <td>${university2}、${university3}</td>
  </tr>
    <tr>
    <td>作用域为 application:</td>
    <td>${university4}</td>
  </tr>
   <tr>
    <td>访问数组:</td>
    <td>${city[0]}、${city[1]}、${city[2]}</td>
</tr>
<tr>
    <td>访问 List 集合:</td>
    <td>${majorList[0]}、${majorList[1]}、${majorList[2]}</td>
  </tr>
</table>
</body>
</html>
```

UserInfoServlet.java：

```
package pfc;
import java.io.IOException;
import javax.servlet.*;
import javax.servlet.http.*;
public class UserInfoServlet extends HttpServlet {
    public void doGet(HttpServletRequest request, HttpServletResponse response)
            throws ServletException, IOException {
        //作用域为 request
        request.setAttribute("university1", "清华");
        //作用域为 session
        HttpSession session = request.getSession();
        session.setAttribute("university2", "北大");
```

```
        session.setAttribute("university3", "南大");
        //作用域为 application
        ServletContext application =getServletContext();
        application.setAttribute("university4", "天大");
        //作用域为 session,访问数组
        String city[] ={ "北京", "天津", "南京" };
        session.setAttribute("city", city);
        //作用域为 session,访问 List 容器
        java.util.List<String>majorList =new java.util.ArrayList<String>();
        majorList.add("软件技术");
        majorList.add("软件测试");
        majorList.add("游戏软件");
        session.setAttribute("majorList", majorList);
        RequestDispatcher dispatcher =request
                .getRequestDispatcher("eighth_example6.jsp");
        dispatcher.forward(request, response);
    }
}
```

运行结果如图 8.8 所示。

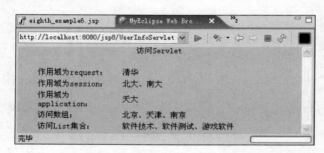

图 8.8　eighth_example6.jsp 的运行结果

8.5　函数

在 JSP 2.0 中,程序代码独立放在 Java class 里,EL 必须要有一个机制可以调用 Java class 的方法,这个机制即为函数。一个函数可以对应一个 Java class 的 public static method,这个对应是通过中介的文件,即标签库描述文件 TLD 来完成。类必须声明为 public,而类内被调用的方法必须声明为 public static。

【例 8-8】　eighth_example7.jsp。

```
<%@page contentType="text/html; charset=gb2312"  %>
<%@taglib prefix="fun" uri ="/WEB-INF/function.tld"%>
<html>
<head>
```

```html
<meta http-equiv="Content-Type" content="text/html; charset=gb2312"/>
<link href="css/style.css" type="text/css" rel="stylesheet" />
<title>自定义函数的应用</title>
</head>
<style type="text/css">
<!--
body {
    background-color: #FFCC00;
}
-->
</style>
<body>
<p align="center">自定义函数的应用</p>
<form name="form1" method="post" action="eighth_example7.jsp">
<table width="300" border="0" align="center" cellpadding="0" cellspacing="0">
  <tr>
    <td width="272" align="center">
    第一个字符串<input type="text" name="first" value="${param.first}">
  
    </td>
  </tr>
   <tr>
    <td width="272" align="center">
    第二个字符串<input type="text" name="second" value="${param.second}">
  
    </td>
  </tr>
  <tr>
    <td width="272" align="center">
    <input type="submit" name="Submit" value="提交">
    </td>
  </tr>
</table>
</form>
<table width="300" border="0" align="center" cellpadding="0" cellspacing="0">
  <tr align="center">
    <td width="189" height="25">说明</td>
    <td width="111">输出结果</td>
  </tr>
  <tr align="center">
    <td height="25">将第一个字符串内容反向输出</td>
    <td>${fun:reverse(param.first)}</td>
  </tr>
   <tr align="center">
```

```
        <td height="25">将第一个字符串内容转换为大写字母</td>
        <td>${fun:cape(param.first)}</td>
      </tr>
      <tr align="center">
        <td height="25">将两个字符串内容连接</td>
        <td>${fun:connect(param.first,param.second)}</td>
      </tr>
    </table>
  </body>
</html>
```

KindMethod.java：

```java
package pfc;
public class KindMethod {
    //反向输出
    public static String reverse(String text) {
        return new StringBuffer(text).reverse().toString();
    }
    //转换成大写字母
    public static String cape(String text) {
        return text.toUpperCase();
    }
    public static String connect(String x, String y) {
        return x+y;
    }
}
```

function.tld：

```xml
<?xml version="1.0" encoding="UTF-8" ?>
<taglib xmlns="http://java.sun.com/xml/ns/j2ee"
  xmlns:xsi="http://www.w3.org/2001/XMLSchema-instance"
  xsi:schemaLocation="http://java.sun.com/xml/ns/j2ee http://java.sun.com/xml/ns/j2ee/web-jsptaglibrary_2_0.xsd"
  version="2.0">
  <description>library</description>
  <display-name>functions</display-name>
  <tlib-version>1.1</tlib-version>
  <short-name>fun</short-name>
  <function>
    <description>reverse</description>
    <name>reverse</name>
    <function-class>pfc.KindMethod</function-class>
    <function-signature>java.lang.String reverse( java.lang.String )
    </function-signature>
```

```
  </function>
  <function>
    <description>cape</description>
    <name>cape</name>
    <function-class>pfc.KindMethod</function-class>
    <function-signature>java.lang.String cape( java.lang.String )
    </function-signature>
  </function>
  <function>
    <description>connect</description>
    <name>connect</name>
    <function-class>pfc.KindMethod</function-class>
    <function-signature>
    java.lang.String connect( java.lang.String, java.lang.String)
    </function-signature>
  </function>
</taglib>
```

function.tld 文件解析如表 8.5 所示。

表 8.5 function.tld 文件解析

description	函数说明（可省略）
name	函数名称
function-class	实现此函数的 Java 类名称
function-signature	用来实现此函数的 Java method 声明

运行结果如图 8.9 所示。

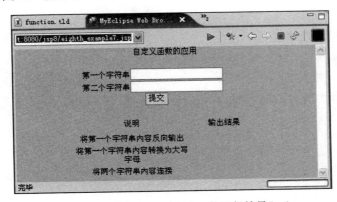

图 8.9 eighth_example7.jsp 的运行结果（一）

在图 8.9 的"第一个字符串"和"第二个字符串"文本框中分别输入 Love 和 Jsp，单击"提交"按钮，运行结果如图 8.10 所示。

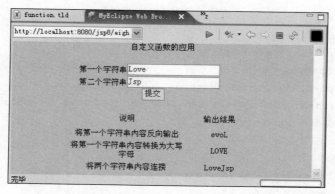

图 8.10 eighth_example7.jsp 的运行结果（二）

8.6 实验与训练指导

1. 以下 JSP 关键代码的运行结果为（   ）。（选择一项）

```
<%
    Map map=new HashMap();
    map.put("a","Java");
    map.put("b","JSP");
    map.put("a","C#");
    request.setAttribute("map",map);
%>
${map.b}<br/>
${map["a"]}
```

  A. JSP
   C#
  C. 运行时出现错误
  B. JSP
   Java
  D. 什么也不输出

2. EL 表达式 ${10 mod3} 的运行结果为（   ）。

  A. 10 mod 3 B. 1 C. 3 D. null

3. Login.jsp 为登录页面，表单代码如下。若要 Index.jsp 中直接显示用户名，以下代码正确的是（   ）。

```
<form action="index.jsp" method="post">
    <input type="text" name="name"/>
    <input type="submit" value="login"/>
</form>
```

  A. ${requestScope.name} B. <%=name%>
  C. ${param.name} D. <%=param.name%>

4. JSP 中，EL 表达式 ${user.loginName} 的运行结果等同于（   ）。

  A. <%=user.getLoginName()%> B. <%user.getLoginName();%>

C. `<%=user.loginName%>`   D. `<%user.loginName;%>`

5. 利用表达式调用函数求阶乘。

(1) 创建 factorial 类，其中 fac 函数求阶乘。

```java
package pfc;
public class factorial {
public static int fac(Integer n)
{
int n1=n.intValue();
if(n1==0 ||n1==1)
    return 1;
else
    return n1 * fac(new Integer(n1-1));
}
}
```

(2) 创建 function.jsp。

```jsp
<%@page language="java" contentType="text/html; charset=GBK"
 %>
<%@taglib prefix="pfc"  uri="/WEB-INF/tags/el.tld" %>
<html>
<body>
<p>EL 函数的使用:计算一个整数的阶乘</p>
<form action="function.jsp">
<input type="text" name="num">
<input type="submit" value="提交">
</form>
整数${param.num }的阶乘为:${pfc:fac(param.num) }
</body>
</html>
```

(3) 创建 el.tld 文件。

```xml
<?xml version="1.0"?>
<taglib xmlns=http://java.sun.com/xml/ns/j2ee xmlns:xsi="http://www.w3.org/2001/XMLSchema-instance"
xsi:schemaLocation="http://java.sun.com/xml/ns/j2ee/web-jsptaglibrary_2_0.xsd" version="2.0" >
<tlib-version>1.0</tlib-version>
<function>
<description>to cumpute the factical of num n</description>
<name>fac</name>
<function-class>pfc.factorial</function-class>
<function-signature>int fac(java.lang.Integer)</function-signature>
</function>
</taglib>
```

（4）运行结果如图 8.11 所示。

图 8.11　阶乘计算初始界面

（5）在图 8.11 的文本框中输入"3"，单击"提交"按钮，阶乘计算结果显示界面如图 8.12 所示。

图 8.12　阶乘计算结果显示界面

6. 通过表达式语言访问数组和列表的值。
index.jsp：

```
<%@page contentType="text/html; charset=gb2312" language="java" import="
java.sql.*" errorPage="" %>
<html>
<head>
<meta http-equiv="Content-Type" content="text/html; charset=gb2312" />
<link href="css/style.css" rel="stylesheet" type="text/css">
<style type="text/css">
<!--
body {
    background-color: #FFCC00;
}
-->
</style></head>
<%
String name[] ={"清华","北大","北航","北科","北邮","北理"};
java.util.List<String>cityList =new java.util.ArrayList<String>();
cityList.add("廊坊");
cityList.add("石家庄");
cityList.add("秦皇岛");
cityList.add("唐山");
```

```
cityList.add("承德");
cityList.add("张家口");
request.setAttribute("name",name);
request.setAttribute("cityList",cityList);
%>
<body>
<p align="center">访问集合中的元素</p>
<table width="500" height="100" border="0" align="center">
  <tr align="center">
    <td width="120">访问数组:</td>
    <td width="98" height="50">${name[0]}</td>
    <td width="98">${name[1]}</td>
    <td width="98">${name[2]}</td>
    <td width="98">${name[3]}</td>
    <td width="98">${name[4]}</td>
    <td width="98">${name[5]}</td>
  </tr>
  <tr align="center">
    <td width="120">访问列表:</td>
    <td height="90">${cityList[0]}</td>
    <td>${cityList[1]}</td>
    <td>${cityList[2]}</td>
    <td>${cityList[3]}</td>
    <td>${cityList[4]}</td>
    <td>${cityList[5]}</td>
  </tr>
</table>
</body>
</html>
```

index.jsp 的运行结果如图 8.13 所示。

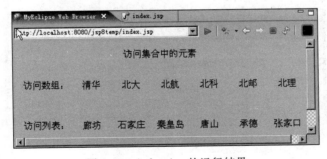

图 8.13　index.jsp 的运行结果

7. 禁用表达式语言。

使用 page 指令禁用表达式代码如下:

```
<%@page isELIgnored="true"%>
```

第 9 章 JSP 标签库

9.1 JSTL 标准标签库

9.1.1 什么是 JSTL

在 JSP 页面中使用 Java 脚本和表达式容易使代码变得复杂，不易阅读，不易维护，而 JSTL(Java Server Pages Standard Tag Library，JSP 标准标签库)可以很好地帮助我们解决这些问题。

JSTL 包含用于编写和开发 JPS 页面的一组标准标签，它可以为用户提供一个无脚本环境。在此环境中，用户可以使用标签编写代码，无须使用 Java 脚本。

9.1.2 如何使用 JSTL

在项目中如何使用 JSTL 标签呢？在创建一个新的工程时，选择 Web Project，弹出 New Web Project 对话框，如图 9.1 所示。

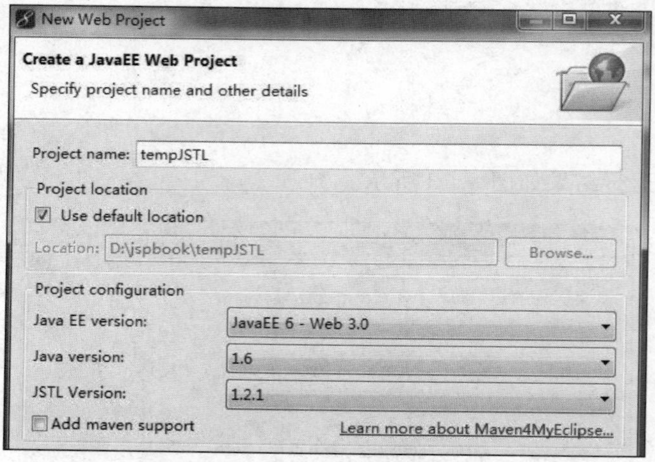

图 9.1 New Web Project 对话框

填好相关信息后，在 JSTL Version 下拉列表框中选择相应版本，之后在使用 JSTL 标签的 JSP 页面上使用 taglib 指令导入标签库描述符文件，就可以在项目中使用 JSTL 了。如使用 Eelipse，需要添加 jstl-1.2.jar 文件(jstl-1.2.jar 文件可从配套电子素材或百度下载)。

使用核心标签，添加如下语句：

```
<%@taglib prefix="c" uri="http://java.sun.com/jsp/jstl/core"%>
```

使用格式化标签,添加如下语句:

```
<%@taglib prefix="c" uri="http://java.sun.com/jsp/jstl/fmt"%>
```

9.2 JSTL 核心标签库

9.2.1 通用标签

1. <c:out>输出结果

语法:

```
<c:out value="value" [escapeXml="{true|false}" [default="defaultValue"]/>
```

通用标签的参数及字符实体代码如表 9.1 和表 9.2 所示。

表 9.1 <c:out>标签属性说明

名字	类型	描　　述	引用 EL
value	Object	将要计算表达式	可以
escapeXml	boolean	确定字符<、>、&、'、"在结果集中是否被转换成字符实体代码,默认 true	不可以
default	Object	如果 value 是 null,输出 default 值	不可以

表 9.2 字符实体代码

字　　符	字符实体代码
<	&lt;
>	&gt;
&	&amp;
'	&#039;
"	&#034;

【例 9-1】 <c:out>标签的应用,ninth_example1.jsp。

```
<%@page contentType="text/html; charset=GB2312"%>
<%@taglib prefix="c" uri="/WEB-INF/c.tld"%>
<html>
    <head>
        <meta http-equiv="Content-Type" content="text/html; charset=GB2312">
    </head>
    <body>
        <c:out value="&lt;c:out&gt;标签输出 1+1=${1+1}" escapeXml="false"></c:out>
```

```
            <br>
            <c:out value="${null}"  default="Value 属性没有指定"/>
            <br>
            <c:out value="<html><body>escapeXml=&#034false&#034 后,&lt;c:out&gt;标
签不再转换特殊符号。</body></html>" escapeXml="false" />
        </body>
</html>
```

运行结果如图 9.2 所示。

图 9.2　ninth_example1.jsp 的运行结果

2. <c：set>设置值或对象

<c：set>用于在某个范围(request、session、application)内设置某个值或者设置某个对象的属性。

语法 1：

```
<c:set   var="name" value="value"
    [scope="{page|request|session|application|"}]/>
```

在 scope 指定范围内将变量值存储到变量中。

语法 2：

```
<c:set   target="object"  property="propName" value="value"  />
```

将变量值存储到 target 属性指定的目标对象的 propName 属性中。其中,target 可以是 JavaBean 或 Map 集合对象。

3. <c：remove>删除变量

```
<c:remove var="name" [scope="{page|request|session|application|"}]/>
```

scope 的默认值为 page。

4. <c：catch>捕获异常

```
<c:catch [var="name"] >
...//存在异常的代码
</c:catch>
```

其中,var 指定存储异常信息的变量。

【例 9-2】 ninth_example2.jsp。

```
<%@page contentType="text/html; charset=GBK"%>
<%@taglib prefix="c" uri="/WEB-INF/c.tld"%>
<html>
    <head>
        <meta http-equiv="Content-Type" content="text/html; charset=GB2312">
    </head>
    <body>
        <c:set var="test1" value="测试 page 范围变量结果" scope="page"/>
        <c:set var="test2" value="测试 session 范围变量结果" scope="session"/>
        <c:set var="test3" value="测试 application 范围变量结果" scope="application"/>
        在没调用 &lt;c:remove&gt;之前:<br>
        <c:out value="变量 test1=${test1}"/><br>
        <c:out value="变量 test2=${test2}"/><br>
        <c:out value="变量 test3=${test3}"/><br>
        <c:remove var="test1" scope="page"/>
        <c:remove var="test2" scope="session"/>
        调用了 &lt;c:remove&gt;之后:<br>
        <c:out value="变量 test1=${test1}"/><br>
        <c:out value="变量 test2=${test2}"/><br>
        <c:out value="变量 test3=${test3}"/><br>
        <c:catch var="error">
            <%
            String str="pfc";
            Integer number=new Integer(str);
            %>
        </c:catch>
        <c:out value="发生异常${error }"></c:out>
    </body>
</html>
```

运行结果如图 9.3 所示。

图 9.3 ninth_example2.jsp 的运行结果

9.2.2 条件标签

1. <c:if>

```
<c:if test="condition" var="name" [scope=page|request|session|application ]>
...//条件为真时执行的代码
</c:if>
```

其中，var 存储测试条件结果值，scope 是 var 属性的作用域。

2. <c:choose>

```
<c:choose>
    <c:when test="condition">
    ...//条件为真时执行的代码
    </c:when>
    <c:otherwise >
    执行的代码
    </c:otherwise>
</c:choose>
```

【例 9-3】 ninth_example3.jsp。

```
<%@page language="java" contentType="text/html; charset=GB2312"
    pageEncoding="GB2312"%>
<%@taglib prefix="c" uri="/WEB-INF/c.tld"%>
<%@taglib prefix="fmt" uri="/WEB-INF/fmt.tld"%>
<html>
    <head>
        <meta http-equiv="Content-Type" content="text/html; charset=GB2312">
        <title>&lt;c:if&gt;标签示例</title>
    </head>
    <body>
        <fmt:requestEncoding value="GBK"/>
        <c:choose>
        <c:when test="${empty param.user}">
            <form action="ninth_example3.jsp" method="post">
                请输入用户名:<input type="text" name="user">
                <input type="submit" value="提交">
            </form>
        </c:when>
        <c:otherwise>
        ${param.user }您好,欢迎光临本站。
        </c:otherwise>
        </c:choose>
```

```
        </body>
</html>
```

运行结果如图 9.4 所示。

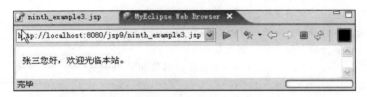

图 9.4　ninth_example3.jsp 的运行结果（一）

不在图 9.4 中的"请输入用户名："文本框中输入任何信息直接单击"提交"按钮，没反应；在文本框中输入"张三"，单击"提交"按钮，运行结果如图 9.5 所示。

图 9.5　ninth_example3.jsp 的运行结果（二）

程序说明：

<fmt:requestEncoding value="GBK"/>用来指定返回给 Web 应用程序的表单编码类型，如果去掉该代码，则输入的"张三"显示为乱码。

9.2.3　迭代标签

1. <c:forEach>

```
<c:forEach items="data" var="name" begin="start" end="finish" step="step" varStatus="statusname">
...//标签主体
</c:forEach>
```

（1）items：被循环遍历的对象，多用于数组、集合类、字符串和枚举类型。
（2）var：循环体变量。
（3）varStatus：循环的状态变量，它有以下几个状态属性。
- index：当前循环索引值。
- count：已执行循环的次数。
- current：目前循环处理的对象。
- first：是否为第一次循环。
- last：是否为最后一次循环。

【例 9-4】 ninth_example4.jsp。

```
<%@page pageEncoding="GBk"%>
<%@page import="java.util.List"%>
<%@page import="java.util.ArrayList"%>
<%@taglib prefix="c" uri="/WEB-INF/c.tld" %>
<html>
    <head>
        <title>&lt;c:forEach&gt;标签示例</title>
    </head>
    <body>
        <%List<String>list=new ArrayList<String>();
        list.add("北京大学");
        list.add("清华大学");
        list.add("北航大学");
        request.setAttribute("data",list);%>
        List集合类中包含了三所大学<br>
        利用 &lt;c:forEach&gt;标签遍历其结果如下:<br>
        <c:forEach items="${data}" var="tag" varStatus="id">
            ${id.count } ${tag }<br>
        </c:forEach>
    </body>
</html>
```

运行结果如图 9.6 所示。

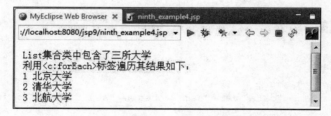

图 9.6　ninth_example4.jsp 的运行结果

【例 9-5】 ninth_example5.jsp。

```
<%@page pageEncoding="GBK"%>
<%@taglib prefix="c" uri="/WEB-INF/c.tld"%>
<html>
    <head>
        <title>&lt;c:forEach&gt;标签示例</title>
    </head>
    <body>
        普通的循环体,循环规则是从 1 循环到 6<br>
        步长为 2,其输出结果如下:<br>
        <table width=300  border=1 >
```

```
        <tr>
            <td>变量 num</td>
            <td>id.index</td>
            <td>id.count</td>
            <td>id.first</td>
            <td>id.last</td>
        </tr>
        <c:forEach begin="1" end="6" step="2" var="num" varStatus="id">
        <tr>
            <td>${num }</td>
            <td>${id.index}</td>
            <td>${id.count}</td>
            <td>${id.first}</td>
            <td>${id.last}</td>
        </tr>
        </c:forEach>
    </table>
  </body>
</html>
```

运行结果如图 9.7 所示。

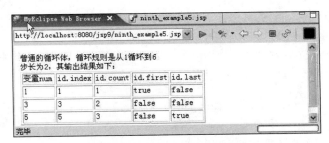

图 9.7　ninth_example5.jsp 的运行结果

＜c：forEach＞还可以嵌套使用，代码如下。

Servlet 代码：

```
String book1[]={"java","jsp","struts"};
  String book2[]={"dreamweaver","flash","fireworks"};
  List bookList=new ArrayList();
  bookList.add(book1);
  bookList.add(book2);
  request.setAttribute("books", bookList);
```

Servlet 完整代码 ForEach.java：

```
package pfc;
import java.io.IOException;
import java.io.PrintWriter;
```

```java
import java.util.ArrayList;
import java.util.List;
import javax.servlet.RequestDispatcher;
import javax.servlet.ServletException;
import javax.servlet.http.HttpServlet;
import javax.servlet.http.HttpServletRequest;
import javax.servlet.http.HttpServletResponse;
public class ForEach extends HttpServlet {
    public ForEach() {
        super();
    }
    public void destroy() {
        super.destroy(); //Just puts "destroy" string in log
        //Put your code here
    }
    public void doGet(HttpServletRequest request, HttpServletResponse response)
            throws ServletException, IOException {
        String book1[]={"java","jsp","struts"};
        String book2[]={"dreamweaver","flash","fireworks"};
        List bookList=new ArrayList();
        bookList.add(book1);
        bookList.add(book2);
        request.setAttribute("books", bookList);
        RequestDispatcher rd=request.getRequestDispatcher("/foreach.jsp");
        rd.forward(request,response);
    }
     public void doPost (HttpServletRequest request, HttpServletResponse response)
            throws ServletException, IOException {
        doGet(request,response);
    }
    public void init() throws ServletException {
        //Put your code here
    }
}
```

JSP 代码：

```jsp
<c:forEach var="listElement" items="${books}">
<c:forEach var="book" items="${listElement}">
${book}
  
</c:forEach>
<br>
</c:forEach>
```

JSP 完整代码 foreach.jsp：

```
<%@page language="java" pageEncoding="ISO-8859-1"%>
<!DOCTYPE HTML PUBLIC "-//W3C//DTD HTML 4.01 Transitional//EN">
<%@taglib prefix="c" uri="/WEB-INF/c.tld" %>
<html>
<body>
<c:forEach var="listElement" items="${books}">
<c:forEach var="book" items="${listElement}">
${book}
  
</c:forEach>
<br>
</c:forEach>
  </body>
</html>
```

运行结果如图 9.8 所示。

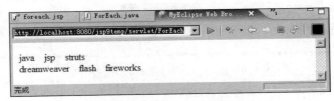

图 9.8　foreach.jsp 的运行结果

2. <c:forTokens>

```
<c:forTokens items="String" delims="char" var="name" begin="start" end="finish" step="step" varStatus="statusname">
...//标签主体
</c:forTokens>
```

delims：字符串的分割字符。

【例 9-6】　ninth_example6.jsp。

```
<%@page pageEncoding="GBk"%>
<%@taglib prefix="c" uri="/WEB-INF/c.tld" %>
<html>
    <head>
        <title>&lt;c:forTokens&gt;标签示例</title>
    </head>
    <body>
        <form ation="ninth_example6.jsp">
        输入日期:<input type="text" name="date" value="${param.date}">
```

```
            <input type="submit">
            <input type="reset">
        </form>
        <c:set var="unit0" value="年"/>
        <c:set var="unit1" value="月"/>
        <c:set var="unit2" value="日"/>
        <c:forTokens items="${param.date}" delims="-./" var="number" varStatus=
"status">
        <c:set var="name" value="unit${status.index}"/>
        ${number}${pageScope[name]}
        </c:forTokens>
    </body>
</html>
```

输入"2008/12/12",单击"提交"按钮,运行结果如图 9.9 所示。

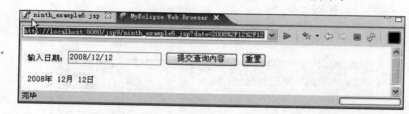

图 9.9 ninth_example6.jsp 的运行结果

9.2.4 URL 标签

1. ＜c：param＞传递参数

```
<c:param name="name" value="value" />
```

2. ＜c：url＞超链接

```
<c:url value="url" [context="context" ] [var="varName"]
    [scope="page|request|session|application "]>
    <c:param name="name" value="value" />
</c:url>
```

(1) value：要处理的 URL。

(2) context：上下文路径,用于访问同一服务器的其他 Web 工程,其值必须以"/"开头,如果指定该属性,那么 value 属性也必须以"/"开头。

注意,＜c：url＞做的只是 URL 重写,而不是 URL 编码。＜c：param＞负责编码。

【例 9-7】 ninth_example7.jsp。

```
<%@page pageEncoding="GBK"%>
```

```
<%@page import="java.util.Date"%>
<%@taglib prefix="c" uri="/WEB-INF/c.tld" %>
<html>
    <head>
        <title>&lt;c:url&gt;标签示例</title>
    </head>
    <body>
    <c:set var="time" value="<%=new Date()%>"/>
    <c:url value="http://localhost:8080" var="url" scope="session">
        <c:param name="Hours" value="${time.hours}"/>
    </c:url>
    <a href=${url}>用 URL 作为超链接的参数</a>
    </body>
</html>
```

运行结果如图 9.10 所示。

图 9.10　ninth_example7.jsp 的运行结果（一）

单击图 9.10 中的超链接，运行结果如图 9.11 所示。

图 9.11　ninth_example7.jsp 的运行结果（二）

3. <c：import>引入文件

语法 1：

```
<c:import  url="url"
        [context="context" ]
        [var="varName"]
        [scope="page|request|session|application "]
        [charEncoding=" charEncoding"]>
    ...//标签主体
</c: import >
```

语法 2：

```
<c:import   url="url"
    [context="context" ]
    [varReader="name"]
    [charEncoding="charEncoding"]>
 ...//标签主体
</c:import>
```

（1）charEncoding：被导入文件编码的格式。

（2）context：上下文路径，用于访问同一服务器的其他 Web 工程，其值必须以"/"开头，如果指定该属性，那么 value 属性也必须以"/"开头。

（3）varReader：以 Reader 类型存储被包含文件内容。

＜c:import＞可以把容器外内容拿过来。

【例 9-8】 ninth_example8.jsp。

```
<%@page pageEncoding="GBK"%>
<%@taglib prefix="c" uri="/WEB-INF/c.tld" %>
<html>
<head><title><c:out value="&lt;c:import&gt;标签"  escapeXml="false"/>
</title></head>
<body>
<h2 align="center">心情驿站</h2>
<c:import url="menu.htm" charEncoding="gb2312" />
</body>
</html>
```

Menu.htm：

```
<table align="center">
  <tr>
    <th><a href="index.jsp">[首    页]</a></th>
    <th><a href="introduce.jsp">[自我介绍]</a></th>
    <th><a href="album.jsp">[我的相册]</a></th>
    <th><a href="diary.jsp">[心情日记]</a></th>
    <th><a href="message.jsp">[留 言 板]</a></th>
  </tr>
</table>
```

运行结果如图 9.12 所示。

图 9.12 ninth_example8.jsp 的运行结果

【例 9-9】 ninth_example9.jsp。

```jsp
<%@page pageEncoding="GBK"%>
<%@taglib prefix="c" uri="/WEB-INF/c.tld"%>
<html>
    <head>
        <title>导入资源文件</title>
    </head>
    <body>
    <center>注册新会员
    <form name="form1" method="post" action="reg.jsp">
        <table width="88%" height="100" border="0">
            <tr><td align="center">会员服务条款</td></tr>
            <tr>
                <td height="27" align="center" >
                    <textarea name="artcle" cols="60" rows="8">
                    <c:import url="agreement.txt" charEncoding="gbk"/>
                    </textarea>
                </td>
            </tr>
            <tr>
                <td height="27" align="center" >
                <input   type="submit" value="我接受"> 
                <input   type="button" value="我不接受"  onClick="window.close();">
                </td>
            </tr>
        </table>
    </form>
    </center>
    </body>
</html>
```

运行结果如图 9.13 所示。

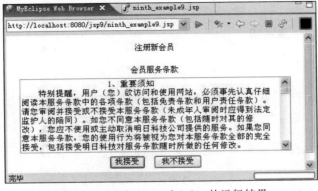

图 9.13 ninth_example9.jsp 的运行结果

【例 9-10】 ninth_example10.jsp。

```jsp
<%@page contentType="text/html;charset=GB2312" %>
<%@taglib prefix="c" uri="http://java.sun.com/jsp/jstl/core" %>
<html>
<head><title><c:out value="&lt;c:import&gt;标签" escapeXml="false"/>
</title></head>
<body>
<h3>心情日记</h3>

<%--文件内容输出成 String 对象 --%>
<c:import url="diary.txt" var="diary" charEncoding="GB2312" />
<c:out value="${diary}" />
<br>
<%--文件内容输出成 Reader 对象 --%>
<c:import url="diary.txt" varReader="diary" charEncoding="GB2312">
  <c:out value="${diary}" />
</c:import>
</body>
</html>
```

Diary.txt：
2008 年 12 月 13 日　天气晴
天亮了,我起来了,太阳也起来了。
运行结果如图 9.14 所示。

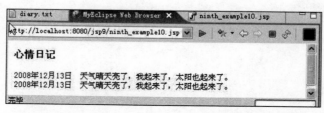

图 9.14　ninth_example10.jsp 的运行结果

4. <c：redirect>重定向

语法 1：

<c：redirect　url="url"　[context="context"] />

语法 2：

<c：redirect　url="url"　[context="context"]>
  <c:param/>
</c:redirect>

【例9-11】 ninth_example11.jsp。

```
<%@page    pageEncoding="GBK"%>
<%@taglib prefix="c" uri="/WEB-INF/c.tld"%>
<HTML>
    <HEAD>
        <TITLE>重定向客户请求</TITLE>
        <LINK href="images/style.css" rel=stylesheet>
    </HEAD>
    <BODY onload=form1.manager.focus();>
    <FORM name=form1 action=loginM.jsp method=get>
    用户名：   <INPUT type="text" name="manager"><br>
    密  码:<INPUT type=password name=PWD><br>
    <INPUT   type=submit value=确认 >
     
    <INPUT   type=reset value=重置 >
    </FORM>
    </BODY>
</HTML>
```

loginM.jsp：

```
<%@page pageEncoding="GB18030"%>
<%@page import="java.util.Date"%>
<%@taglib prefix="c" uri="/WEB-INF/c.tld"%>
<%@taglib prefix="fmt" uri="/WEB-INF/fmt.tld"%>
<fmt:requestEncoding value="GBK"/>
<html>
    <body>
        <c:if test="${param.manager eq 'pfc'&&param.PWD eq 'PFC'}">
        <c:redirect url="result.jsp">
            <c:param name="local" value="北京" />
            <c:param name="loginDate" value="<%=new Date().toLocaleString() %>"/>
        </c:redirect>
        </c:if>
        登录失败
    </body>
</html>
```

result.jsp：

```
<%@page pageEncoding="GB18030"%>
<%@taglib prefix="c" uri="/WEB-INF/c.tld"%>
<html>
    <body>
    登录成功<br>
```

```
登录时间:${param.loginDate }<br>
登录位置：
<%=new String(request.getParameter("local").getBytes("iso-8859-1"),
"gbk") %>
    </body>
</html>
```

运行结果如图9.15所示。

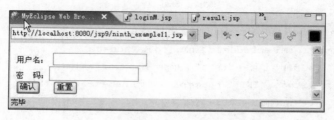

图9.15　ninth_example11.jsp的运行结果

在图9.15的"用户名"和"密码"文本框中分别输入"pfc"和"PFC"，单击"确认"按钮，登录成功显示界面如图9.16所示。

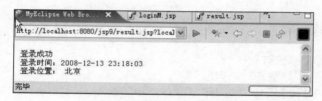

图9.16　登录成功显示界面

在图9.15中，用户名或密码输入有误时，单击"确认"按钮，登录失败显示界面如图9.17所示。

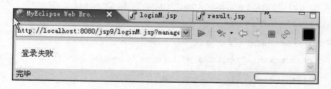

图9.17　登录失败显示界面

9.2.5　格式标签

格式标签可以根据发出请求的客户端地域的不同显示当地区域语言格式。另外，还有其他标签可以格式化数字和日期的显示格式。

1. <fmt：formatNumber> 设置数字在不同国家区域的显示格式

```
<fmt:formatNumber  value="num"  [type="number|currency|percent"]
```

```
[pattern="pattern"]   [currencyCode="code"]   [currencySymbol="symbol"]
[groupingUsed="true|false"]   [maxIntegerDigits="maxDigits"]
[minIntegerDigits="minDigits"]   [maxFractionDigits="maxDigits"]
[minFractionDigits="minDigits"]   [var="name"]
[scope="page|request|session|application "] />
```

(1) value：被格式化的数字。

(2) type：数字、货币和百分比类型。

(3) pattern：格式化的样式。

(4) currencyCode：货币单位代码。

(5) currencySymbol：货币符号。

(6) groupingUsed：是否对格式化后数字的证书部分分组，如 888.888.888.001。

【例 9-12】 ninth_example12.jsp。

```
<%@page pageEncoding="GBK"%>
<%@taglib prefix="fmt" uri="/WEB-INF/fmt.tld"%>
<html>
    <head>
        <title>&lt;fmt:formatNumber&gt;标签示例</title>
    </head>
    <body>
        <table border=1 >
            <tr align="center">
                <td width=100>格式</td>
                <td width=100>原数值</td>
                <td width=100>格式化后的数值</td>
            </tr>
            <tr>
                <td>数字格式</td>
                <td>8.8</td>
                <td><fmt:formatNumber value="8.8" type="number"/></td>
            </tr>
            <tr>
                <td>货币格式</td>
                <td>8.8</td>
                <td><fmt:formatNumber value="8.8" type="currency"/></td>
            </tr>
            <tr>
                <td>百分比格式</td>
                <td>0.88</td>
                <td><fmt:formatNumber value="0.88" type="percent"/></td>
            </tr>
            <tr>
```

```
            <td>最大整数 4 位</td>
            <td>888888.8</td>
            <td>
                <fmt:formatNumber value="888888.8" maxIntegerDigits="4"/>
            </td>
        </tr>
        <tr>
            <td>最小整数 4 位</td>
            <td>8.8</td>
            <td><fmt:formatNumber value="8.8" minIntegerDigits="4"/></td>
        </tr>
        <tr>
            <td>最大小数 5 位</td>
            <td>8.888888</td>
            <td>
                <fmt:formatNumber value="8.888888" maxFractionDigits="5"/>
            </td>
        </tr>
        <tr>
            <td>最小小数 4 位</td>
            <td>8.8</td>
            <td><fmt:formatNumber value="8.8" minFractionDigits="4"/></td>
        </tr>
        <tr>
            <td>整数不分组</td>
            <td>8888888.88</td>
            <td>
                <fmt:formatNumber value="8888888.88" groupingUsed="false"/>
            </td>
        </tr>
        <tr>
            <td>整数分组</td>
            <td>8888888.88</td>
            <td>
                <fmt:formatNumber value="8888888.88" groupingUsed="true"/>
            </td>
        </tr>
    </table>
</body>
</html>
```

运行结果如图 9.18 所示。

程序说明：修改浏览器的默认语言为中文，运行结果如图 9.18 所示。

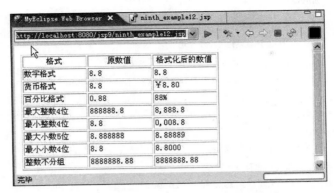

图 9.18 ninth_example12.jsp 的运行结果

2．＜fmt：parseNumber＞把字符串类型数字解析成数字类型的数值

＜fmt：parseNumber value="num" [type="number|currency|percent"]
[pattern="pattern"] [parseLocale="locale"] [integerOnly="true|false"]
[var="name"] [scope="page|request|session|application "] />

parseLocale：指定不同的国家区域。

【例 9-13】 ninth_example13.jsp。

```
<%@page         pageEncoding="GB18030"%>
<%@taglib prefix="fmt" uri="/WEB-INF/fmt.tld"%>
<html>
    <head>
        <title>&lt;fmt:parseNumber&gt;标签示例</title>
    </head>
    <body>
        <table border=1 >
            <tr align="center">
                <td width=100>格式</td>
                <td width=100>原数值</td>
                <td width=100>解析后的数值</td>
            </tr>
            <tr>
                <td>数字格式</td>
                <td>8,888.8+100</td>
                <td><fmt:parseNumber var="num" value="8,888.8"/>${num+100 }</td>
            </tr>
            <tr>
                <td>货币格式</td>
                <td>￥888.80+100</td>
                <td><fmt:parseNumber var="num" value="￥888.80" type="currency"/>
                    ${num+100 }</td>
```

```
            </tr>
            <tr>
                <td>百分比格式</td>
                <td>88%</td>
                <td><fmt:parseNumber var="num" value="88%" type="percent"/>
                    ${num }</td>
            </tr>
            <tr>
                <td>只显示整数</td>
                <td>88.88</td>
                <td><fmt:parseNumber integerOnly="true" var="num" value="88.88"/>
                    ${num}</td>
            </tr>
        </table>
    </body>
</html>
```

运行结果如图 9.19 所示。

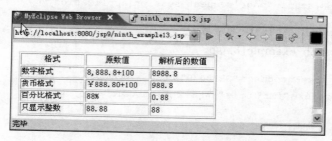

图 9.19　ninth_example13.jsp 的运行结果

程序说明：修改浏览器的默认语言为中文，运行结果如图 9.19 所示。￥888.80 中，￥是在中文状态下按组合键 Shift+$，而不是在中文状态下输入人民币符号￥。

3. <fmt：formatDate>

```
<fmt: formatDate   value="date"   [type="time|date|both"]
[pattern=" pattern"]     [dateStyle=" default | short | medium | long | full"]
[timeStyle="default|short|medium|long|full"]    [timeZone="timeZone"]
[var="name"] [scope="page|request|session|application "] />
```

【例 9-14】　ninth_example14.jsp

```
<%@page pageEncoding="GBK"%>
<%@page import="java.util.Date"%>
<%@taglib prefix="fmt" uri="/WEB-INF/fmt.tld"%>
<html>
    <head>
        <title>&lt;fmt:formatDate&gt;标签示例</title>
```

```
</head>
<body>
    <table border=1 >
        <%request.setAttribute("now",new Date()); %>
        <tr align="center">
            <td width=200>格式</td>
            <td width=300>格式化的日期</td>
        </tr>
        <tr>
            <td>显示日期和时间的完整格式</td>
            <td>
            <fmt:formatDate timeStyle="full" dateStyle="full"
                type="both" value="${now}"/>
            </td>
        </tr>
        <tr>
            <td>short 时间格式</td>
            <td>
            <fmt:formatDate timeStyle="short" type="time" value="${now}"/>
            </td>
        </tr>
        <tr>
            <td>medium 时间格式</td>
            <td>
            <fmt:formatDate timeStyle="medium" type="time" value="${now}"/>
            </td>
        </tr>
        <tr>
            <td>long 时间格式</td>
            <td>
            <fmt:formatDate timeStyle="long" type="time" value="${now}"/>
            </td>
        </tr>
        <tr>
            <td>short 日期格式</td>
            <td>
            <fmt:formatDate dateStyle="short" type="date" value="${now}"/>
            </td>
        </tr>
        <tr>
            <td>medium 日期格式</td>
            <td>
            <fmt:formatDate dateStyle="medium" type="date" value="${now}"/>
            </td>
```

```
            </tr>
            <tr>
                <td>long日期格式</td>
                <td
                <fmt:formatDate dateStyle="long" type="date" value="${now}"/>
                </td>
            </tr>
        </table>
    </body>
</html>
```

运行结果如图 9.20 所示。

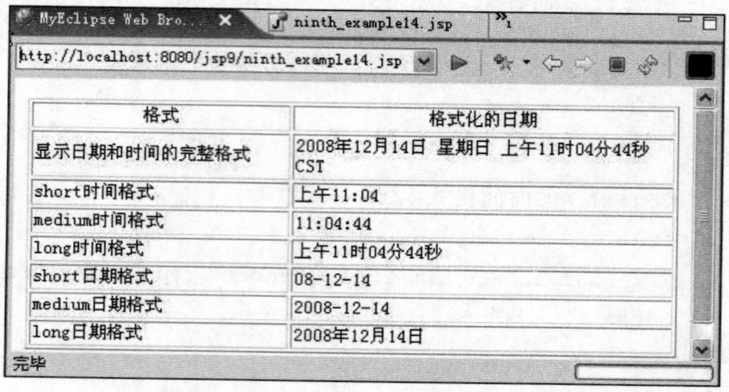

图 9.20 ninth_example14.jsp 的运行结果

4. <fmt：parseDate>

```
<fmt:parseDate value="date" [type="time|date|both"]
[pattern="pattern"] [parseLocale="locale"] [dateStyle="default|short|
medium|long|full"] [timeStyle="default|short|medium|long|full"] [timeZone
="timeZone"]    [var="name"] [scope="page|request|session|application "] />
```

5. <fmt：setTimeZone>

```
<fmt:setTimeZone   value="timeZone"   [var="name"]
[scope="page|request|session|application "] />
```

其中，value 为指定的时区，惯用时区 Id, GMT+8。例如：

```
<fmt:setTimeZone  value="CST"  scope="session"/>
```

6. <fmt：timeZone>

```
<fmt:timeZone   value="timeZone"   [var="name"]
[scope="page|request|session|application "] />
...//标签主体
</fmt:timeZone>
```

标签主体的所有时间和日期都采用标签设置的时区,它不会影响标签外的时区设置。

7. <fmt：setLocale>

```
<fmt:setLocale value="locale"
[scope="page|request|session|application"] />
```

【例 9-15】 ninth_example15.jsp。

```
<%@page pageEncoding="GB18030"%>
<%@page import="java.util.Date"%>
<%@taglib prefix="fmt" uri="/WEB-INF/fmt.tld"%>
<html>
    <head>
        <title>设置语言区域</title>
    </head>
    <body>
        <fmt:setLocale value="zh_CN"/>
        <%request.setAttribute("date",new Date()); %>
        <table border=0>
            <tr bgcolor="cyan">
                <td width=150>地域代码</td>
                <td width=100>日期格式</td>
            </tr>
            <tr>
                <td>zh_CN(中国)</td>
                <fmt:setLocale value="zh_CN"/>
                <td><fmt:formatDate value="${date }"/></td>
            </tr>
            <tr>
                <td>en_US(美国)</td>
                <fmt:setLocale value="en_US"/>
                <td><fmt:formatDate value="${date }"/></td>
            </tr>
        </table>
    </body>
</html>
```

运行结果如图 9.21 所示。

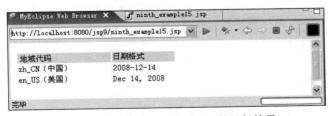

图 9.21 ninth_example15.jsp 的运行结果

8. <fmt：requestEncoding>

```
<fmt:requestEncoding value="charEncoding" />
```

该标签和 request 内置对象的 setCharacterEncoding()方法功能相同。

9. <fmt：setBundle basename="name" 〔var="name"〕〔scope="page|request|session|application "〕/>

其中,baseName 指定消息资源文件名称,不需要指定文件扩展名称。

所谓消息资源文件,是指扩展名为.properties 的文件,消息是以 Key/Value 键值对形式存储的。

10. <fmt：bundle basename="name" 〔prefix="prefix"〕>(标签主体)</fmt：bundle>

与<fmt：setBundle>不同,<fmt：bundle>只对标签主体内的代码有效。

11. <fmt：param value="value"/>

主要用于为<fmt：message>读取的消息资源指定参数值(如果消息资源有参数)。

12. <fmt：message>

语法 1:

```
<fmt:message key="keyName" [bundle="bundle"] [var="name"]
[scope="page|request|session|application "] / >
```

如果指定 var,读取的消息保存在指定变量中。

语法 2:

```
<fmt:message key="keyName" [bundle="bundle"] [var="name"]
[scope="page|request|session|application "] >
key<fmt:param />
</fmt:message>
```

在标签主体中指定键值和键值所对应的参数信息。

【例 9-16】 ninth_example16.jsp。

```
<%@page pageEncoding="GBK"%>
<%@page import="java.util.Date"%>
<%@taglib prefix="fmt" uri="/WEB-INF/fmt.tld"%>
<html>
    <head>
        <title>读取消息资源的标签示例</title>
    </head>
```

```jsp
<body>
    <fmt:setLocale value="zh_TW"/>
    <fmt:setBundle basename="abc"/>
    <table border=1 >
        <tr align="center">
            <td width=100>键值</td>
            <td width=200>读取方式</td>
            <td width=200>取值</td>
        </tr>
        <tr align="center" bgcolor="cyan">
            <td>message</td>
            <td>从标签主体读取</td>
            <td><fmt:message>
                    message <fmt:param value="buaa"/>
                    <fmt:param value="北京航空航天大学"/>
                </fmt:message></td>
        </tr>
        <tr align="center">
            <td>date</td>
            <td>以 key 属性读取</td>
            <td><fmt:message key="date">
                    <fmt:param value="<%=new Date() %>"/>
                </fmt:message></td>
        </tr>
        <fmt:message key="time" var="nowTime" scope="page">
            <fmt:param value="<%=new Date() %>"/>
        </fmt:message>
        <tr align="center" bgcolor="cyan">
            <td>time</td>
            <td>以变量方式读取</td>
            <td>${nowTime }</td>
        </tr>
        <tr align="center">
            <td>college</td>
            <td>不指定消息参数</td>
            <td><fmt:message key="college"/></td>
        </tr>
    </table>
</body>
</html>
```

资源文件中的中文信息必须转换为 unicode 编码,通过 J2SDK 自带的 native2ascii 命令完成相应转换。

转换前 abc.properties:

```
message={0} is {1}
```
date=现在的日期是{0,date}
```
time=现在的时间是{0,time}
college=麻省理工学院
```

转换后 abc.properties：

```
message={0} is {1}
date=\u73B0\u5728\u7684\u65E5\u671F\u662F{0,date}
time=\u73B0\u5728\u7684\u65F6\u95F4\u662F{0,time}
college=\u9EBB\u7701\u7406\u5DE5\u5B66\u9662
```

把 abc.properties 文件部署在 src 文件夹下，运行结果如图 9.22 所示。

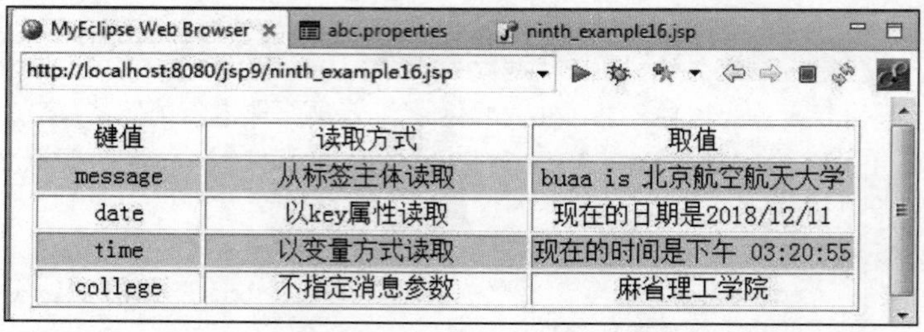

键值	读取方式	取值
message	从标签主体读取	buaa is 北京航空航天大学
date	以key属性读取	现在的日期是2018/12/11
time	以变量方式读取	现在的时间是下午 03:20:55
college	不指定消息参数	麻省理工学院

图 9.22　ninth_example16.jsp 的运行结果

程序说明：

```
<fmt:message>
    message <fmt:param value="buaa"/>
    <fmt:param value="北京航空航天大学"/>
</fmt:message></td>
```

查看 abc.properties，message 的对应值是{0} is {1}，第一个参数{0}值是"buaa"，第二个参数{1}值是"北京航空航天大学"，所以输出"buaa is 北京航空航天大学"。

```
<fmt:message key="date">
<fmt:param value="<%=new Date() %>"/>
</fmt:message></td>
```

查看 abc.properties，date 的对应值是现在的日期{0,date}，{0,date}表示第一个参数的日期部分，所以输出"现在的日期是 2018/12/11"。

【例 9-17】　ninth_example17.jsp，国际化典型应用。

```
<%@page pageEncoding="gbk" %>
<%@include file="message.jsp" %>
<HTML>
<HEAD>
<TITLE>${g2 }</TITLE>
<LINK href="image_files/style.css" rel="stylesheet">
```

```html
</HEAD>
<BODY>
<TABLE width=400 align=center border=0>
  <TR>
    <TD class=tableBorder>
    <TABLE height=47 width=607 align=center border=0>
      <TR>
        <TD width=185><IMG height=47 src="image_files/logo.jpg" width=185>
        </TD>
        <TD vAlign=top align=right width=607 background="image_files/bg_0.jpg">
        <TABLE height=32 width=375 border=0>
          <TR align="center">
            <TD width="33%"> • <A class="other" href="#">${t1 }</A></TD>
            <TD width="33%">" • <A class="other" href="#">${t2 }</A></TD>
            <TD width="33%"><A class="other"  href="ninth_example17.jsp?
            lan=zh_CN">${t3 }</A>/
              <A class="other" href="ninth_example17.jsp?lan=en_US">${t4 }
              </A></TD>
          </TR>
        </TABLE></TD>
      </TR>
    </TABLE>
    <TABLE height=36 width=607 align=center border=0>
      <TR bgcolor="#0045B5">
        <TD class="showRightLine" width="15%" align="center">
        <A href="#">${m1 }</A></TD>
        <TD class="showRightLine" width="15%" align="center">
        <A href="#">${m2 }</A></TD>
        <TD class="showRightLine" width="15%" align="center">
        <A href="#">${m3 }</A></TD>
        <TD class="showRightLine" width="15%" align="center">
        <A href="#">${m4 }</A></TD>
        <TD class="showRightLine" width="15%" align="center">
        <A href="#">${m5 }</A></TD>
        <TD class="showRightLine" width="15%" align="center">
        <A href="#">${m6 }</A></TD>
        <TD class="showRightLine" width="15%" align="center">
        <A href="#">${m7 }</A></TD>
      </TR>
    </TABLE>
    <TABLE height=108 width="100%" border=0>
      <TR>
        < TD width="176" height="108" align=right vAlign=top background=
        image_files/bg_3.jpg>
```

```html
                <TABLE width=176 height="107" align=right background=image_files/bg
                _2.jpg >
                    <TR>
                        <TD width="174" height=105 valign="top">
                        <TABLE height=103  width="100%" border=0>
                            <TR>
                            <TD><IMG height=42 src="image_files/a4.jpg" width=174></TD>
                            </TR>
                            <TR>
                              <TD class=tableBorder_l vAlign=top align=middle height=
                              48><TABLE  width="88%" border=0>
                                <TR>
                                  <TD class=tableBorder_T_dashed height=24><A class
                                  ="other" href="#">${g1 }</A></TD>
                                </TR>
                                <TR>
                                  <TD class=tableBorder_T_dashed height=24><A class
                                  ="other" href="#">${g2 }</A></TD>
                                </TR>
                              </TABLE></TD>
                            </TR>
                        </TABLE></TD>
                    </TR>
                </TABLE></TD>
            <TD width="432" align="center" vAlign=middle style="color=#ff6600">
            ${content }</TD>
        </TR>
    </TABLE>
    <TABLE  width=608 align=center border=0>
      <TR>
        <TD><TABLE height=45  width="100%"     align=center border=0>
            <TR bgColor=#cccccc>
              <TD colSpan=3 height=8></TD>
            </TR>
            <TR>
              <TD vAlign=bottom align=center height=24><P>${copyright1 }
              </P></TD>
            </TR>
            <TR align="middle">
              <TD height=15 align="center">${copyright2 } </TD>
            </TR>
            <TR bgColor="#cccccc">
              <TD colSpan=3 height=8></TD>
            </TR>
```

```
        </TABLE></TD>
      </TR>
    </TABLE></TD>
  </TR>
</TABLE>
</BODY>
</HTML>
```

在message.jsp文件中,把所有消息资源都读取到对应变量中。message.jsp代码如下:

```
<%@page pageEncoding="gbk" %>
<%@taglib prefix="fmt" uri="/WEB-INF/fmt.tld"%>
<fmt:setLocale value="${param.lan }"/>
<fmt:setBundle basename="localeMessage"/>
<fmt:message key="m1" var="m1" scope="page"/>
<fmt:message key="m2" var="m2" scope="page"/>
<fmt:message key="m3" var="m3" scope="page"/>
<fmt:message key="m4" var="m4" scope="page"/>
<fmt:message key="m5" var="m5" scope="page"/>
<fmt:message key="m6" var="m6" scope="page"/>
<fmt:message key="m7" var="m7" scope="page"/>
<fmt:message key="t1" var="t1" scope="page"/>
<fmt:message key="t2" var="t2" scope="page"/>
<fmt:message key="t3" var="t3" scope="page"/>
<fmt:message key="t4" var="t4" scope="page"/>
<fmt:message key="g1" var="g1" scope="page"/>
<fmt:message key="g2" var="g2" scope="page"/>
<fmt:message key="content" var="content" scope="page"/>
<fmt:message key="copyright1" var="copyright1" scope="page"/>
<fmt:message key="copyright2" var="copyright2" scope="page"/>
```

创建对应中文和英文两个区域的localeMessage_zh_CN.properties与localeMessage_en_US.properties属性文件。

(1) localeMessage_en_US.properties:

```
m1=Index
m2=NewGoods
m3=At a Sale
m4=Member
m5=Cart
m6=Order
m7=SellSort
t1=Affiliation
t2=Collection
```

t3=Chinese
t4=English
g1=\u300aRock And Grass\u300b
g2=ming zhu building
content=No Have Merchandise for the moment
copyright1=ming zhu building TEL:010-12345678 12345679 FAX:010-12345678
copyright2=CopyRight @2008 www.pfc.cn Bei JIng Province Fang Zheng Ke Ji

（2）localeMessage_zh_CN.properties：

m1=\u9996\u9875
m2=\u65b0\u54c1\u4e0a\u67b6
m3=\u7279\u4ef7\u5546\u54c1
m4=\u4f1a\u5458\u8d44\u6599\u4fee\u6539
m5=\u8d2d\u7269\u8f66
m6=\u67e5\u770b\u8ba2\u5355
m7=\u9500\u552e\u6392\u884c
t1=\u8054\u7cfb\u6211\u4eec
t2=\u6536\u85cf\u672c\u7ad9
t3=\u4e2d\u6587
t4=\u82f1\u6587
g1=\u300a\u77f3\u5934\u4e0e\u5c0f\u8349\u300b
g2=\u660e\u73e0\u5927\u53a6
content=\u6682\u65f6\u6ca1\u6709\u5546\u54c1
copyright1=\u660e\u73e0\u5927\u53a6\u670d\u52a1\u70ed\u7ebf:010-12345678 12345679 \u4f20\u771f:010-12345678
copyright2=CopyRight @2008 www.pfc.cn \u5317\u4eac\u5e02\u65b9\u6b63\u79d1\u6280

运行结果如图9.23所示。

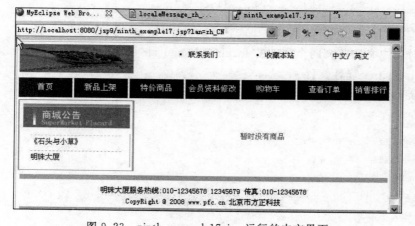

图9.23　ninth_example17.jsp运行的中文界面

在图9.23中单击"英文"超链接，运行结果如图9.24所示。

图 9.24　ninth_example17.jsp 运行的英文界面

9.3　实验与训练指导

1. 以下关于 JSTL 的说法中，正确的是（　　）。（选择两项）
    A. foreach 用来循环输出集合中的数据
    B. set 标签用来定义变量
    C. out 标签只能输出 session 中的变量值
    D. if 标签主要用来执行数据库操作

2. 以下 JSP 代码输出集合中的各元素，横线处应填写（　　）。（选择两项）

```
<%
    List<String>strs=new ArrayList<String>();
    strs.add("北京");
    strs.add("上海");
    strs.add("浙江");
    request.setAttribute("strs",strs);
%>
<c:forEach var="strList" items="_____">
    <c:out value="_____"></c:out>
</c:forEach>
```

    A. ${strs}，${strList}
    B. ${strList}，${strs}
    C. ${requestScope.strs}，${strList}
    D. ${strList}，${requestScope.strs}

3. 某 JSP 中有如下代码，显示结果为（　　）。

```
<%
    int a =5;
```

```
            request.setAttribute("a","123");
            session.setAttribute("a","456");
%>
<c:out value="${a}"/>
```

  A. 5   B. 123   C. 456   D. null

4. 以下代码的运行结果为(　　)。

```
<%
session.setAttribute("a","good");
%>
<c:if test="${2>1}">
<c:out value="${a}"/>
</c:if>
```

  A. a   B. good   C. 2＞1   D. null

5. 创建一个基于 JSTL 的网上购物车，运行结果如图 9.25 所示。

图 9.25　网上购物车运行结果(一)

在图 9.25 中单击 Books 超链接，运行结果如图 9.26 所示。

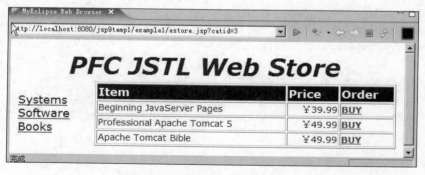

图 9.26　网上购物车运行结果(二)

在图 9.26 中单击 BUY 超链接，运行结果如图 9.27 所示。

在图 9.27 中单击 Clear the cart 超链接，运行结果如图 9.28 所示。

在图 9.28 中单击 Return to Shopping 超链接，运行结果如图 9.25 所示。

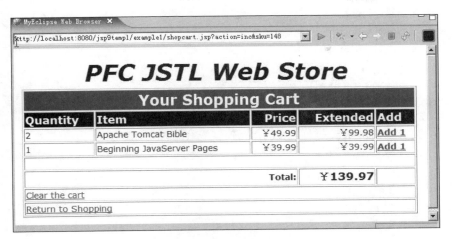

图 9.27 网上购物车运行结果(三)

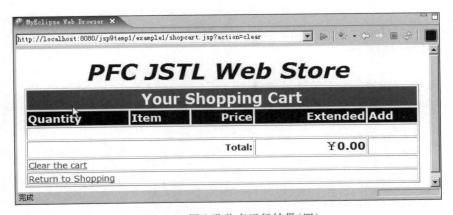

图 9.28 网上购物车运行结果(四)

(1) 创建 4 个类文件。

Product.java：

```
package com.wrox.begjsp.ch03;
public class Product
{
    private String sku;
    private String name;
    private String desc;
    private long price;
    public Product()
    {
    }
    public Product(String sku, String name, String desc, long price)
    {
        this.sku = sku;//sku 类似于产品 ID
```

```java
        this.name=name;
        this.desc=desc;
        this.price=price;
    }
    public String getSku() {
        return this.sku;
    }
    public void setSku(String sku) {
        this.sku=sku;
    }
    public String getName() {
        return this.name;
    }
    public void setName(String name) {
        this.name=name;
    }
    public String getDesc() {
        return this.desc;
    }
    public void setDesc(String desc) {
        this.desc=desc;
    }
    public long getPrice() {
        return this.price;
    }
    public void setPrice(long price) {
        this.price=price;
    }
}
```

Category.java：

```java
package com.wrox.begjsp.ch03;
public class Category
{
    private String id;
    private String name;
    public Category()
    {
    }
    public Category(String id, String name)
    {
        this.id=id;
        this.name=name;
    }
```

```java
  public String getId() {
    return this.id;
  }
  public void setId(String id) {
    this.id = id;
  }
  public String getName() {
    return this.name;
  }
  public void setName(String name) {
    this.name = name;
  }
}
```

LineItem.java:

```java
package com.wrox.begjsp.ch03;

public class LineItem
{
  private int quantity;
  private String sku;
  private String desc;
  private long price;
  public LineItem()
  {
  }
  public LineItem(int quantity, String sku, String desc, long price)
  {
    this.quantity = quantity;
    this.sku = sku;
    this.desc = desc;
    this.price = price;
  }
  public int getQuantity() {
    return this.quantity;
  }
  public void setQuantity(int quantity) {
    this.quantity = quantity;
  }
  public String getSku() {
    return this.sku;
  }
  public void setSku(String sku) {
    this.sku = sku;
```

```java
        }
        public String getDesc() {
            return this.desc;
        }
        public void setDesc(String desc) {
            this.desc =desc;
        }
        public long getPrice() {
            return this.price;
        }
        public void setPrice(long price) {
            this.price =price;
        }
}
```

EShop.java:

```java
package com.wrox.begjsp.ch03;
import java.util.ArrayList;
import java.util.List;
public class EShop
{
    public static ArrayList getCats()
    {
        ArrayList values =new ArrayList();
        values.add(new Category("1", "Systems"));
        values.add(new Category("2", "Software"));
        values.add(new Category("3", "Books"));
        return values;
    }
    public static ArrayList getItems(String catid) {
        ArrayList values =new ArrayList();
        if (catid.equals("1")) {
            values.add(new Product("232", "Pentium 4 - 4 GHz, 512 MB, 300 GB", "", 98999L));
            values.add(new Product("238", "AMD Opteron - 4 GHz, 1 GB, 300 GB", "", 120099L));
        }
        else if (catid.equals("2")) {
            values.add(new Product("872", "Tomcat 5 Server for Windows", "", 9900L));
            values.add(new Product("758", "Tomcat 5 Server for Linux", "", 9900L));
        }
        else if (catid.equals("3")) {
            values.add(new Product("511", "Beginning JavaServer Pages", "", 3999L));
            values.add(new Product("188", "Professional Apache Tomcat 5", "",
```

```
4999L));
        values.add(new Product("148", "Apache Tomcat Bible", "", 4999L));
    }
    return values;
}
public static Product getItem(String sku) {
    ArrayList cats = getCats();
    Product foundProd = null;
    for (int i = 0; i < cats.size(); ++i) {
        Category curCat = (Category)cats.get(i);
        ArrayList items = getItems(curCat.getId());
        for (int j = 0; j < items.size(); ++j) {
            Product curProd = (Product)items.get(j);
            if (curProd.getSku().equals(sku)) {
                foundProd = curProd;
                break;
            }
        }
        if (foundProd != null) {
            break;
        }
    }
    return foundProd;
}
public static void clearList(List list)
{
    list.clear();
}
public static void addList(List list, Object item) {
    list.add(item);
}
}
```

(2) /WEB-INF/jsp/eshop-taglib.tld：

```
<?xml version="1.0" encoding="UTF-8"?>
<taglib xmlns="http://java.sun.com/xml/ns/j2ee"
    xmlns:xsi="http://www.w3.org/2001/XMLSchema-instance"
    xsi:schemaLocation="http://java.sun.com/xml/ns/j2ee web-jsptaglibrary_2_0.xsd"
    version="2.0">
    <description>A taglib for eshop functions.</description>
    <tlib-version>1.0</tlib-version>
    <short-name>EShopunctionTaglib</short-name>
    <uri>EShopFunctionTagLibrary</uri>
```

```xml
<function>
    <description>Obtain the catalog categories</description>
    <name>getCats</name>
<function-class>com.wrox.begjsp.ch03.EShop</function-class>
<function-signature>java.util.ArrayList getCats()</function-signature>
</function>
<function>
    <description>Obtain the items in a category</description>
    <name>getItems</name>
<function-class>com.wrox.begjsp.ch03.EShop</function-class>
<function-signature>java.util.ArrayList getItems(java.lang.String)
</function-signature>
</function>
<function>
    <description>Obtain an item given an sku</description>
    <name>getItem</name>
<function-class>com.wrox.begjsp.ch03.EShop</function-class>
<function-signature>com.wrox.begjsp.ch03.Product getItem(java.lang
.String)</function-signature>
</function>
<function>
    <description>Clear a list</description>
    <name>clearList</name>
<function-class>com.wrox.begjsp.ch03.EShop</function-class>
<function-signature>void clearList(java.util.List)</function-signature>
</function>
<function>
    <description>Add an item to a list</description>
    <name>addList</name>
<function-class>com.wrox.begjsp.ch03.EShop</function-class>
<function-signature>void addList(java.util.List, java.lang.Object)
</function-signature>
</function>
</taglib>
```

(3) 创建 JSP 文件。

estore.jsp：

```jsp
<%@taglib prefix="c" uri="http://java.sun.com/jsp/jstl/core" %>
<%@taglib prefix="fmt" uri="http://java.sun.com/jsp/jstl/fmt" %>
<%@taglib prefix="wxshop" uri="EShopFunctionTagLibrary" %>
<%@page pageEncoding="GBK"%>
<%@page  session="true" %>
<c:if test="${empty cats}">
  <c:set var="cats" value="${wxshop:getCats()}" scope="application"/>
```

```
</c:if>
<html>
<head>
<title>PFC Shopping Mall</title>
<link rel=stylesheet type="text/css" href="store.css">
</head>
<body>
<table width="600">
<tr><td colspan="2" class="mainHead">PFC JSTL Web Store</td></tr>
<tr>
<td width="20%">
<!--left three category -->
<c:forEach var="curCat" items="${cats}">
 <c:url value="/example1/estore.jsp" var="localURL">
   <c:param name="catid" value="${curCat.id}"/>
 </c:url>
 <a href="${localURL}" class="category">${curCat.name}</a>
 </br>
</c:forEach>
</td>
<td width=" * ">
<h1></h1>
<table border="1" width="100%">
<tr><th align="left">Item</th><th align="left">Price</th><th align="left">Order</th></tr>
<c:set var="selectedCat"   value="${param.catid}"/>
<c:if test="${empty selectedCat}">
   <c:set var="selectedCat"   value="1"/>
</c:if>
<c:forEach var="curItem" items="${wxshop:getItems(selectedCat)}">
   <tr>
    <td>${curItem.name}</td>
    <td align="right">
       <fmt:formatNumber value="${curItem.price / 100}" type="currency"/>
    </td>
    <td>
      <c:url value="/example1/shopcart.jsp" var="localURL">
          <c:param name="action" value="buy"/>
          <c:param name="sku" value="${curItem.sku}"/>
      </c:url>
    <a href="${localURL}"><b>BUY</b></a>
    </td>
  </tr>
 </c:forEach>
```

```
            </table>
         </td>
      </tr>
   </table>
</body>
</html>
```

shopcart.jsp：

```
<%@taglib prefix="c" uri="http://java.sun.com/jsp/jstl/core" %>
<%@taglib prefix="fmt" uri="http://java.sun.com/jsp/jstl/fmt" %>
<%@taglib prefix="wxshop" uri="EShopFunctionTagLibrary" %>
<%@page pageEncoding="GBK"%>
<%@page session="true" %>
<c:set var="EXAMPLE" value="/example1"/>
<c:set var="SHOP_PAGE" value="/estore.jsp"/>
<c:set var="CART_PAGE" value="/shopcart.jsp"/>
<html>
<head>
<title>PFC Shopping Mall - Shopping Cart</title>
<link rel=stylesheet type="text/css" href="store.css">
</head>
<body>
<c:if test="${!(empty param.sku)}">
   <c:set var="prod" value="${wxshop:getItem(param.sku)}"/>
</c:if>
<jsp:useBean id="lineitems" class="java.util.ArrayList" scope="session"/>
<c:choose>
    <c:when test="${param.action =='clear'}">
       ${wxshop:clearList(lineitems)}
    </c:when>
    <c:when test="${param.action =='inc' || param.action=='buy'}">
      <c:set var="found" value="false"/>
      <c:forEach var="curItem" items="${lineitems}">
         <c:if test="${(curItem.sku) == (prod.sku)}">
            <jsp:setProperty name="curItem" property="quantity"
            value="${curItem.quantity +1}"/>
            <c:set var="found" value="true" />
         </c:if>
      </c:forEach>
      <c:if test="${!found}">
           <c:remove var="tmpitem"/>
           <jsp:useBean id="tmpitem" class="com.wrox.begjsp.ch03.LineItem">
           <jsp:setProperty name="tmpitem" property="quantity" value="1"/>
           <jsp:setProperty name="tmpitem" property="sku" value="${prod.
```

```jsp
                            sku}"/>
                <jsp:setProperty name="tmpitem" property="desc" value="${prod.
                    name}"/>
                <jsp:setProperty name="tmpitem" property="price" value="${prod.
                    price}"/>
                 </jsp:useBean>
            ${wxshop:addList(lineitems, tmpitem)}
          </c:if>
        </c:when>
      </c:choose>
<c:set var="total" value="0"/>
<table width="640">
    <tr><td class="mainHead">PFC JSTL Web Store</td></tr>
<tr>
<td>
<h1></h1>
<table border="1" width="640">
<tr><th colspan="5" class="shopCart">Your Shopping Cart</th></tr>
<tr><th align="left">Quantity</th><th align="left">Item</th><th align=
"right">Price</th>
<th align="right">Extended</th>
<th align="left">Add</th></tr>
<c:forEach var="curItem" items="${lineitems}">
<c:set var="extended" value="${curItem.quantity * curItem.price}"/>
<c:set var="total" value="${total +extended}"/>
<tr>
   <td>${curItem.quantity}</td>
   <td>${curItem.desc}</td>
   <td align="right">
     <fmt:formatNumber value="${curItem.price / 100}" type="currency"/>
   </td>
   <td align="right">
     <fmt:formatNumber value="${extended / 100}" type="currency"/>
   </td>
   <td>
<c:url value="${EXAMPLE}${CART_PAGE}" var="localURL">
   <c:param name="action" value="inc"/>
   <c:param name="sku" value="${curItem.sku}"/>
</c:url>
<a href="${localURL}"><b>Add 1</b></a>
   </td>
</tr>
</c:forEach>
<tr>
```

```
        <td colspan="5"> 
        </td>
       </tr>
       <tr>
        <td colspan="3" align="right"><b>Total:</b></td>
        <td align="right" class="grandTotal">
         <fmt:formatNumber value="${total / 100}" type="currency"/>
        </td>
        <td> </td>
       </tr>
       <tr>
        <td colspan="5">
         <c:url value="${EXAMPLE}${CART_PAGE}" var="localURL">
           <c:param name="action" value="clear"/>
         </c:url>
         <a href="${localURL}">Clear the cart</a>
        </td>
       </tr>
       <tr>
        <td colspan="5">
         <c:url value="${EXAMPLE}${SHOP_PAGE}" var="localURL"/>
         <a href="${localURL}">Return to Shopping</a>
        </td>
       </tr>
      </table>
     </td></tr>
    </table>
  </body>
</html>
```

第 10 章　使用 MVC 创建 Web 应用

MVC(模型-视图-控制器)是指把业务逻辑从 Servlet 中抽出来,把它放在一个模型中,所谓模型就是一个可重用的普通 Java 类。模型是业务数据(如购物车的状态)和方法(处理该数据的规则)的组合。

10.1　MVC 中的几个概念

1. 模型(Java 类)

实际的业务逻辑和状态放在模型中,即模型知道用什么规则来得到和更新状态。
购物车的内容和处理购物车内容的规则就属于 MVC 中的模型。

2. 视图(JSP)

视图负责表示。它从控制器得到模型的状态(不是直接得到,控制器会把模型数据放在视图能找到的地方)。另外,视图还要获得用户输入,交给控制器。

3. 控制器(Servlet)

从请求处获得用户输入,并明确这些输入对模型有什么影响。
告诉模型自行更新,并且让视图能得到新的模型状态。

10.2　使用 MVC 创建 Web 应用的实例

【例 10-1】 Web 应用实例 1。
(1) 第一个表单页面的 book.html:

```
<html>
<body>
<h3>book selection page</h3>
<form method="post" action="selectbook.do">
select book series<p>
book:
<select name="book" size="1">
<option>java
<option>.net
</select>
<br>
<br>
```

```
<input type="submit">
</form>
</body>
</html>
```

(2) 模型 Book.java：

```java
package com;
import java.util.ArrayList;
import java.util.List;
public class Book {
public List getBooks(String book)
{
    List books=new ArrayList();
    if(book.equals("java"))
    {books.add("jsp");
     books.add("Struts");
    }
    else
    {books.add("asp.net");
     books.add("C#");
    }
    return (books);
}
}
```

(3) 控制器 BookSelect.java 代码：

```java
import java.io.IOException;
import java.io.PrintWriter;
import java.util.List;
import javax.servlet.RequestDispatcher;
import javax.servlet.ServletException;
import javax.servlet.http.HttpServlet;
import javax.servlet.http.HttpServletRequest;
import javax.servlet.http.HttpServletResponse;
import com.Book;
public class BookSelect extends HttpServlet {
    public void doPost(HttpServletRequest request, HttpServletResponse response)
            throws ServletException, IOException {
        String book=request.getParameter("book");
        Book booka=new Book();
        List result=booka.getBooks(book);
        request.setAttribute("books", result);
        RequestDispatcher view=request.getRequestDispatcher("result.jsp");
```

```
        view.forward(request,response);
    }
}
```

(4) result.jsp：

```
<%@page language="java" import="java.util.*" %>
<html>
<body>
<h3>book recommendations :
<%List books=(List)request.getAttribute("books");
Iterator it=books.iterator();
while(it.hasNext())
{
out.print("<br>"+it.next());
}
%>
</h3>
</body>
</html>
```

在地址栏中输入 http：//localhost：8080/jsp10/book.html，运行结果如图 10.1 所示。

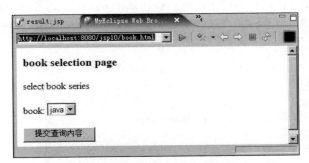

图 10.1　book.html 的运行结果

在图 10.1 中单击"提交查询内容"按钮，运行结果如图 10.2 所示。

图 10.2　result.jsp 的运行结果

【例 10-2】　Web 应用实例 2。

(1) 建立 MySql 数据库 login，创建表 T_UserInfo，结构如图 10.3 所示。

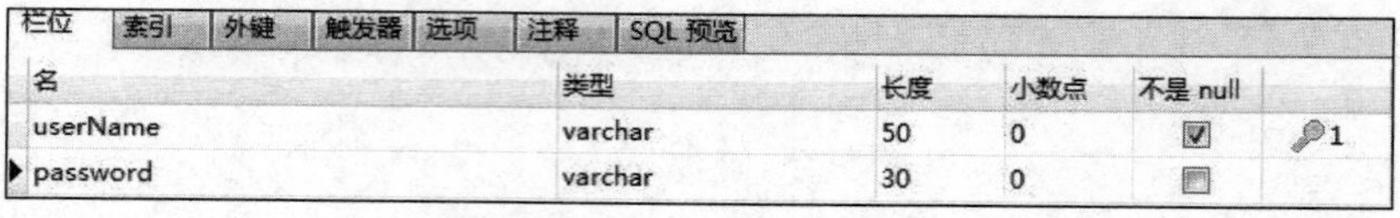

栏位 | 索引 | 外键 | 触发器 | 选项 | 注释 | SQL 预览

名	类型	长度	小数点	不是 null	
userName	varchar	50	0	☑	1
password	varchar	30	0	☐	

图 10.3　表 T_UserInfo 的结构

(2) 构建视图组件。有 3 个视图组件，分别是登录页面 login.jsp、主页面 main.jsp 和注册页面 register.jsp。当用户在登录页面 login.jsp 上输入用户名和密码并提交后，系统将检查该用户是否已经注册，如果已注册，则进入主页面 main.jsp，否则进入注册页面 register.jsp。

当用户单击“登录”按钮后，把请求传给一个叫作 loginServlet 的 Servlet，以做进一步处理。

login.jsp：

```
<%@page contentType="text/html; charset=gb2312" %>
<html>
<head>
<title>登录页面</title>
</head>
<body>
<form method="post" action="loginservlet" >
 用户名:<input type="text" name="username" size="15"><br><br>
 密    码:  <input type="password" name="password" size="15"><br><br>
<input type="submit" name="submit" value="登录"><br>
</form>
</body>
</html>
```

当用户登录成功，转入 main.jsp。main.jsp：

```
<%@page contentType="text/html; charset=GB2312" %>
<html>
<head>
<title>
主页面
</title>
</head>
<body bgcolor="#ffffff">
<h1>
<%=session.getAttribute("username")%>,你成功登录,现已进入主页面!
</h1>
</body>
</html>
```

当用户登录失败，则转入 register.jsp，请注册用户信息。register.jsp：

```jsp
<%@page contentType="text/html; charset=GB2312" %>
<html>
<head>
<title>
注册页面
</title>
</head>
<body bgcolor="#ffffff">
<h1>
<%=session.getAttribute("username")%>,你未能成功登录,现进入注册页面,请注册你
的信息!
</h1>
</body>
</html>
```

(3) 构建控制组件。控制组件是一个 Servlet,叫作 loginServlet,代码如下:

```java
package login;
/* 控制组件 */
import javax.servlet.*;
import javax.servlet.http.*;
import java.io.*;
import java.util.*;
public class loginServlet extends HttpServlet {
    private static final String CONTENT_TYPE = "text/html; charset=GB2312";
    //初始化 Servlet
    public void init() throws ServletException {
    }
    //处理 HTTP POST 请求
     public void doPost (HttpServletRequest request, HttpServletResponse
response) throws ServletException, IOException {
        //从请求中取出用户名和密码的值
        String username = request.getParameter("username");
        String password = request.getParameter("password");
        //生成一个 ArrayList 对象,并把用户名和密码的值存入该对象中
        ArrayList arr = new ArrayList();
        arr.add(username);
        arr.add(password);
        //生成一个 Session 对象
        HttpSession session = request.getSession(true);
        session.removeAttribute("username");
        session.setAttribute("username",username);
        //调用模型组件 loginHandler,检查该用户是否已注册
        loginHandler login = new loginHandler();
        boolean mark = login.checkLogin(arr);
```

```java
    //如果已注册,进入主页面
    if(mark) response.sendRedirect("main.jsp");
    //如果未注册,进入注册页面
    else   response.sendRedirect("register.jsp");
  }
  //处理 HTTP GET 请求
  public void doGet(HttpServletRequest request, HttpServletResponse response)
      throws ServletException, IOException {
      doPost(request,response);
    }
  //销毁 Servlet
  public void destroy() {
  }
}
```

注意修改 web.xml 文件:

```xml
<?xml version="1.0" encoding="UTF-8"?>
<web-app version="2.4"
   xmlns="http://java.sun.com/xml/ns/j2ee"
   xmlns:xsi="http://www.w3.org/2001/XMLSchema-instance"
   xsi:schemaLocation="http://java.sun.com/xml/ns/j2ee
   http://java.sun.com/xml/ns/j2ee/web-app_2_4.xsd">
  <servlet>
    <servlet-name>loginServlet</servlet-name>
    <servlet-class>login.loginServlet</servlet-class>
  </servlet>
  <servlet-mapping>
    <servlet-name>loginServlet</servlet-name>
    <url-pattern>/loginservlet</url-pattern>
  </servlet-mapping>
</web-app>
```

(4) 构建模型组件。模型组件是 loginHandler,它先从数据访问组件 dbPool 处取得数据库连接,然后检查数据库中是否已有该用户记录,即检查该用户是否已注册。如果已注册,返回 true,否则返回 false。

loginHandler.java:

```java
package login;
/* 模型组件 */
import java.sql.*;
import java.util.*;
public class loginHandler {
  public loginHandler() {
  }
```

```java
    Connection conn;
    PreparedStatement ps;
    ResultSet rs;
//检查是否已注册
    public boolean checkLogin(ArrayList arr)
    {
        //从数据访问组件dbPool中取得连接
        conn=dbPool.getConnection();
        String name=(String)arr.get(0);
        String password=(String)arr.get(1);
        try {
            String sql="select * from T_UserInfo where username=? and password=?";
            ps=conn.prepareStatement(sql);
            ps.setString(1,name);
            ps.setString(2,password);
            rs=ps.executeQuery();
            if(rs.next())
            {
                //释放资源
                dbPool.dbClose(conn,ps,rs);
                return true;
            }
            else {
                dbPool.dbClose(conn,ps,rs);
                return false;
            }
        } catch (SQLException e) {return false;}
    }
}
```

(5) 构建数据访问组件。数据访问组件是 dbPool，它从一个属性文件 db.properties（部署在 src 目录下）处获得数据库驱动程序名、URL、用户名和密码，然后利用这些信息连接数据库。

dbPool.java：

```java
package login;
/* 数据访问组件 */
import java.io.*;
import java.util.*;
import java.sql.*;
public class dbPool{
    private static dbPool instance=null;
    //取得连接
    public static synchronized Connection getConnection() {
```

```java
            if (instance ==null){
                instance =new dbPool();
            }
            return instance._getConnection();
        }
        private dbPool(){
            super();
        }
        private  Connection _getConnection(){
            try{
                String sDBDriver   =null;
                String sConnection    =null;
                String sUser =null;
                String sPassword =null;
                Properties p =new Properties();
                InputStream is =getClass().getResourceAsStream("/db.properties");
                p.load(is);
                sDBDriver =p.getProperty("DBDriver",sDBDriver);
                sConnection =p.getProperty("Connection",sConnection);
                sUser =p.getProperty("User","root");
                sPassword =p.getProperty("Password","root");
                Properties pr =new Properties();
                pr.put("user",sUser);
                pr.put("password",sPassword);
                pr.put("characterEncoding", "GB2312");
                pr.put("useUnicode", "TRUE");
                Class.forName(sDBDriver);
                return DriverManager.getConnection(sConnection,pr);
            }
            catch(Exception se){
                System.out.println(se);
                return null;
            }
        }
    }
    //释放资源
    public static void dbClose(Connection conn,PreparedStatement ps,ResultSet rs)
    throws SQLException
    {
        rs.close();
        ps.close();
        conn.close();
    }
}
```

db. properties：

```
DBDriver=com.mysql.jdbc.Driver
Connection=jdbc:mysql://localhost:3306/login
User=root
Password=root
```

运行结果如图 10.4 所示。

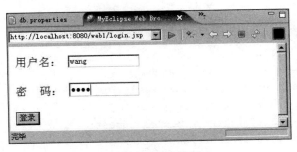

图 10.4 登录界面

在图 10.4 的"用户名"文本框中输入"wang",在"密码"文本框中输入"1234",单击"登录"按钮,运行结果如图 10.5 所示。

图 10.5 登录成功显示界面

在图 10.4 的"用户名"文本框中输入"wang",在"密码"文本框中输入"12",单击"登录"按钮,运行结果如图 10.6 所示。

图 10.6 登录未成功显示界面

10.3 实验与训练指导

1. MVC 中的 M、V 和 C 分别用（　　）表示。
  A．JSP、Servlet、JavaBean   B．HTML、JavaBean、JSP
  C．Javabean、JSP、Servlet   D．Servlet、HTML、JSP
2. 下列关于 MVC 的说法中,不正确的是（　　）。
  A．M 表示 Model 层,是存储数据的地方

B. View 表示视图层,负责向用户显示外观
C. Controller 是控制层,负责控制流程
D. 在 MVC 架构中,JSP 通常做控制层

3. 创建一个 MVC 应用(说明:本题没有利用数据库,只是加深对 MVC 的理解)。
(1) 控制器。SimpleController.java:

```java
package com.wrox.begjsp.ch17.mvc;
import java.io.IOException;
import java.util.List;
import javax.servlet.RequestDispatcher;
import javax.servlet.ServletException;
import javax.servlet.http.HttpServlet;
import javax.servlet.http.HttpServletRequest;
import javax.servlet.http.HttpServletResponse;
public class SimpleController extends HttpServlet
{
    protected void doPost(HttpServletRequest request,
        HttpServletResponse response) throws ServletException, IOException
    {
        String action =request.getParameter("action");
        String jspPage ="/index.jsp";
        if ((action ==null) || (action.length() <1))
        {
            action ="default";
        }
        if ("default".equals(action))
        {
            jspPage ="/index.jsp";
        }
        else if ("displaylist".equals(action))
        {
            CustomerManager manager =new CustomerManager();
            List customers =manager.getCustomers();
            request.setAttribute("customers", customers);
            jspPage ="/displayList.jsp";
        }
        else if ("displaycustomer".equals(action))
        {
            String id =request.getParameter("id");
            CustomerManager manager =new CustomerManager();
            Customer customer =manager.getCustomer(id);
            request.setAttribute("customer", customer);
            jspPage ="/displayCustomer.jsp";
        }
```

```java
        else if ("editcustomer".equals(action))
        {
            String id =request.getParameter("id");
            CustomerManager manager =new CustomerManager();
            Customer customer =manager.getCustomer(id);
            request.setAttribute("customer", customer);
            jspPage ="/editCustomer.jsp";
        }
        else if ("editcustomerexe".equals(action))
        {
            String id =request.getParameter("id");
            CustomerManager manager =new CustomerManager();
            Customer customer =manager.getCustomer(id);
            String a1=request.getParameter("firstname");
            String a2=request.getParameter("lastname");
            String a3=request.getParameter("address");
            customer.setFirstName(a1);
            customer.setLastName(a2);
            customer.setAddress(a3);
            request.setAttribute("customer", customer);
            jspPage ="/displayCustomer.jsp";
        }
        dispatch(jspPage, request, response);
    }
    protected void dispatch(String jsp, HttpServletRequest request,
        HttpServletResponse response) throws ServletException, IOException
    {
        if (jsp !=null)
        {
            RequestDispatcher rd =request.getRequestDispatcher(jsp);
            rd.forward(request, response);
        }
    }
    protected void doGet(HttpServletRequest request,
        HttpServletResponse response) throws ServletException, IOException
    {
        doPost(request, response);
    }
}
```

(2) 模型。

Customer.java：

```
package com.wrox.begjsp.ch17.mvc;
public class Customer
```

```java
{
    private String _id;
    private String _firstName;
    private String _lastName;
    private String _address;
    public Customer(String id, String firstName, String lastName, String address)
    {
        _id = id;
        _firstName = firstName;
        _lastName = lastName;
        _address = address;
    }
    public String getAddress()
    {
        return _address;
    }
    public void setAddress(String address)
    {
        _address = address;
    }
    public String getFirstName()
    {
        return _firstName;
    }
    public void setFirstName(String firstName)
    {
        _firstName = firstName;
    }
    public String getLastName()
    {
        return _lastName;
    }
    public void setLastName(String lastName)
    {
        _lastName = lastName;
    }
    public String getId()
    {
        return _id;
    }

    public void set_id(String id)
    {
        _id = id;
```

        }
    }

CustomerManager.java：

```java
package com.wrox.begjsp.ch17.mvc;
import java.util.ArrayList;
import java.util.List;
public class CustomerManager
{
    public List getCustomers()
    {
        return generateCustomers();
    }
    private List generateCustomers()
    {
        List rv =new ArrayList();
        for (int i =0; i <10; i++)
        {
            rv.add(getCustomer(String.valueOf(i)));
        }
        return rv;
    }
    public Customer getCustomer(String id)
    {
        return new Customer(id, id +"First", "Last" +id,
            "123 Caroline Road Fooville");
    }
}
```

(3) 视图。

index.jsp：

```jsp
<a href="controller?action=displaylist" target="_self">
View List of Customers
</a>
```

displayList.jsp：

```jsp
<%@taglib prefix="c" uri="http://java.sun.com/jsp/jstl/core" %>
<html>
<head>
    <title>Display Customer List</title>
</head>
<body>
<table cellspacing="3" cellpadding="3" border="1" width="500">
<tr>
```

```
            <td colspan="4"><b>Customer List</b></td>
    </tr>
    <tr>
        <td><b>Id</b></td>
        <td><b>First Name</b></td>
        <td><b>Last Name</b></td>
        <td><b>Address</b></td>
    </tr>
    <c:forEach var="customer" items="${requestScope.customers}">
    <tr>
        <td>
            <a href="controller?action=displaycustomer&id=${customer.id}">
                ${customer.id}
            </a>
        </td>
        <td>${customer.firstName}</td>
        <td>${customer.lastName}</td>
        <td>${customer.address}</td>
    </tr>
    </c:forEach>
    </table>
    </body>
    </html>
```

displayCustomer.jsp：

```
<%@taglib prefix="c" uri="http://java.sun.com/jsp/jstl/core" %>
<c:set var="customer" value="${requestScope.customer}"/>
<html>
<head>
    <title>Display Customer</title>
</head>
<body>

<table cellspacing="3" cellpadding="3" border="1" width="60%">
<tr>
    <td colspan="2"><b>Customer:</b>
     ${customer.firstName}${customer.lastName}
    </td>
</tr>
<tr>
    <td><b>Id</b></td>
    <td>${customer.id}</td>
</tr>
<tr>
```

```
        <td><b>First Name</b></td>
        <td>${customer.firstName}</td>
</tr>
<tr>
        <td><b>Last Name</b></td>
        <td>${customer.lastName}</td>
</tr>
<tr>
        <td><b>Address</b></td>
        <td>${customer.address}"</td>
</tr>
<tr>
        <td colspan="2">
            <a href="controller?action=editcustomer&id=${customer.id}">
            Edit This Customer
            </a>
        </td>
</tr>
</table>
</body>
</html>
```

editCustomer.jsp:

```
<%@taglib prefix="c" uri="http://java.sun.com/jsp/jstl/core" %>
<c:set var="customer" value="${requestScope.customer}"/>
<html>
<head>
    <title>Edit Customer</title>
</head>
<body>
<form method="post" action="controller?action=editcustomerexe">
<table cellspacing="3" cellpadding="3" border="1" width="60%">
<input type="hidden" name="id" value="${customer.id}">
<tr>
    <td><b>First Name:</b></td>
  <td><input type="text" name="firstname" value="${customer.firstName}"></td>
</tr>
<tr>
    <td><b>Last Name:</b></td>
  <td><input type="text" name="lastname" value="${customer.lastName}"></td>
</tr>
<tr>
    <td><b>Address:</b></td>
  < td > < input type = " text " size = " 50 " name = " address " value = " ${customer.
  address}"></td>
```

```
        </tr>
        <tr>
            <td colspan="2"><input type="submit" value="edit customer"></td>
        </tr>
        <tr><td colspan="2"><a href="controller?action=displaylist&id=${customer.id}">
            Return customer list
                </a></td><tr>
        </table>
        </form>
        </body>
        </html>
```

运行结果如图 10.7 所示。

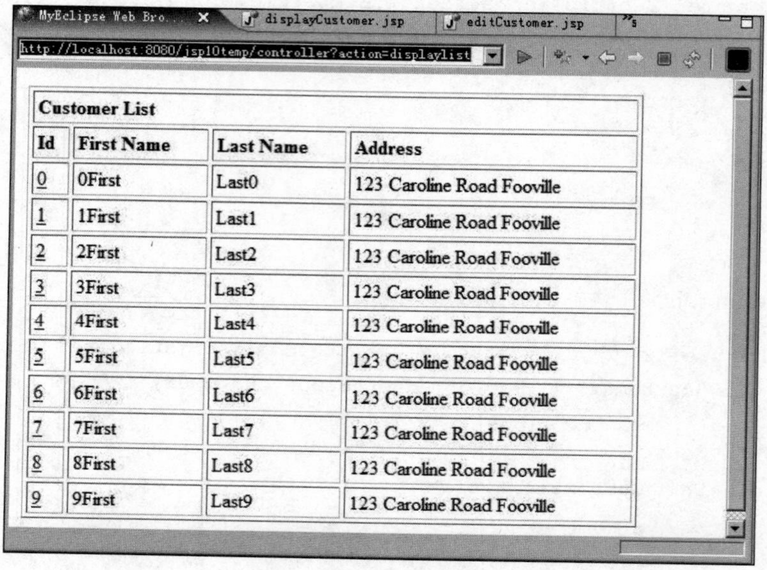

图 10.7 客户信息窗口(一)

在图 10.7 中单击 Id 列的"0"超链接后，运行结果如图 10.8 所示。

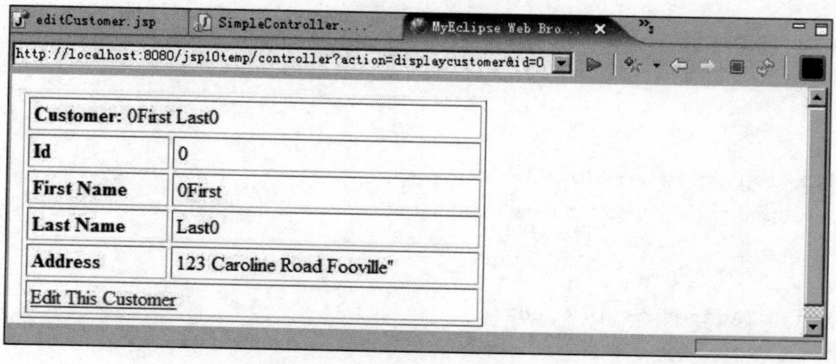

图 10.8 客户信息窗口(二)

在图 10.8 中单击 Edit This Customer 超链接后，运行结果如图 10.9 所示。

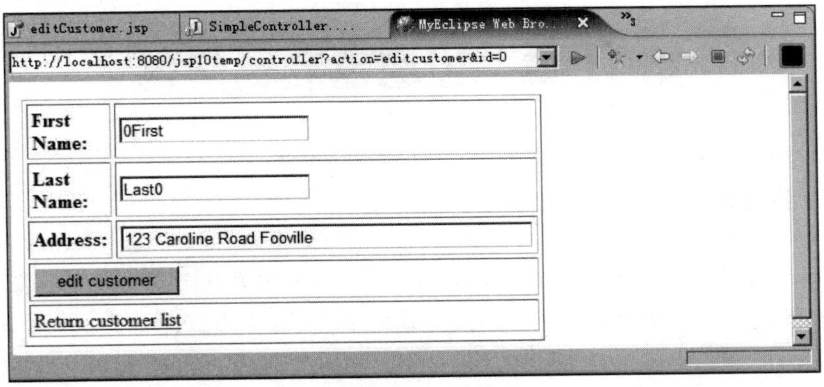

图 10.9　客户信息窗口（三）

将 LastName 修改为 Last00 后，单击 edit customer 按钮，运行结果如图 10.10 所示。

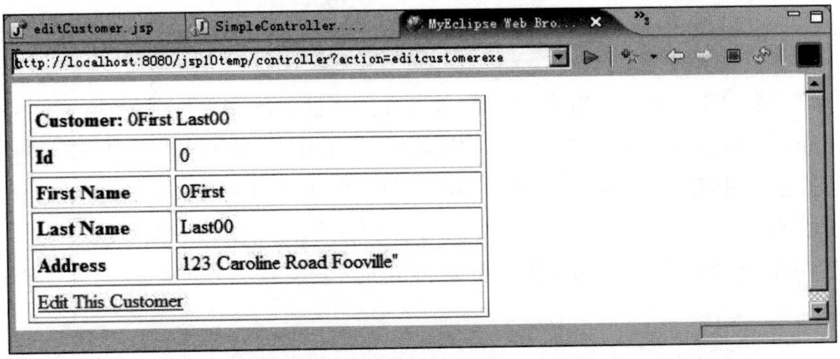

图 10.10　客户信息窗口（四）

在图 10.10 中单击 Edit This Customer 超链接后，运行结果如图 10.9 所示。在图 10.9 中单击 Return customer list 超链接后，运行结果如图 10.7 所示。

第11章 过滤器和监听器

11.1 过滤器

与 Servlet 类似,过滤器(Filter)就是 Java 组件,请求发送到 Servlet 之前,可以用过滤器截获和处理请求。另外,Servlet 结束工作之后,在响应发回给客户之前,可以用过滤器处理响应。

Web 应用中的过滤器截取从客户端进来的请求,并做出处理的答复。过滤器可以说是外部进入网站的第一道关卡,在这个关卡里,可以验证客户是否来自可信的网络、对客户提交的数据进行重新编码、从系统里获得配置的信息、过滤掉客户的某些不应出现的词汇、验证客户是否已经登录、验证客户端的浏览器是否支持当前的应用、记录系统的日志等。

可以为一个 Web 应用组件部署多个过滤器,这些过滤器组成一个过滤链(FilterChain),每个过滤器只执行某个特定的操作或检查,这样请求在到达被访问目标之前,需要经过这个过滤链,如果由于安全问题不能访问目标资源,那么过滤器就可以把客户端的请求拦截。

过滤器在服务器启动时创建,在服务器停止时销毁。

1. 开发 Filter

要开发一个 Filter,必须直接或间接实现 Filter 接口。Filter 接口定义以下方法:
(1) init(FilterConfig filterConfig),用于获得 FilterConfig 对象。
(2) doFilter(ServletRequest request, ServletResponse response, FilterChain filterChain),进行过滤处理。
(3) destroy(),销毁该 Filter。

2. 配置 Filter

过滤器与 Servlet 一样,也要在 web.xml 文件中配置,首先声明 Filter,然后使用 Filter。<filter-mapping>中,<url-pattern>或<servlet-name>这两者中必须有一个。
Servlet 过滤器定义语法如下:

```
<filter>
    <filter-name>characterfilter</filter-name>
    <filter-class>com.CharacterFilter</filter-class>
</filter>
<filter-mapping>
```

```
    <filter-name>characterfilter</filter-name>
    <url-pattern>/filename.jsp</url-pattern>
    <!--映射到 JSP 文件 -->
    <url-pattern>/servletname</url-pattern>
    <!--映射到 Servlet 文件 -->
    <url-pattern>/*</url-pattern>
    <!--映射到任意 URL -->
    <servlet-name>哪个 Servlet 要使用这个过滤器</servlet-name>
</filter-mapping>
```

【例 11-1】 验证用户身份,项目名为 servletfilter。

该文件判断 session 中是否存在用户对象,如对象为空则表示用户没有登录过,这时可以向输出流中输出错误信息,并中断过滤器,使服务器不能得到用户请求,从而用户也得不到服务器传回的页面;如用户不为空则表示用户登录过,这时只需简单执行过滤器即可。

showInformation.jsp：

```
<%@page contentType="text/html; charset=gb2312" %>
<html>
<head>
<meta http-equiv="Content-Type" content="text/html; charset=gb2312">
<title>使用过滤器身份验证</title>
</head>
<link href="../css/style.css" rel="stylesheet" type="text/css">
<body><div align="center">
<table width="333" height="285" cellpadding="0" cellspacing="0" background="../image/background.jpg">
  <tr>
    <td align="center">
      <p>您成功登录</p>
      <p><br>
        <a href="back.jsp">返回</a>
      </p></td>
  </tr>
</table>
</div>
</body>
</html>
```

back.jsp：

```
<%
session.invalidate();
out.print("<script language='javascript'>window.location.href='../index.jsp';</script>");
```

%>

index.jsp：

```jsp
<%@page contentType="text/html; charset=gb2312" language="java" %>
<html>
<head>
<meta http-equiv="Content-Type" content="text/html; charset=gb2312">
<link href="css/style.css" rel="stylesheet" type="text/css">
<script language="javascript" type="">
function checkEmpty(){
if(document.form.name.value==""){
alert("请输入账号！！！")
document.form.name.focus();
return false;
}
if(document.form.password.value==""){
alert("请输入密码！！！")
document.form.password.focus();
return false;
}
}
</script>
<title>使用过滤器身份验证</title>
</head>
<body><div align="center">
<table width="333" height="285" cellpadding="0" cellspacing="0" background="image/background.jpg">
  <tr>
    <td align="center"><br>
    <form name="form" method="post" action="result.jsp" onSubmit="return checkEmpty()">
<table width="220"  border="0" align="center">
  <tr>
    <td width="59" height="25">用户名:</td>
    <td width="151" ><input name="name" type="text"></td>
  </tr>
  <tr>
    <td height="25">密   码:</td>
    <td><input name="password" type="password"></td>
  </tr>
</table><br>
<input type="submit" name="Submit" value="登录">
</form>
</td>
```

```
    </tr>
</table>
</div>
</body>
</html>
```

result.jsp：

```
<%@page contentType="text/html; charset=gb2312" %>
<%@page   import="com.UserInfo"%>
<html>
<head>
<meta http-equiv="Content-Type" content="text/html; charset=gb2312">
<title>使用过滤器身份验证</title>
</head>
<%
request.setCharacterEncoding("gb2312");
String name=request.getParameter("name");
String password=request.getParameter("password");
  UserInfo user=new UserInfo();
  user.setName(name);
  user.setPassword(password);
  session.setAttribute("user",user);
response.sendRedirect("jsp/showInformation.jsp");
%>
<body>
</body>
</html>
```

FilterStation.java：

```java
package com;
import javax.servlet.*;
import javax.servlet.http.*;
import java.io.*;
public class FilterStation extends HttpServlet implements Filter {
    private FilterConfig filterConfig;
    public void init(FilterConfig filterConfig) throws ServletException {
        this.filterConfig =filterConfig;
    }
    public void doFilter (ServletRequest request, ServletResponse response,
FilterChain filterChain) throws ServletException,        IOException {
    HttpSession session=((HttpServletRequest)request).getSession();
        response.setCharacterEncoding("gb2312");
      if(session.getAttribute("user")==null){
      PrintWriter out=response.getWriter();
```

```
            out.print("<script language=javascript>alert('您还没有登录!!!');
            window.location.href='../index.jsp';</script>");
        }else{
            filterChain.doFilter(request, response);
        }
    }
    public void destroy() {
    }
}
```

UserInfo.java：

```
package com;
public class UserInfo {
    private String name;
    private String password;
    public String getName() {
        return name;
    }
    public String getPassword() {
        return password;
    }
    public void setName(String name) {
        this.name =name;
    }
    public void setPassword(String password) {
        this.password =password;
    }
}
```

Web 项目的目录结构如图 11.1 所示。

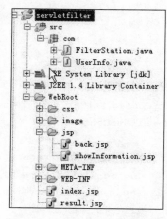

图 11.1　Web 项目的目录结构

web.xml 文件：

```xml
<?xml version="1.0" encoding="UTF-8"?>
<web-app version="2.4"
    xmlns="http://java.sun.com/xml/ns/j2ee"
    xmlns:xsi="http://www.w3.org/2001/XMLSchema-instance"
    xsi:schemaLocation="http://java.sun.com/xml/ns/j2ee
    http://java.sun.com/xml/ns/j2ee/web-app_2_4.xsd">
<filter>
    <filter-name>filterstation</filter-name>
    <filter-class>com.FilterStation</filter-class>
  </filter>
  <filter-mapping>
    <filter-name>filterstation</filter-name>
    <url-pattern>/jsp/*</url-pattern>
  </filter-mapping>
  <servlet>
    <servlet-name>FilterStation</servlet-name>
    <servlet-class>com.FilterStation</servlet-class>
  </servlet>
  <servlet-mapping>
    <servlet-name>FilterStation</servlet-name>
    <url-pattern>/servlet/FilterStation</url-pattern>
  </servlet-mapping>
</web-app>
```

注意以下代码：

```xml
<filter-mapping>
  <filter-name>filterstation</filter-name>
  <url-pattern>/jsp/*</url-pattern>
</filter-mapping>
```

可见，jsp 目录下所有文件都要执行过滤器 FilterStation，由此就可理解过滤器 FilterStation 的工作过程，其中包括 showInformation.jsp 和 back.jsp，而 result.jsp 和 index.jsp 都不执行过滤器 FilterStation。

在浏览器地址栏中输入 http://localhost:8080/servletfilter/jsp/ShowInformation.jsp，运行结果如图 11.2 所示。

图 11.2　showInformation.jsp 的运行结果

单击图 11.2 所示对话框中的"确定"按钮后,运行结果如图 11.3 所示。

图 11.3　登录界面

在图 11.3 的"用户名"和"密码"文本框中分别输入"PFC"和"pfc",单击"登录"按钮,运行结果如图 11.4 所示。

图 11.4　登录成功界面

单击图 11.4 中的"返回"按钮,运行结果如图 11.3 所示。

【例 11-2】　利用过滤器处理中文乱码,项目 testcode。(第 3 章例 3-2 和例 3-3 讲述过处理中文乱码问题。)

Get 请求:

new String(request.getParameter("schoolname").getBytes("ISO8859-1"),"UTF-8");

post 请求:

request.setCharacterEncoding("UTF-8");

本例使用过滤器处理中文乱码。

index.jsp：

```jsp
<%@page language="java" import="java.util.*" pageEncoding="UTF-8"%>
<%
    String path = request.getContextPath();
    String basePath = request.getScheme() +"://"
            +request.getServerName() +":" +request.getServerPort()
            +path +"/";
%>
<!DOCTYPE HTML PUBLIC "-//W3C//DTD HTML 4.01 Transitional//EN">
<html>
<head>
<base href="<%=basePath%>">
</head>
<body>
    <a href="AServlet?username=张三">点击这里</a>
    <form action="AServlet" method="post">
        <input type="text" name="username" value="李四">
        <input type="submit" value="确定">
    </form>
</body>
</html>
```

AServlet：

```java
package com.redsun.servlet;
import java.io.IOException;
import java.io.PrintWriter;
import javax.servlet.ServletException;
import javax.servlet.http.HttpServlet;
import javax.servlet.http.HttpServletRequest;
import javax.servlet.http.HttpServletResponse;
public class AServlet extends HttpServlet {
    public void doGet(HttpServletRequest request, HttpServletResponse response)
            throws ServletException, IOException {
        response.setContentType("text/html;charset=utf-8");
        String username=request.getParameter("username");
        PrintWriter out =response.getWriter();
        out.println(username);
    }
    public void doPost(HttpServletRequest request, HttpServletResponse response)
            throws ServletException, IOException {
        doGet(request, response);
    }
}
```

EncodeRequest：

```java
package com.redsun.servlet;
import java.io.UnsupportedEncodingException;
import javax.servlet.http.HttpServletRequest;
import javax.servlet.http.HttpServletRequestWrapper;
public class EncodeRequest extends HttpServletRequestWrapper {
HttpServletRequest request;
public EncodeRequest(HttpServletRequest request) {
    super(request);
    this.request=request;
}
@Override
public String getParameter(String arg0) {
    String username=this.request.getParameter(arg0);
    try {
        username=new String(username.getBytes("iso-8859-1"),"utf-8");
    } catch (UnsupportedEncodingException e) {
        e.printStackTrace();
    }
    return username;
}
}
```

EncodeFilter：

```java
package com.redsun.servlet;
import java.io.IOException;
import javax.servlet.Filter;
import javax.servlet.FilterChain;
import javax.servlet.FilterConfig;
import javax.servlet.ServletException;
import javax.servlet.ServletRequest;
import javax.servlet.ServletResponse;
import javax.servlet.http.HttpServletRequest;
public class EncodeFilter implements Filter {
    @Override
    public void destroy() {
    }
    @Override
    public void doFilter(ServletRequest req, ServletResponse resp,
            FilterChain chain) throws IOException, ServletException {
        HttpServletRequest request = (HttpServletRequest) req;
        request.setCharacterEncoding("UTF-8");//处理post请求
        String method = request.getMethod();
```

```java
            if ("GET".equals(method)) {
            // 处理 get 请求
            EncodeRequest er =new EncodeRequest(request);
            chain.doFilter(er, resp);
            } else if ("POST".equals(method)) {
                chain.doFilter(request, resp);
            }
        }
        @Override
        public void init(FilterConfig arg0) throws ServletException {
        }
}
```

web.xml：

```xml
<?xml version="1.0" encoding="UTF-8"?>
<web-app xmlns:xsi="http://www.w3.org/2001/XMLSchema-instance"
    xmlns="http://java.sun.com/xml/ns/javaee"
    xsi:schemaLocation="http://java.sun.com/xml/ns/javaee http://java.sun.com/xml/ns/javaee/web-app_3_0.xsd"
    id="WebApp_ID" version="3.0">
    <display-name>testcode</display-name>
    <servlet>
        <servlet-name>AServlet</servlet-name>
        <servlet-class>com.redsun.servlet.AServlet</servlet-class>
    </servlet>
    <servlet-mapping>
        <servlet-name>AServlet</servlet-name>
        <url-pattern>/AServlet</url-pattern>
    </servlet-mapping>
    <filter>
        <filter-name>EncodeFilter</filter-name>
        <filter-class>com.redsun.servlet.EncodeFilter</filter-class>
    </filter>
    <filter-mapping>
        <filter-name>EncodeFilter</filter-name>
        <url-pattern>/*</url-pattern>
    </filter-mapping>
    <welcome-file-list>
        <welcome-file>index.jsp</welcome-file>
    </welcome-file-list>
</web-app>
```

运行结果如图11.5所示。
单击"点击这里"超链接或"确定"按钮，都要执行过滤器显示中文，不会出现乱码。

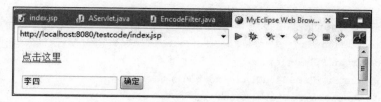

图 11.5　index.jsp 的运行结果

【例 11-3】　测试过滤器执行，项目 testfilter2。

AServlet：

```
package com.redsun.filter;
import java.io.IOException;
import java.io.PrintWriter;
import javax.servlet.ServletException;
import javax.servlet.http.HttpServlet;
import javax.servlet.http.HttpServletRequest;
import javax.servlet.http.HttpServletResponse;
public class AServlet extends HttpServlet {
    public void doGet(HttpServletRequest request, HttpServletResponse response)
            throws ServletException, IOException {
        doPost(request, response);
    }
    public void doPost(HttpServletRequest request, HttpServletResponse response)
            throws ServletException, IOException {
        System.out.println("AServlet");
    }
    public void init() throws ServletException {
        //Put your code here
    }
}
```

BServlet：

```
package com.redsun.filter;
import java.io.IOException;
import java.io.PrintWriter;
import javax.servlet.ServletException;
import javax.servlet.http.HttpServlet;
import javax.servlet.http.HttpServletRequest;
import javax.servlet.http.HttpServletResponse;
public class BServlet extends HttpServlet {
    public void doGet(HttpServletRequest request, HttpServletResponse response)
        throws ServletException, IOException {
        doPost(request, response);
```

```java
    }
    public void doPost(HttpServletRequest request, HttpServletResponse response)
            throws ServletException, IOException {
        System.out.println("BServlet");
        request.getRequestDispatcher("/AServlet").forward(request, response);
        //request.getRequestDispatcher("/AServlet").include(request, response);
    }
    public void init() throws ServletException {
    }
}
```

TestFilter：

```java
package com.redsun.filter;
import java.io.IOException;
import javax.servlet.Filter;
import javax.servlet.FilterChain;
import javax.servlet.FilterConfig;
import javax.servlet.ServletException;
import javax.servlet.ServletRequest;
import javax.servlet.ServletResponse;
public class TestFilter implements Filter {
    @Override
    public void destroy() {
    }
    @Override
    public void doFilter(ServletRequest arg0, ServletResponse arg1,
            FilterChain arg2) throws IOException, ServletException {
        System.out.println("TestFilter 拦截请求");
        //System.out.println("拦截请求");
        arg2.doFilter(arg0, arg1);//放行
        System.out.println("TestFilter 你回来了");
    }
    @Override
    public void init(FilterConfig arg0) throws ServletException {
    }
}
```

TestFilter2：

```java
package com.redsun.filter;
import java.io.IOException;
import javax.servlet.Filter;
import javax.servlet.FilterChain;
import javax.servlet.FilterConfig;
import javax.servlet.ServletException;
```

```java
import javax.servlet.ServletRequest;
import javax.servlet.ServletResponse;
public class TestFilter2 implements Filter {
    @Override
    public void destroy() {
    }
    @Override
    public void doFilter(ServletRequest arg0, ServletResponse arg1,
            FilterChain arg2) throws IOException, ServletException {
        System.out.println("TestFilter2拦截请求");
        //System.out.println("拦截请求");
        arg2.doFilter(arg0, arg1);//放行
        System.out.println("TestFilter2你回来了");
    }
    @Override
    public void init(FilterConfig arg0) throws ServletException {
    }
}
```

web.xml：

```xml
<?xml version="1.0" encoding="UTF-8"?>
<web-app xmlns:xsi="http://www.w3.org/2001/XMLSchema-instance"
    xmlns="http://java.sun.com/xml/ns/javaee"
    xsi:schemaLocation="http://java.sun.com/xml/ns/javaee http://java.sun.com/xml/ns/javaee/web-app_3_0.xsd"
    id="WebApp_ID" version="3.0">
    <display-name>testfilter2</display-name>
    <servlet>
        <servlet-name>AServlet</servlet-name>
        <servlet-class>com.redsun.filter.AServlet</servlet-class>
    </servlet>
 <servlet>
   <servlet-name>BServlet</servlet-name>
   <servlet-class>com.redsun.filter.BServlet</servlet-class>
 </servlet>
    <servlet-mapping>
        <servlet-name>AServlet</servlet-name>
        <url-pattern>/AServlet</url-pattern>
    </servlet-mapping>
<servlet-mapping>
   <servlet-name>BServlet</servlet-name>
   <url-pattern>/BServlet</url-pattern>
</servlet-mapping>
```

```xml
<filter>
    <filter-name>TestFilter</filter-name>
    <filter-class>com.redsun.filter.TestFilter</filter-class>
</filter>
<filter>
    <filter-name>TestFilter2</filter-name>
    <filter-class>com.redsun.filter.TestFilter2</filter-class>
</filter>
<filter-mapping>
    <filter-name>TestFilter</filter-name>
    <url-pattern>/AServlet</url-pattern>
</filter-mapping>
<filter-mapping>
    <filter-name>TestFilter2</filter-name>
    <url-pattern>/AServlet</url-pattern>
    <dispatcher>FORWARD</dispatcher>
    <!--<dispatcher>INCLUDE</dispatcher>-->
</filter-mapping>
</web-app>
```

运行结果如图 11.6 所示。

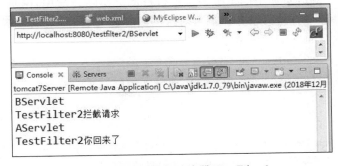

图 11.6　测试执行过滤器 TestFilter2

程序说明：

过滤器方法 doFilter()的执行过程如下。

```
public void doFilter(ServletRequest request, ServletResponse response,
        FilterChain chain) throws IOException, ServletException
{
    System.out.println("1");//先输出 1
    chain.doFilter(request, response);
    //放行,相当于调用目标 Servlet 的 service()方法,执行完后再执行 System.out.
    //println(2")输出 2
    System.out.println("2");
}
```

chain.doFilter()如有下一个过滤器,执行下一个过滤器,否则执行目标资源。

如果有多个 Filter,执行顺序由＜filter-mapping＞配置顺序决定。

过滤器有四种拦截方式:拦截请求 request(默认)、拦截转发 forward、拦截包含 include 和拦截错误 error。

配置如下:

```
<filter>
    <filter-name>过滤器名</filter-name>
    <filter-class>包名.过滤器类</filter-class>
</filter>
<filter-mapping>
    <filter-name>过滤器名</filter-name>
    <url-pattern>/*</url-pattern>
  <dispatcher>request</dispatcher>默认值,代表直接访问某个资源时执行 filter
<dispatcher>forward</dispatcher>转发时才执行 filter
<dispatcher>include</dispatcher>包含资源时执行 filter
<dispatcher>error</dispatcher>发生错误进行跳转时执行 filter
</filter-mapping>
```

如果什么配置都不写,则拦截 request。

【例 11-4】 对响应页面中的敏感字符进行过滤。实际开发中,网页中会包含一些服务器不想显示给用户的内容,服务器端要对这些内容进行过滤,本例以网页中"is"为敏感字符进行过滤,项目 servletfilter2。

index.jsp

```
<%@page contentType="text/html; charset=gb2312"  %>
<html>
<head>
<meta http-equiv="Content-Type" content="text/html; charset=gb2312">
<title>使用过滤器对响应页面中敏感字符进行过滤</title>
<style type="text/css">
<!--
body {
    background-color: #000099;
}
.style1 {
   color: #FFFFFF;
   font-weight: bold;
}
-->
</style>
</head>
<body><div align="center" class="style1">
```

使用过滤器对响应页面中敏感字符进行过滤\
\
this is a book!!!
\</div>
\</body>
\</html>

CharacterFilter.java

```java
package com;
import javax.servlet.*;
import javax.servlet.http.*;
import java.io.*;
public class CharacterFilter extends HttpServlet implements Filter {
    public void init(FilterConfig filterConfig) throws ServletException {
    }
    public void doFilter (ServletRequest request, ServletResponse response,
FilterChain filterChain) throws ServletException,IOException {
      response.setCharacterEncoding("gb2312");
        PrintWriter out =response.getWriter();
        CharacterResponse wrapper =new
        CharacterResponse((HttpServletResponse)response);
        filterChain.doFilter(request, wrapper);
      String resStr =wrapper.toString();
    String newStr ="";
      if (resStr.indexOf("is") >0) {
          newStr =resStr.replace("is", "* *");
      }
      out.println(newStr);
    }
}
```

CharacterResponse.java

```java
package com;
import javax.servlet.http.HttpServletResponseWrapper;
import java.io.CharArrayWriter;
import javax.servlet.http.HttpServletResponse;
import java.io.PrintWriter;
public class CharacterResponse extends HttpServletResponseWrapper {
    private CharArrayWriter output;
    public String toString() {
        return output.toString();
    }
    public CharacterResponse(HttpServletResponse response){
        super(response);
        this.output=new CharArrayWriter();
```

```
    }
    public PrintWriter getWriter(){
        return new PrintWriter(output);
    }
}
```

web.xml

```
<?xml version="1.0" encoding="UTF-8"?>
<web-app version="2.4"
    xmlns="http://java.sun.com/xml/ns/j2ee"
    xmlns:xsi="http://www.w3.org/2001/XMLSchema-instance"
    xsi:schemaLocation="http://java.sun.com/xml/ns/j2ee
    http://java.sun.com/xml/ns/j2ee/web-app_2_4.xsd">
 <servlet>
    <servlet-name>CharacterFilter</servlet-name>
    <servlet-class>CharacterFilter</servlet-class>
 </servlet>
 <servlet-mapping>
    <servlet-name>CharacterFilter</servlet-name>
    <url-pattern>/servlet/CharacterFilter</url-pattern>
 </servlet-mapping>
 <filter>
    <filter-name>characterfilter</filter-name>
    <filter-class>com.CharacterFilter</filter-class>
 </filter>
<!--<filter-mapping>
    <filter-name>characterfilter</filter-name>
    <url-pattern>/*</url-pattern>
 </filter-mapping>-->
</web-app>
```

未经过过滤器时,运行结果如图 11.7 所示。

图 11.7　未经过过滤器时的运行结果

经过过滤器时,运行结果如图 11.8 所示。
程序说明:
CharacterResponse 类派生自 HttpServletResponseWrapper,创建过滤器时,常要创

图 11.8 经过过滤器时的运行结果

建定制的请求或响应对象,SUN 创建了以下 4 个"便利"类,以便更容易地完成这个任务:ServletRequestWrapper、HttpServletRequestWrapper、ServletResponseWrapper、HttpServletResponseWrapper。

如果想创建定制的请求或响应对象,只需要派生某个便利"包装器"类。包装器类包装了实际的请求或响应对象,而且把调用传给实际对象,还允许对定制请求或响应做所需的额外处理。

11.2 监听器

监听器就是监听某个对象的状态变化的组件。

监听器的相关概念如下。

事件源:被监听的对象,三个域对象分别是 request、session、servletContext。

监听器:监听事件源对象,事件源对象的状态的变化都会触发监听器。

注册监听器:将监听器与事件源进行绑定。

响应行为:监听器监听到事件源的状态变化时所涉及的功能代码,需要程序员编写。

监听域对象的创建与销毁的监听器:ServletContextListener、HttpSessionListener 和 ServletRequestListener。

监听域对象的属性变化的监听器:ServletContextAttributeListener、HttpSessionAttributeListener 和 ServletRequestAttributeListener。

11.2.1 ServletContextListener

【例 11-5】 创建监听 ServletContext 域对象的创建与销毁的监听器,项目 TestListener。

创建监听器类 TestListener,实现 ServletContextListener 接口。

TestListener:

```
public class TestListener implements ServletContextListener {
    @Override
    public void contextDestroyed(ServletContextEvent arg0) {
        System.out.println("我走了");
    }
```

```java
    @Override
    public void contextInitialized(ServletContextEvent arg0) {
        System.out.println("我来了");
    }
}
```

在 web.xml 中注册监听器:

```xml
<?xml version="1.0" encoding="UTF-8"?>
<web-app xmlns:xsi="http://www.w3.org/2001/XMLSchema-instance"
xmlns="http://java.sun.com/xml/ns/javaee"
xsi:schemaLocation="http://java.sun.com/xml/ns/javaee
http://java.sun.com/xml/ns/javaee/web-app_3_0.xsd" id="WebApp_ID" version="3.0">
  <listener>
    <listener-class>com.redsun.TestListener</listener-class>
  </listener>
</web-app>
```

启动服务器,控制台显示"我来了";停止服务器,控制台显示"我走了"。

程序说明:

ServletContext:服务器启动创建,服务器关闭销毁。

ServletContextListener 监听器的主要作用:初始化的工作、初始化对象、初始化数据、如加载数据库驱动、连接池的初始化等。

public void contextInitialized(ServletContextEvent arg0){ }创建 ServletContext 时执行。

public void contextDestroyed(ServletContextEvent arg0){ }销毁 ServletContext 时执行。

【例 11-6】 创建监听属性变化的监听器,项目 TestListener。

TestListener2:

```java
package com.redsun;
import javax.servlet.ServletContextAttributeEvent;
import javax.servlet.ServletContextAttributeListener;
import javax.servlet.ServletContextEvent;
import javax.servlet.ServletContextListener;
public class TestListener2 implements ServletContextAttributeListener {
    @Override
    public void attributeAdded(ServletContextAttributeEvent arg0) {
        System.out.println("向 application 中添加一个名为"+arg0.getName()+",值为:"+arg0.getValue()+"的属性");
    }
    @Override
    public void attributeRemoved(ServletContextAttributeEvent arg0) {
        System.out.println(arg0.getName()+"属性被删除了");
```

```
    }
    @Override
    public void attributeReplaced(ServletContextAttributeEvent arg0) {
        System.out.println(arg0.getName()+"="+arg0.getValue());
        System.out.println("新值="+arg0.getServletContext().getAttribute(arg0.getName()));
    } }
```

在 web.xml 中注册监听器：

```
<listener>
    <listener-class>com.redsun.TestListener2</listener-class>
</listener>
```

index.jsp:
```
<%@page language="java" import="java.util.*" pageEncoding="ISO-8859-1"%>
<%@page language="java" import="java.util.*" pageEncoding="ISO-8859-1"%>
<%
    String path = request.getContextPath();
    String basePath = request.getScheme()+"://"
            +request.getServerName()+":"+request.getServerPort()
            +path+"/";
%>
<!DOCTYPE HTML PUBLIC "-//W3C//DTD HTML 4.01 Transitional//EN">
<html>
<head>
<base href="<%=basePath%>">
</head>
<body>
    <%
        application.setAttribute("name1","1");
    %>
    <br>
</body>
</html>
```

replace.jsp:
```
<body>
    <%
        application.setAttribute("name1","11");
    %>
</body>
```

remove.jsp:
```
<body>
    <%
        application.removeAttribute("name1");
    %>
```

```
</body>
```

运行 http://localhost:8080/testListener/index.jsp,在控制台输出"向 application 中添加一个名为 name1,值为 1 的属性"。

运行 http://localhost:8080/testListener/replace.jsp,在控制台输出"name1=1 新值=11"。

运行 http://localhost:8080/testListener/remove.jsp,在控制台输出"name1 属性被删除了"。

程序说明:

application.setAttribute("name1", "1")执行监听器的 attributeAdded()方法。

application.setAttribute("name1", "11") name1 的值被改变了,执行监听器的 attributeReplaced()方法。

application.removeAttribute("name1")执行监听器的 attributeRemoved()方法。

11.2.2 HttpSessionListener

监听器方法:

```
public class TestListener3 implements
HttpSessionListener,HttpSessionAttributeListener {
    @Override
    public void sessionCreated(HttpSessionEvent arg0) {
    }
    @Override
    public void sessionDestroyed(HttpSessionEvent arg0) {
    }
    @Override
    public void attributeAdded(HttpSessionBindingEvent arg0) {
    }
    @Override
    public void attributeRemoved(HttpSessionBindingEvent arg0) {
    }
    @Override
    public void attributeReplaced(HttpSessionBindingEvent arg0) {
    }
}
```

程序说明:

session:Servlet 如果调用 request.getSession(),就创建 session。如果执行 JSP 页面,就创建 session,因为 JSP 转成 Servlet 时,源代码中有 pageContext.getSession()。服务器关闭、手动销毁和 session 过期时销毁 session。

11.2.3 ServletRequestListener

监听器方法:

```java
public class TestListener4 implements ServletRequestListener,
        ServletRequestAttributeListener {
    @Override
    public void attributeAdded(ServletRequestAttributeEvent arg0) {
    }
    @Override
    public void attributeRemoved(ServletRequestAttributeEvent arg0) {
    }
    @Override
    public void attributeReplaced(ServletRequestAttributeEvent arg0) {
    }
    @Override
    public void requestDestroyed(ServletRequestEvent arg0) {
    }
    @Override
    public void requestInitialized(ServletRequestEvent arg0) {
    }
}
```

程序说明:

ServletRequest:每一次请求都会创建 request,但是请求静态资源不创建 request。请求结束时销毁。

11.3 实验与训练指导

1. 编写一个 Filter,需要（　　）。
   A. 继承 Filter 类　　　　　　　　　B. 实现 Filter 接口
   C. 继承 HttpFilter 类　　　　　　　D. 实现 HttpFilter 接口
2. 在 web.xml 中使用（　　）标签配置过滤器。
   A. <filter>和<filter-mapping>　　　B. <filter-name>和<filter-class>
   C. <filter>和<filter-class>　　　　D. <filter-pattern>和<filter>
3. 在编写过滤器时,需要完成的方法是（　　）。
   A. doFilter()　　B. doChain()　　C. doPost()　　D. doDelete()
4. 在一个 Filter 中,处理 filter 业务的是（　　）方法。
   A. dealFilter（ServletRequestrequest, ServletResponse response, FilterChain chain)
   B. dealFilter（ServletRequestrequest, ServletResponse response)

C. doFilter(ServletRequestrequest,ServletResponse response,FilterChain chain)

D. doFilter(ServletRequestrequest,ServletResponse response)

5. 写出对于每个请求路径,过滤器以何种顺序执行,假设Filter1~Filter5已经得到适当声明。

```
<filter-mapping>
    <filter-name>Filter1</filter-name>
    <url-pattern>/Recipes/*</url-pattern>
</filter-mapping>
<filter-mapping>
    <filter-name>Filter2</filter-name>
<servlet-name>/Recipes/HopsList.do </servlet-name>
</filter-mapping>
<filter-mapping>
    <filter-name>Filter3</filter-name>
    <url-pattern>/Recipes/Add/*</url-pattern>
</filter-mapping>
<filter-mapping>
    <filter-name>Filter4</filter-name>
<servlet-name>/Recipes/Modify/ModRecipes.do</servlet-name>
</filter-mapping>
<filter-mapping>
    <filter-name>Filter5</filter-name>
    <url-pattern>/*</url-pattern>
</filter-mapping>
```

对于每个请求路径,过滤器的执行顺序如表11.1所示。

表11.1 过滤器对每个请求路径的执行顺序

请 求 路 径	执 行 顺 序
/Recipes/HopsReport.do	Filter1、Filter5
/Recipes/HopsList.do	Filter1、Filter5、Filter2
/Recipes/Modify/ModRecipes.do	Filter1、Filter5、Filter4
/HopsList.do	Filter5
/Recipes/Add/AddRecipes.do	Filter1、Filter3、Filter5

第12章 云 部 署

项目开发完毕,本地运行成功。需要将本地项目部署到云服务器 ECS,将本地数据库部署到云数据库 RDS,调整程序代码,实现云服务器调用云数据库,完成项目的云上部署。

12.1 购买云服务器 ECS 和云数据库 RDS

登录阿里云网站 www.aliyun.com,注册阿里云账号,也可以用支付宝账号登录。登录后购买云服务器 ECS 和云数据库 RDS。

ECS 操作系统可以是 Windows,也可以是 Linux,本章以 Windows 操作系统为例。

12.2 远程桌面连接 ECS

按组合键 Windows+R,打开"运行"对话框,输入 mstsc.exe,如图 12.1 所示。

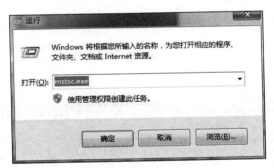

图 12.1 "运行"对话框

单击"确定"按钮,打开"远程桌面连接"对话框,在"计算机"文本框中输入 ECS 公网 IP,如图 12.2 所示。

图 12.2 远程连接 ECS

单击图 12.2 中的"连接"按钮，打开"Windows 安全"对话框，如图 12.3 所示，输入连接 ECS 服务器的密码。

图 12.3　输入连接 ECS 服务器的密码

单击图 12.3 中的"确定"按钮，远程桌面连接成功。

12.3　在 ECS 安装 JDK 和 Tomcat

在远程桌面单击"开始"→"计算机"→"本地磁盘(C:)"，新建 javatools 文件夹，如图 12.4 所示。

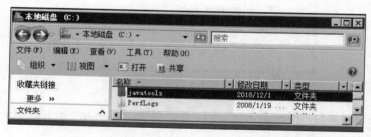

图 12.4　新建 javatools 文件夹

在本机复制 JDK 安装软件到 javatools 文件夹，安装 JDK，步骤和在本机安装的步骤相同。安装完成需要配制 JDK 环境变量，单击"开始"→Administrator 头像，如图 12.5 所示。

在图 12.6 中单击"更改我的环境变量"，配制 JDK 的环境变量 Path，增加 C:\Java\jdk1.7.0_01\bin。添加系统变量 JAVA_HOME，值为 C:\Java\jdk1.7.0_01。如图 12.7 所示。

在本机复制 Tomcat 解压软件到远程桌面的 C:盘下。

图 12.5　单击 Administrator 头像

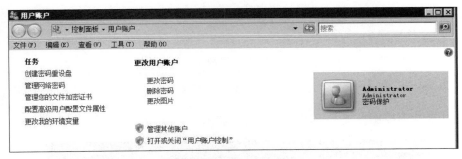

图 12.6　单击"更改我的环境变量"

图 12.7　设置 path 和 JAVA_HOME

12.4 将本地数据库部署到云数据库 RDS

在 RDS 管理控制台，单击"账号管理"→"创建账号"。创建账号 cloudtest，设置密码为 Admin123。

在 RDS 管理控制台，单击"数据库管理"→"创建数据库"。创建数据库 cloudproduct，授权账号 cloudtest，账号类型为读写，如图 12.8 所示。

图 12.8 创建数据库

在 RDS 管理控制台查看 RDS 基本信息，如图 12.9 所示。

图 12.9 查看 RDS 基本信息

在 RDS 管理控制台，单击"数据库管理"→"登录数据库"，如图 12.10 所示。输入 RDS 内网地址 3306、账号 cloudtest 和密码 Admin123。

单击"登录"按钮，登录成功。选中 cloudproduct 数据库，如图 12.11 所示。

图 12.10 登录数据库

图 12.11 选中 cloudproduct 数据库

单击"数据方案"→"导入"→"新增任务",选择文件 product.sql,如图 12.12 所示。

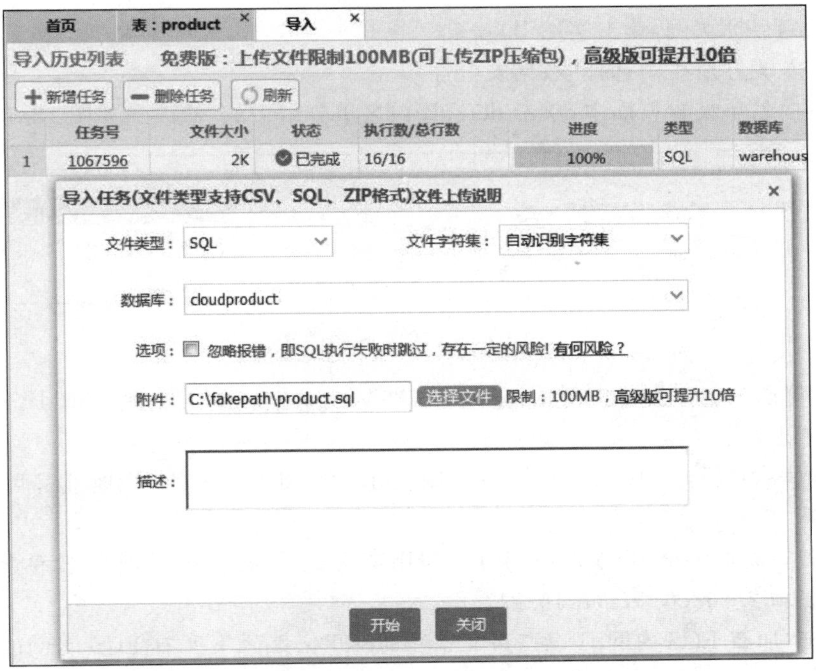

图 12.12 导入 product.sql

单击"开始"按钮，product 表导入数据库 cloudproduct。

12.5 内网访问 RDS 的条件

一般情况下，只有 ECS 和 DMS 可以通过内网访问 RDS。如果本地机房要访问 RDS，需要使用物理专线。

ECS 要通过内网访问 RDS，必须满足以下所有条件：

- ECS 与 RDS 属于同一个阿里云主账号。
- ECS 与 RDS 位于同一个地域。
- ECS 和 RDS 的网络类型相同。
- 如果 ECS 和 RDS 网络类型都是 VPC，则必须处于同一个 VPC。
- ECS 的私网 IP 已添加到 RDS 白名单。

创建 RDS 实例后，需要设置 RDS 实例的白名单，以允许外部设备访问该 RDS 实例。默认的白名单只包含默认 IP 地址 127.0.0.1，表示任何设备均无法访问该 RDS 实例。

设置白名单包括两种操作：一是设置 IP 名单，即添加 IP 地址，使这些 IP 地址可以访问该 RDS 实例；二是设置 ECS 安全组，即添加 ECS 安全组，使 ECS 安全组内的 ECS 实例可以访问该 RDS 实例。

注意，默认的 IP 白名单分组只能被修改或清空，不能被删除。

设置 IP 白名单的操作步骤如下。

（1）登录 RDS 管理控制台。

（2）在页面左上角选择实例所在地域。

（3）找到目标实例，单击实例 ID。

（4）在左侧导航栏中选择"数据安全性"。

（5）在白名单设置页面中，单击 default 白名单分组中的"修改"，如图 12.13 所示。

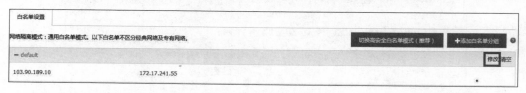

图 12.13　设置 IP 白名单

（6）在修改白名单分组的对话框中填写需要访问该实例的 IP 地址或 IP 段，然后单击"确定"按钮。

- 若填写 IP 段，如 10.10.10.0/24，则表示 10.10.10.× 的 IP 地址都可以访问该 RDS 实例。
- 若需要添加多个 IP 地址或 IP 段，请用英文逗号隔开（逗号前后都不能有空格），例如 192.168.0.1,172.16.213.9。
- 单击"加载 ECS 内网 IP"后，将显示当前阿里云账号下所有 ECS 实例的 IP 地址，可快速添加 ECS 内网 IP 地址到白名单中。

12.6 部署项目到 ECS,实现远程访问

新建 Web 项目 jspcloud。

新建 EcsRds.jsp 文件,代码如下:

```jsp
<%@page import="java.sql.*"%>
<%@page contentType="text/html;charset=gb2312" %>
<HTML><body bgcolor=#EEDFF>
<%Connection con;
    Statement sql;
    ResultSet rs;
    try{ Class.forName("com.mysql.jdbc.Driver");
    }
    catch(Exception e){
       out.println("没找到 JDBC 驱动程序");
    }
    /* try { String uri="jdbc:mysql://localhost:3306/cloudproduct"; */
    try { String uri ="jdbc:mysql://rm-2ze48yx3s1s7d5la7.mysql.rds.aliyuncs.com:3306/cloudproduct";
        String user="cloudtest";
        String password="Admin123";
        con=DriverManager.getConnection(uri,user,password);
//也可以写成 con=DriverManager.getConnection(uri+"?user=root&password=root);
        sql=con.createStatement();
        rs=sql.executeQuery("SELECT * FROM product ");
        out.print("<table border=2>");
        out.print("<tr>");
          out.print("<th width=100>"+"产品号");
          out.print("<th width=100>"+"名称");
          out.print("<th width=50>"+"生产日期");
          out.print("<th width=50>"+"价格");
        out.print("</tr>");
        while(rs.next()){
          out.print("<tr>");
            out.print("<td >"+rs.getString(1)+"</td>");
            out.print("<td >"+rs.getString(2)+"</td>");
            out.print("<td >"+rs.getDate("madeTime")+"</td>");
            out.print("<td >"+rs.getFloat("price")+"</td>");
          out.print("</tr>") ;
        }
        out.print("</table>");
        con.close();
    }
```

```
            catch(SQLException e){
                out.print(e);
            }
        %>
        </body></HTML>
```

程序说明：

```
String uri="jdbc:mysql://rm-2ze48yx3s1s7d5la7.mysql.rds.aliyuncs.com:3306/
cloudproduct";
        String user="cloudtest";
        String password="Admin123";
```

主机是 RDS 云服务器，内网地址：rm-2ze48yx3s1s7d5la7.mysql.rds.aliyuncs.com。
user 是登录数据库 cloudproduct 的账号，即 cloudtest。
password 是登录数据库 cloudproduct 的密码，即 Admin123。

把项目打成 war 包，将文件命名为 jspcloud.war，复制到远程桌面的 C:\apache-tomcat-7.0.69\webapps 目录下，如图 12.14 所示。

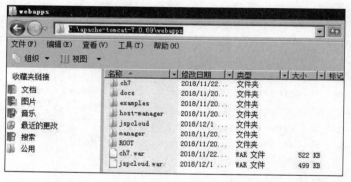

图 12.14　将 war 包复制到 webapps 目录下

单击远程桌面 C:\apache-tomcat-7.0.69\bin 目录下的 startup，启动 Tomcat。

在远程桌面打开浏览器，在地址栏中输入 http://localhost:8080/jspcloud/EcsRds.jsp，运行结果如图 12.15 所示。

图 12.15　在远程桌面访问运行结果

利用其他机器进行远程访问,在浏览器地址栏中输入 http://47.93.223.65:8080/jspcloud/EcsRds.jsp,运行结果如图 12.16 所示。

图 12.16 利用其他机器远程访问的运行结果

如果远程访问不成功,需要配置安全组。打开 ECS 实例,单击"本实例安全组"→"配置规则"→"添加安全组",如图 12.17 所示。单击"确定"按钮,即可远程访问。

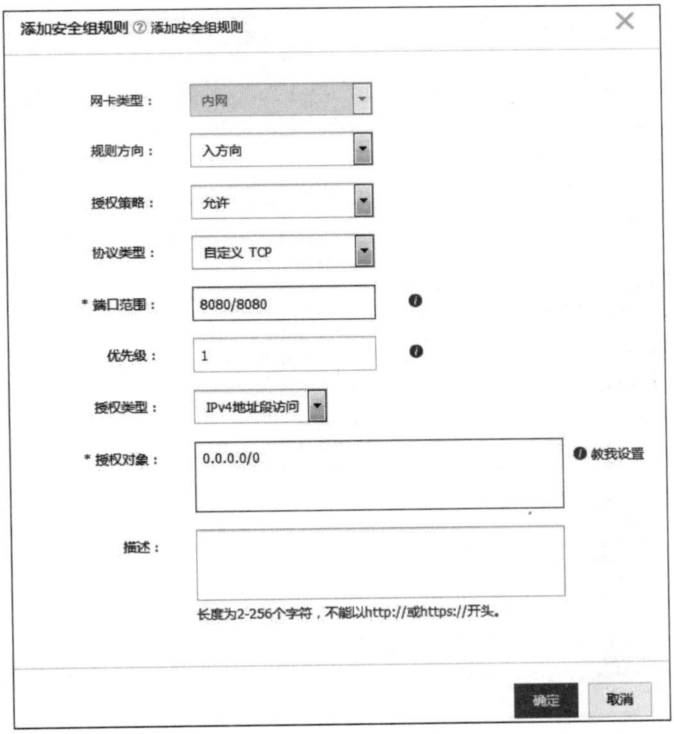

图 12.17 添加安全组

12.7 解决 Windows 10 系统远程桌面连接不成功方法

Windows 版本 10.0.17134,安装最新补丁后无法远程 Windows server 2008、2013、2016 服务器,报错信息如下:"出现身份验证错误,要求的函数不受支持,可能是由于

CredSSP 加密 Oracle 修正。"

将默认设置从"易受攻击"更改为"缓解"的更新。

具体解决办法是在 Windows 专业版以上操作系统中，打开"运行"对话框，如图 12.18 所示，输入 gpedit.msc。

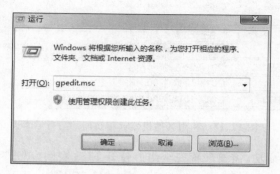

图 12.18　运行 gpedit.msc

在图 12.18 中单击"确定"按钮，打开组策略编辑器。选择"管理模板"→"系统"→"凭据分配"如图 12.19 所示。

图 12.19　打开本地组策略编辑器

单击"Encryption Oracle Remediation",打开加密 oracle 修正对话框,如图 12.20 所示。

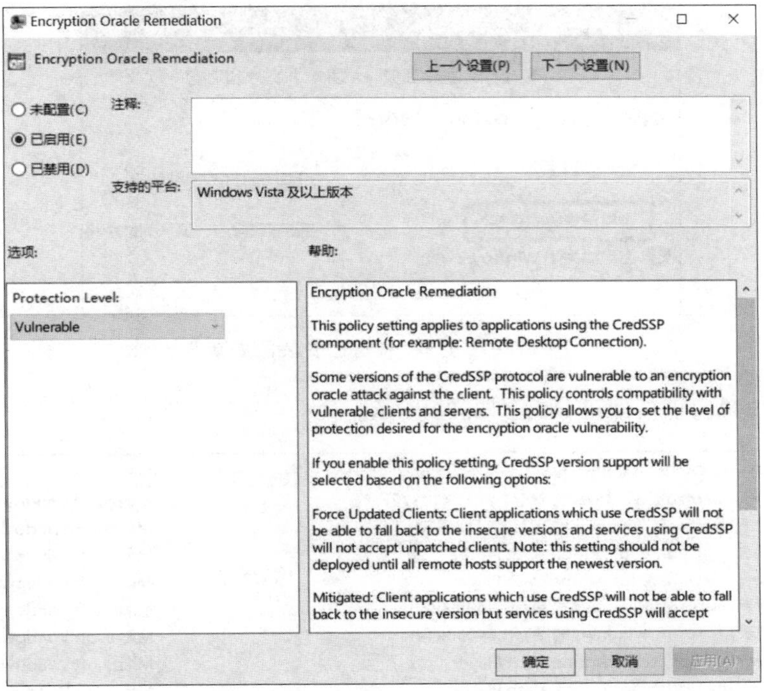

图 12.20　加密 Oracle 修正对话框

在图 12.20 中,选择"已启用"单选按钮,保护级别 Protection Level 修改为易受攻击 "Vulnerable",单击"应用"按钮,单击"确定"按钮后就可以进行远程连接。

若是 Windows 10 家庭版则需要把这个更新卸载掉。打开控制面板,选择"卸载程序",如图 12.21 所示。

图 12.21　卸载程序

选择"查看已安装的更新",如图 12.22 所示。

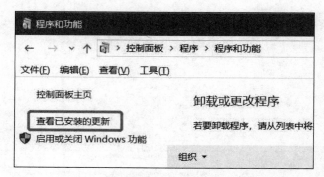

图 12.22　选择"查看已安装的更新"

选择要卸载的更新即可,如图 12.23 所示。

图 12.23　选择要卸载的更新

附加 Windows10 家庭版找回组策略的方法,新建一个 txt 文档,在里面写入:

@echo off
pushd "%~dp0"
dir /b
C:\ Windows \ servicing \ Packages \ Microsoft - Windows - GroupPolicy - ClientExtensions-Package~3*.mum >List.txt
dir /b
C:\Windows\servicing\Packages\Microsoft-Windows-GroupPolicy-ClientTools-Package~3*.mum >>List.txt
for /f %%i in ('findstr /i . List.txt 2^>nul') do dism /online /norestart /add-package:"C:\Windows\servicing\Packages\%%i"
pause

最后将文件名后缀改为.cmd,双击运行,等待执行完,任意键退出即可。

重启 PC,运行中再输入 gpedit.msc 即可调出组策略编辑器。

对于 Windows 10 家庭版的最终解决方案可以通过修改注册表完美解决,具体操作如下。

按组合键 Windows+R 打开"运行"对话框,输入 regedit,如图 12.24 所示。单击"确定"按钮,打开注册表。

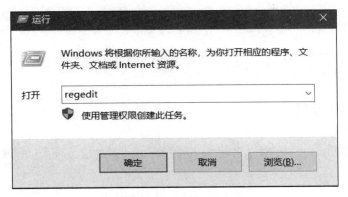

图 12.24　运行 regedit

依次打开路径\HKEY_LOCAL_MACHINE\SOFTWARE\Microsoft\Windows\CurrentVersion\Policies\System\CredSSP\Parameters,如果发现没有路径中的后两项应及时创建。

在 Parameters 的右侧栏单击"新建"→"DWORD(32 位)值",如图 12.25 所示。

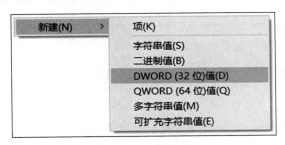

图 12.25　新建项

重命名为 AllowEncryptionOracle,值为 2,再次测试一下远程连接,如果还是失败则重启一次。

12.8　实验与训练指导

把自己开发的某个项目部署到阿里云服务器 ECS,将数据库迁移到 RDS,实现远程访问。

第 13 章　学生管理系统

开发一个学生管理系统,实现学生的增、删、改、查。

13.1　数据库设计

数据库采用 MySQL,数据库名称为 hkuniversity,创建表 t_student,其结构如表 13.1 所示。

表 13.1　表 t_student 的结构

列　名	类　型	其　他
id	int	主键、自增长
name	varchar(20)	
age	int	
score	double	

向表 t_student 中插入若干数据。

13.2　DAO 层

DAO 层即数据访问层,在后台完成对数据库的访问。

面向对象编程实体类 Student:

```
public class Student{
    private int id;
    private String name;
    private int age;
    private double score;
}
```

工具类 BaseDao:

```
public abstract  class BaseDao {
    //获取数据库连接
        public Connection getConnection(){
        String driverClassName="com.mysql.jdbc.Driver";
        String url ="jdbc:mysql://localhost:3306/hkuniversity";
        String user ="root";
        String password ="root";
```

```java
        Connection conn = null;
        try {
            //加载 MySQL JDBC 驱动
            Class.forName(driverClassName);
            //建立连接
            conn = DriverManager.getConnection(url, user, password);
        } catch (ClassNotFoundException e) {
            e.printStackTrace();
        } catch (SQLException e) {
            e.printStackTrace();
        }
        return conn;
    }
    //完成 DML 操作：insert、update、delete
    public int executeUpdate(String sql,Object [] params) {
        Connection conn = null;
        PreparedStatement pstmt = null;
        int n = 0;
        try {
            conn = this.getConnection();
            //获取命令发送器
            pstmt = conn.prepareStatement(sql);
            //发送命令并得到结果
            for(int i=0;i<params.length;i++){
                pstmt.setObject(i+1, params[i]);
            }
            n=pstmt.executeUpdate();
            //处理结果
        } catch (SQLException e) {
            e.printStackTrace();
        }finally{
            //关闭资源
            this.closeAll(null, pstmt, conn);
        }
        //返回数据
        return n;
    }
    //关闭资源
    public void closeAll(ResultSet rs,Statement stmt,Connection conn){
        try {
            if(rs!=null){
                rs.close();
            }
        } catch (SQLException e) {
```

```
                e.printStackTrace();
            }
            try {
                if(stmt !=null){
                    stmt.close();
                }
            } catch (SQLException e) {
                e.printStackTrace();
            }
            try {
                if(conn !=null){
                    conn.close();
                }
            } catch (SQLException e) {
                e.printStackTrace();
            }
    }
}
```

接口 StudentDao：

```
public interface StudentDao {
    //查询所有学生信息
    public List<Student>findAll();
    //查询指定 id 的学生信息
    public Student findById(int id );
    //添加学生信息
    public int insertStu(Student stu);
    //更新学生信息
    public int updateStu(Student stu);
    //删除指定 id 的学生
    public int deleteStu(int id);
}
```

实现类 StudentDaoImpl：

```
public class StudentDaoImpl extends BaseDao implements StudentDao{
    @Override
    public List<Student>findAll() {
        Connection conn =super.getConnection();
        Statement stmt =null;
        ResultSet rs =null;
        List<Student>stuList =new ArrayList<Student>();
        try {
            stmt =conn.createStatement();
            rs =stmt.executeQuery("select * from t_student");
```

```java
        while(rs.next()){
            int id=rs.getInt("id");
            String name=rs.getString("name");
            int age=rs.getInt("age");
            double score=rs.getDouble("score");
            Student stu=new Student(id, name, age, score);
            stuList.add(stu);
        }
    } catch (SQLException e) {
        e.printStackTrace();
    }finally{
        super.closeAll(rs, stmt, conn);
    }
    return stuList;
}
@Override
public Student findById(int id) {
    Connection conn=super.getConnection();
    Statement stmt=null;
    ResultSet rs=null;
    Student stu=null;
    try {
        stmt=conn.createStatement();
        rs=stmt.executeQuery("select * from t_student where id="+id);
        if(rs.next()){
            //int id=rs.getInt("id");
            String name=rs.getString("name");
            int age=rs.getInt("age");
            double score=rs.getDouble("score");
            stu=new Student(id, name, age, score);
        }
    } catch (SQLException e) {
        e.printStackTrace();
    }finally{
        super.closeAll(rs, stmt, conn);
    }
    return stu;
}
@Override
public int insertStu(Student stu) {
    String sql="insert into t_student(NAME,AGE,SCORE) values(?,?,?)";
    Object params[]={stu.getName(),stu.getAge(),stu.getScore()};
    return super.executeUpdate(sql, params);
}
```

```java
    @Override
    public int updateStu(Student stu) {
        String sql="update t_student set name=?,age=?,score=? where id=?";
        Object params [] ={stu.getName(),stu.getAge(),stu.getScore(),stu.getId()};
        return super.executeUpdate(sql, params);
    }
    @Override
    public int deleteStu(int id) {
        String sql="delete from t_student where id=?";
        Object params [] ={id};
        return super.executeUpdate(sql, params);
    }
}
```

13.3 业务层

业务层在后台完成具体的业务。此处功能尽量使用业务词汇,而不是数据库词汇。一个业务可能对应一个数据库操作,login 和 register 可能就是对数据库的查询和添加操作。

一个业务可能对应多个数据库操作。例如,下订单业务对应的数据库操作:订单表中添加一条记录,订单明细表添加多条记录,包括库存减少、金额的支付(买家减少,卖家的增加)、交易记录。

如果业务复杂,则业务层必不可少,关注业务步骤,不关注数据库操作,DAO 层为业务层提供服务。如果业务简单,则业务层内容少,甚至可以去掉,可有可无。为了日后迎接复杂的业务,为了熟悉分层架构,养成良好习惯,即使业务简单,也需要提供业务层。

接口 StudentService:

```java
public interface StudentService {
    //查询所有学生信息
    public List<Student> findAll();
    //查询指定 id 的学生信息
    public Student findById(int id);
    //添加学生信息
    public int insertStu(Student stu);
    //更新学生信息
    public int updateStu(Student stu);
    //删除指定 id 的学生进行
    public int deleteStu(int id);
}
```

实现类 StudentServiceImpl:

```java
public class StudentServiceImpl implements StudentService{
```

```java
    private StudentDao stuDao =new StudentDaoImpl();
    @Override
    public List<Student>findAll() {
        List<Student>stuList =stuDao.findAll();
        return stuList;
    }
    @Override
    public Student findById(int id) {
        return this.stuDao.findById(id);
    }
    @Override
    public int insertStu(Student stu) {
        return stuDao.insertStu(stu);
    }
    @Override
    public int updateStu(Student stu) {
        return this.stuDao.updateStu(stu);
    }
    @Override
    public int deleteStu(int id) {
        return this.stuDao.deleteStu(id);
    }
}
```

13.4 表示层

表示层实现与用户的交互。

【例13-1】 表示层应用实例。

index.jsp：

```jsp
<%@page language="java" import="java.util.*" pageEncoding="UTF-8"%>
<%
String path =request.getContextPath();
String basePath = request.getScheme()+"://"+ request.getServerName()+":"+ request.getServerPort()+path+"/";
%>
<!DOCTYPE HTML PUBLIC "-//W3C//DTD HTML 4.01 Transitional//EN">
<html>
  <head>
    <base href="<%=basePath%>">
  </head>
  <body>
    <jsp:forward page="findAll.jsp"></jsp:forward>
```

```
    </body>
</html>
```

findAll.jsp：

```jsp
<%@page import="com.hk.entity.Student"%>
<%@page import="com.hk.service.impl.StudentServiceImpl"%>
<%@page import="com.hk.service.StudentService"%>
<%@page language="java" import="java.util.*" pageEncoding="UTF-8"%>
<%
String path = request.getContextPath();
String basePath = request.getScheme()+"://"+request.getServerName()+":"+request.getServerPort()+path+"/";
%>
<!DOCTYPE HTML PUBLIC "-//W3C//DTD HTML 4.01 Transitional//EN">
<html>
  <head>
    <base href="<%=basePath%>">
  </head>
  <body>
        <%--调用业务层,获取学生列表--%>
        <%
            StudentService stuService =new StudentServiceImpl();
            List<Student> stuList =stuService.findAll();
         %>
        <%--输出学生列表--%>
        <a href="add.jsp">添加学生</a>
        <table align="center" border="1" width="70%">
            <tr>
                <th>编号</th>
                <th>姓名</th>
                <th>年龄</th>
                <th>分数</th>
                <th>操作</th>
            </tr>
            <%
            Student stu =null;
            for(int i=0;i<stuList.size();i++){
                stu =stuList.get(i);
                //out.println("<tr>");
             %>
                <tr>
                    <td><%=stu.getId() %></td>
                    <td><%=stu.getName() %></td>
                    <td><%=stu.getAge() %></td>
                    <td><%=stu.getScore() %></td>
```

```
                <td>
                    <a href="update.jsp?id=<%=stu.getId()%>">更新</a>
                    <a href="doDelete.jsp?id=<%=stu.getId()%>">删除</a>
                    <input type="button" value="删除" onclick="deleteStu()">
                </td>
            </tr>
    <%
        }
    %>
    </table>
    <script type="text/javascript">
      function deleteStu(){
          location.href="doDelete.jsp?id=<%=stu.getId()%>";
      }
    </script>
  </body>
</html>
```

运行结果如图 13.1 所示。

图 13.1　index.jsp 运行的结果

单击"添加学生"超链接，运行结果如图 13.2 所示。

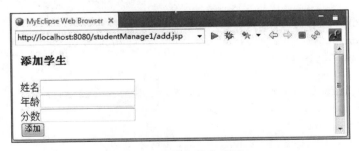

图 13.2　添加学生界面

add.jsp：

```
<%@page language="java" import="java.util.*" pageEncoding="UTF-8"%>
<%
String path =request.getContextPath();
String basePath =request.getScheme()+"://"+request.getServerName()+":"
```

```jsp
+request.getServerPort()+path+"/";
%>
<!DOCTYPE HTML PUBLIC "-//W3C//DTD HTML 4.01 Transitional//EN">
<html>
  <head>
    <base href="<%=basePath%>">
  </head>
  <body>
    <h3>添加学生</h3>
      <form action="doAdd.jsp" method="post">
          姓名<input type="text" name="name"><br/>
          年龄<input type="text" name="age"><br/>
          分数<input type="text" name="score"><br/>
          <input    type="submit" value="添加" >
      </form>
      <%
          String errorMsg  = (String)request.getAttribute("error");
          if(errorMsg !=null){
              out.println(errorMsg);
          }
      %>
  </body>
</html>
```

doAdd.jsp：

```jsp
<%@page import="com.hk.entity.Student"%>
<%@page import="com.hk.service.StudentService"%>
<%@page import="com.hk.service.impl.StudentServiceImpl"%>
<%@page language="java" import="java.util.*" pageEncoding="UTF-8"%>
<%
String path =request.getContextPath();
String basePath =request.getScheme()+"://"+request.getServerName()+":"
+request.getServerPort()+path+"/";
%>
<!DOCTYPE HTML PUBLIC "-//W3C//DTD HTML 4.01 Transitional//EN">
<html>
  <head>
    <base href="<%=basePath%>">
  </head>
  <body>
      <%
          //获取表单数据
          request.setCharacterEncoding("utf-8");
          String name =request.getParameter("name");
          int age =Integer.parseInt(request.getParameter("age"));
```

```
            double score =Double.parseDouble(request.getParameter("score"));
            //调用业务层将数据添加到数据库中
            Student stu =new Student(name,age,score);
            StudentService stuService =new StudentServiceImpl();
            int n =stuService.insertStu(stu);
            //根据添加成功与否跳转到不同的页面
            if(n>0){
                //成功:转发到导致表单的重复提交
    //request.getRequestDispatcher("/findAll.jsp").forward(request, response);
                response.sendRedirect(request.getContextPath()+"/findAll.jsp");
            }else{
                //失败
                request.setAttribute("error", "添加失败");
    //response.sendRedirect(request.getContextPath()+"/add.jsp");
    request.getRequestDispatcher("/add.jsp").forward(request, response);
            }
        %>
    </body>
</html>
```

在图 13.2 所示的界面中输入学生"b"的信息,单击"添加"按钮,调用 doAdd.jsp,添加成功,重定向到 findAll.jsp,运行结果如图 13.3 所示。

图 13.3　添加学生成功后的运行结果

单击姓名为"b"的学生的"更新"超链接,运行结果如图 13.4 所示。

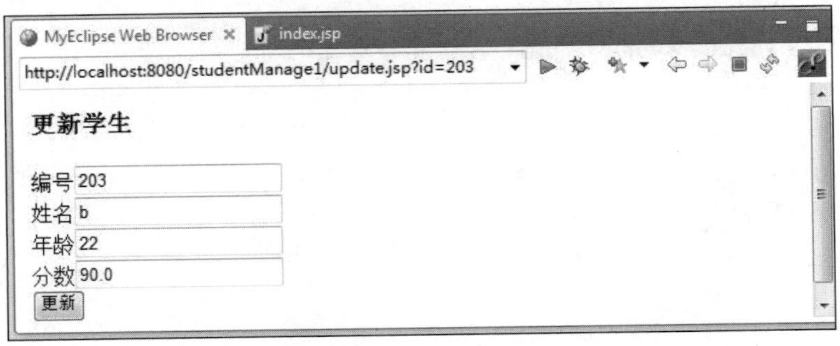

图 13.4　"更新学生"界面

update.jsp：

```jsp
<%@page import="com.hk.entity.Student"%>
<%@page import="com.hk.service.impl.StudentServiceImpl"%>
<%@page import="com.hk.service.StudentService"%>
<%@page language="java" import="java.util.*" pageEncoding="UTF-8"%>
<%
String path = request.getContextPath();
String basePath = request.getScheme()+"://"+request.getServerName()+":"+request.getServerPort()+path+"/";
%>
<!DOCTYPE HTML PUBLIC "-//W3C//DTD HTML 4.01 Transitional//EN">
<html>
  <head>
    <base href="<%=basePath%>">
  </head>
  <body>
     <%
        //获取要更新的学生的id
        int id=Integer.parseInt(request.getParameter("id"));
        //按照id查询指定的学生信息
        StudentService stuService =new StudentServiceImpl();
        Student stu =stuService.findById(id);
        //在表单中显示学生信息
     %>
  <h3>更新学生</h3>
    <form action="doUpdate.jsp" method="post">
        编号<input type="text" name="id" readonly="readonly" value="<%=stu.getId()%>"><br/>
        姓名<input type="text" name="name" value="<%=stu.getName()%>"><br/>
        年龄<input type="text" name="age"  value="<%=stu.getAge()%>"><br/>
        分数<input type="text" name="score"  value="<%=stu.getScore()%>"><br/>
        <input  type="submit" value="更新" >
    </form>
    <%
        String errorMsg  = (String)request.getAttribute("error");
        if(errorMsg !=null){
            out.println(errorMsg);
        }
    %>
  </body>
</html>
```

doUpdate.jsp：

```jsp
<%@page import="com.hk.service.impl.StudentServiceImpl"%>
<%@page import="com.hk.service.StudentService"%>
<%@page import="com.hk.entity.Student"%>
<%@page language="java" import="java.util.*" pageEncoding="UTF-8"%>
<%
String path = request.getContextPath();
String basePath = request.getScheme()+"://"+request.getServerName()+":"+request.getServerPort()+path+"/";
%>
<!DOCTYPE HTML PUBLIC "-//W3C//DTD HTML 4.01 Transitional//EN">
<html>
  <head>
    <base href="<%=basePath%>">
  </head>
  <body>
    <%
        //获取表单数据
        request.setCharacterEncoding("utf-8");
        int id = Integer.parseInt(request.getParameter("id"));
        String name = request.getParameter("name");
        int age = Integer.parseInt(request.getParameter("age"));
        double score = Double.parseDouble(request.getParameter("score"));
        //调用业务层将数据更新到数据库中
        Student stu = new Student(id,name,age,score);
        StudentService stuService = new StudentServiceImpl();
        int n = stuService.updateStu(stu);
        //根据更新成功与否跳转到不同的页面
        if(n>0){
            //成功:转发到导致表单的重复提交
    //request.getRequestDispatcher("/findAll.jsp").forward(request,response);
            response.sendRedirect(request.getContextPath()+"/findAll.jsp");
        }else{
            //失败
            request.setAttribute("error","更新失败");
    //response.sendRedirect(request.getContextPath()+"/add.jsp");
            request.getRequestDispatcher("/update.jsp").forward(request, response);
        }
    %>
  </body>
</html>
```

在图 13.4 中，将姓名修改为"bb"，分数修改为"99"，单击"更新"按钮，调用 doUpdate.jsp，更新成功，重定向到 findAll.jsp，运行结果如图 13.5 所示。

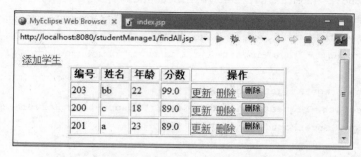

图 13.5 更新成功后的运行结果

doDelete.jsp：

```jsp
<%@page import="com.hk.service.impl.StudentServiceImpl"%>
<%@page import="com.hk.service.StudentService"%>
<%@page language="java" import="java.util.*" pageEncoding="UTF-8"%>
<%
String path = request.getContextPath();
String basePath = request.getScheme()+"://"+request.getServerName()+":"+request.getServerPort()+path+"/";
%>
<!DOCTYPE HTML PUBLIC "-//W3C//DTD HTML 4.01 Transitional//EN">
<html>
  <head>
    <base href="<%=basePath%>">
  </head>
  <body>
    <%
        //接收表单数据(要删除的学生的id)
        int id =Integer.parseInt(request.getParameter("id"));
        //调用业务层完成删除操作
        StudentService stuService =new StudentServiceImpl();
        stuService.deleteStu(id);
        //根据删除结果跳转到不同的页面
response.sendRedirect(request.getContextPath()+"/findAll.jsp");
    %>
  </body>
</html>
```

单击姓名为"a"的学生的"删除"超链接，调用 doDelete.jsp，删除成功，重定向到 findAll.jsp，运行结果如图 13.6 所示。

也可以单击"删除"按钮删除"c"学生的记录，调用脚本函数，删除成功，重定向到

图 13.6 单击"删除"超链接后的运行结果

findAll.jsp,运行结果如图 13.7 所示。

图 13.7 单击"删除"按钮后的运行结果

findAll.jsp：

```
<input type="button" value="删除" onclick="deleteStu(<%=stu.getId()%>)">
<script type="text/javascript">
        function deleteStu(ida){
            location.href="doDelete.jsp?id="+ida;
        }
</script>
```

13.5　使用 JSTL/EL 去除 JSP 页面中负责显示的 Java 脚本

例 13-1 项目的缺点：有些 JSP 页面是负责显示的，如 add.jsp、findAll.jsp、update.jsp,大量存在 Java 脚本，导致页面既有 HTML 又有 Java,两者耦合在一起，不利于分工协作，对程序员要求高。

解决办法：用 JSTL/EL 去除 JSP 页面中负责显示的 Java 脚本，使风格一致，可降低编程难度。

【例 13-2】　修改例 13-1,使用 JSTL/EL 去除 JSP 页面中负责显示的 Java 脚本。

修改 findAll.jsp：

```
<%@page import="com.hk.entity.Student" %>
<%@page import="com.hk.service.impl.StudentServiceImpl"%>
<%@page import="com.hk.service.StudentService"%>
<%@page language="java" import="java.util.*" pageEncoding="UTF-8"%>
<%@taglib prefix="c" uri="http://java.sun.com/jsp/jstl/core"%>
```

```jsp
<%@taglib prefix="fmt" uri="http://java.sun.com/jsp/jstl/fmt"%>
<%
String path =request.getContextPath();
String basePath =request.getScheme()+"://"+request.getServerName()+":"
+request.getServerPort()+path+"/";
%>
<!DOCTYPE HTML PUBLIC "-//W3C//DTD HTML 4.01 Transitional//EN">
<html>
  <head>
    <base href="<%=basePath%>">
  </head>
  <body>
        <%--调用业务层,获取学生列表 --%>
        <%
            StudentService stuService =new StudentServiceImpl();
            List<Student>stuList =stuService.findAll();
            request.setAttribute("stuList1", stuList);
        %>
        <%--输出学生列表 --%>
        <a href="add.jsp">添加学生</a>
    <table align="center" border="1" width="70%">
            <tr>
                <th>编号</th>
                <th>姓名</th>
                <th>年龄</th>
                <th>分数</th>
                <th>vs.count</th>
                <th>vs.index</th>
                <th>操作</th>
            </tr>
            <!--1.定义变量 sum,count 并赋初始值 -->
            <c:set var="sum" value="0"></c:set>
            <c:set var="count" value="0"></c:set>
            <c:forEach items="${stuList1}" var="stu" varStatus="vs">
                <%--
                    <c:if test="${vs.index%2==0 }">
                    <tr bgcolor="yellow">
                    </c:if>
                    <c:if test="${vs.index%2==1 }">
                        <tr>
                    </c:if>
                --%>
                <tr  <c:if test="${vs.index%2==1}">bgcolor="yellow"</c:if>>
```

```jsp
                    <td>${stu.id }</td>
                    <td>${stu.name }</td>
                    <td>${stu.age }</td>
                    <td>${stu.score }</td>
                    <td>${vs.count }</td>
                    <td>${vs.index }</td>
                    <td>
                        <a href="update.jsp?id=${stu.id }">更新</a>
                            <a href="doDelete.jsp?id=${stu.id }">删除</a>
                    </td>
                </tr>
                <!--2.每次循环,求和,人数+1 -->
                <c:set var="sum" value="${sum+stu.score }"></c:set>
                <c:set value="${count+1 }" var="count"></c:set>
            </c:forEach>
            <!--3.输出总分,平均分 -->
            <tr>
                <td colspan="11">
                    总分:${sum}   人数:${count }   平均分1:
                    ${sum/count }   
                    平均分2:<fmt:formatNumber value="${sum/count}" pattern=
                    "0000000.00000" maxFractionDigits="2"/>  
                    平均分3:<fmt:formatNumber type="number" value="${sum/count}"
                    pattern="######.####" maxFractionDigits="2"/>
                </td>
            </tr>
        </table>
    </body>
</html>
```

修改add.jsp:

```jsp
<%@page language="java" import="java.util.*" pageEncoding="UTF-8"%>
<%
String path = request.getContextPath();
String basePath = request.getScheme()+"://"+request.getServerName()+":"+
request.getServerPort()+path+"/";
%>
<!DOCTYPE HTML PUBLIC "-//W3C//DTD HTML 4.01 Transitional//EN">
<html>
    <head>
        <base href="<%=basePath%>">
    </head>
    <body>
        <h3>添加学生</h3>
```

```jsp
    <form action="doAdd.jsp" method="post">
        姓名<input type="text" name="name"><br/>
        年龄<input type="text" name="age"><br/>
        分数<input type="text" name="score"><br/>
        <input  type="submit" value="添加" >
    </form>
    ${error}
    ${requestScope.error}
 </body>
</html>
```

修改 update.jsp：

```jsp
<%@page import="com.hk.entity.Student"%>
<%@page import="com.hk.service.impl.StudentServiceImpl"%>
<%@page import="com.hk.service.StudentService"%>
<%@page language="java" import="java.util.*" pageEncoding="UTF-8"%>
<%
String path =request.getContextPath();
String basePath = request.getScheme()+"://"+request.getServerName()+":"+request.getServerPort()+path+"/";
%>
<!DOCTYPE HTML PUBLIC "-//W3C//DTD HTML 4.01 Transitional//EN">
<html>
  <head>
    <base href="<%=basePath%>">
  </head>
  <body>
    <%
        //获取要更新的学生的id
        int id =Integer.parseInt(request.getParameter("id"));
        //按照id查询指定的学生信息
        StudentService stuService =new StudentServiceImpl();
        Student stu =stuService.findById(id);
        //在表单中显示学生信息
        request.setAttribute("stu1", stu);
    %>
 <h3>更新学生</h3>
    <form action="doUpdate.jsp" method="post">
        编号<input type="text" name="id" readonly="readonly" value="${stu1.id}"><br/>
        姓名<input type="text" name="name" value="${stu1.name}"><br/>
        年龄<input type="text" name="age"  value="${stu1.age}"><br/>
        分数<input type="text" name="score"  value="${requestScope.stu1['score'] }"><br/>
```

```
        <input type="submit" value="更新">
      </form>
    ${error}
    ${requestScope.error}
  </body>
</html>
```

运行结果如图 13.8 所示。

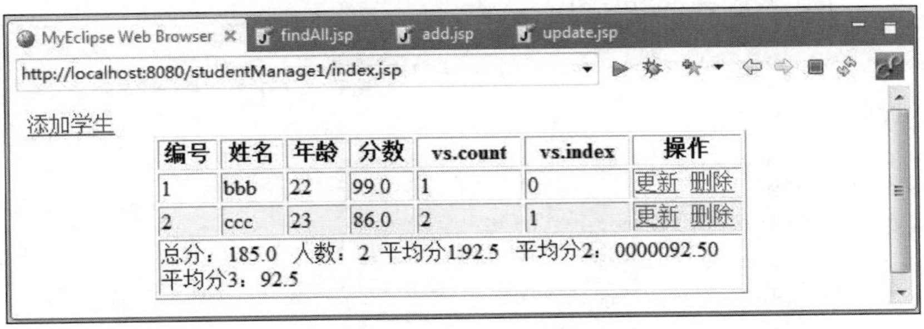

图 13.8　index.jsp 的运行结果

13.6　使用 Servlet 替代负责处理/控制的 JSP 文件

例 13-1 项目的缺点：有些 JSP 页面是负责处理的，如 doAdd.jsp、doUpdate.jsp、doDelete.jsp，没有显示的内容，但全部都是 Java 脚本。

解决办法：添加登录、注销模块，使用 Servlet 替代负责处理/控制的 JSP 文件。在项目中添加 login.jsp。

【例 13-3】　使用 Servlet 替代负责处理/控制的 JSP 文件。

login.jsp：

```
<%@page language="java" import="java.util.*" pageEncoding="UTF-8"%>
<%
String path = request.getContextPath();
String basePath = request.getScheme()+"://"+request.getServerName()+":"+request.getServerPort()+path+"/";
%>
<!DOCTYPE HTML PUBLIC "-//W3C//DTD HTML 4.01 Transitional//EN">
<html>
  <head>
    <base href="<%=basePath%>">
  </head>
  <body>
    <h3>用户登录</h3>
    <form action="servlet/LoginServlet" method="post">
      用户名:<input type="text" id="username" name="username">
```

```html
        <br>
        密码:<input type="password" id="password" name="password"><br>
        <input type="submit" value="提交" />
    </form>
    ${error}
  </body>
</html>
```

修改 index.jsp,转发到 login.jsp:

```jsp
<jsp:forward page="login.jsp"></jsp:forward>
```

实体类 User:

```java
public class User {
    private String username;
    private String password;
    public String getUsername() {
        return username;
    }
    public void setUsername(String username) {
        this.username = username;
    }
    public String getPassword() {
        return password;
    }
    public void setPassword(String password) {
        this.password = password;
    }
}
```

接口 UserDao:

```java
import com.hk.entity.User;
public interface UserDao {
    public User findById(String userId);     //用户名,不是用户真实姓名
    public User findUser(String id,String password);
}
```

实现类 UserDaoImpl:

```java
public class UserDaoImpl extends BaseDao implements UserDao{
    @Override
    public User findById(String userId) {
        return null;
    }
    @Override
    public User findUser(String id, String password) {
```

```java
        //应当访问数据库,这里模拟一个用户(用户名为hk,密码为bj)
        if(id.endsWith("hk") && password.contains("bj")){
            User user = new User();
            user.setUsername(id);
            user.setPassword(password);
            return user;
        }else{
            return null;
        }
    }
}
```

业务接口 UserService：

```java
public interface UserService {
    public User login(String username,String password);
}
```

业务实现类 UserServiceImpl：

```java
public class UserServiceImpl implements UserService{
    private UserDao userDao = new UserDaoImpl();
    @Override
    public User login(String username, String password) {
        //判断登录成功有两种方法
        //方法1:先按照用户名(唯一)查询,返回User对象,如果User为空,则登录失败
        //如果User不是空,再比较密码
        //缺点是效率低,优点是安全
        //方法2:直接传入用户名和密码,优点是效率高
        //缺点是底层使用字符串拼接,可能导致SQL注入
        //JDBC中使用PreparedStatement可以解决该问题
        User user = userDao.findUser(username, password);
        return user;
    }
}
```

LoginServelt：

```java
public class LoginServlet extends HttpServlet {
    public void doGet(HttpServletRequest request, HttpServletResponse response)
            throws ServletException, IOException {
        //接收表单数据
        request.setCharacterEncoding("utf-8");
        String username = request.getParameter("username");
        String password = request.getParameter("password");
        //调用业务层完成登录功能
        UserService userService = new UserServiceImpl();
```

```java
            User user =userService.login(username,password);
            //根据登录是否成功进行页面跳转
            if(user !=null){//登录成功
                HttpSession session =request.getSession();
                session.setAttribute("user", user);
        request.getRequestDispatcher("/findAll.jsp").forward(request, response);
        //request.getRequestDispatcher("/servlet/FindAllServlet").forward(request,
        response);
            }else{//登录失败
                 request.setAttribute("error", "用户名或者密码错误");
        request.getRequestDispatcher("/login.jsp").forward(request, response);
            }
        }
        public void doPost(HttpServletRequest request, HttpServletResponse response)
            throws ServletException, IOException {
            this.doGet(request, response);
        }
    }
```

LogoutServlet：

```java
public class LogoutServlet extends HttpServlet {
    public void doPost(HttpServletRequest request, HttpServletResponse response)
            throws ServletException, IOException {
        //调用业务层完成注销操作
        request.getSession().invalidate();
        //跳转到登录页面
response.sendRedirect(request.getContextPath()+"/login.jsp");
    }
    public void doGet(HttpServletRequest request, HttpServletResponse response)
            throws ServletException, IOException {
        this.doPost(request, response);
    }
}
```

修改 findAll.jsp，在 <a href="add.jsp">添加学生</a> 前增加如下代码：

```html
<h3 align="center">学生管理系统</h3>
<div style="text-align: right;">
当前用户:${sessionScope.user.username}
<a href="servlet/LogoutServlet">注销</a>
</div>
```

在地址栏中输入 http：//localhost：8080/studentManage1/index.jsp 并按回车键，运行结果如图 13.9 所示。

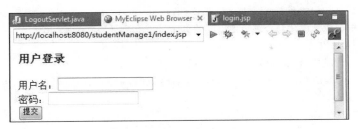

图 13.9 用户登录界面

分别在"用户名"和"密码"文本框中输入"hk"和"bj",单击"提交"按钮,运行结果如图 13.10 所示。

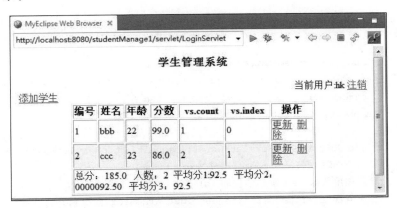

图 13.10 登录成功,显示全部学生信息

单击"注销"超链接,返回登录页面,如图 13.9 所示。

删除 doAdd.jsp、doDelete.jsp、doUpdate.jsp,添加如下 Servlet。

AddServlet:

```
public class AddServlet extends HttpServlet {
    public void doGet(HttpServletRequest request, HttpServletResponse response){
            throws ServletException, IOException {
        this.doPost(request, response);
    }
public void doPost(HttpServletRequest request, HttpServletResponse response)
            throws ServletException, IOException {
        //获取表单数据
        request.setCharacterEncoding("utf-8");
        String name = request.getParameter("name");
        int age = Integer.parseInt(request.getParameter("age"));
        double score = Double.parseDouble(request.getParameter("score"));
        //调用业务层将数据添加到数据库中
        Student stu = new Student(name,age,score);
        StudentService stuService = new StudentServiceImpl();
```

```java
            int n = stuService.insertStu(stu);
            //根据添加成功与否跳转到不同的页面
            if(n>0){
                //成功:转发导致表单的重复提交
                response.sendRedirect(request.getContextPath()+"/servlet/FindAllServlet");
            }else{
                //失败
                request.setAttribute("error","添加失败");
                request.getRequestDispatcher("/add.jsp").forward(request, response);
            }
        }
    }
```

DeleteServlet：

```java
public class DeleteServlet extends HttpServlet {
    public void doGet(HttpServletRequest request, HttpServletResponse response)
            throws ServletException, IOException {
        this.doPost(request, response);
    }
    public void doPost(HttpServletRequest request, HttpServletResponse response)
            throws ServletException, IOException {
        //接收表单数据(要删除的学生的id)
        int id = Integer.parseInt(request.getParameter("id"));
        //调用业务层完成删除操作
        StudentService stuService = new StudentServiceImpl();
        stuService.deleteStu(id);
        //根据删除结果跳转到不同的页面
        //response.sendRedirect(request.getContextPath()+"/findAll.jsp");
        response.sendRedirect(request.getContextPath()+"/servlet/FindAllServlet");
    }
}
```

UpdateServlet：

```java
public class UpdateServlet extends HttpServlet {
    public void doGet(HttpServletRequest request, HttpServletResponse response)
            throws ServletException, IOException {
        //获取表单数据
        request.setCharacterEncoding("utf-8");
        int id = Integer.parseInt(request.getParameter("sid"));
        String name = request.getParameter("name");
        int age = Integer.parseInt(request.getParameter("age"));
        double score = Double.parseDouble(request.getParameter("score"));
        //调用业务层将数据更新到数据库中
        Student stu = new Student(id,name,age,score);
```

```java
        StudentService stuService =new StudentServiceImpl();
        int n =stuService.updateStu(stu);
        //根据更新成功与否跳转到不同的页面
        if(n>0){
            //成功:转发导致表单的重复提交
response.sendRedirect(request.getContextPath()+"/servlet/FindAllServlet");
        }else{
            //失败
            request.setAttribute("error", "更新失败");
request. getRequestDispatcher ( "/servlet/FindByIdServlet? id =" + id ). forward (request, response);
        }
    }
    public void doPost(HttpServletRequest request, HttpServletResponse response)
            throws ServletException, IOException {
        this.doGet(request, response);
    }
}
```

FindAllServlet：

```java
public class FindAllServlet extends HttpServlet {
    public void doGet(HttpServletRequest request, HttpServletResponse response)
            throws ServletException, IOException {
        this.doPost(request, response);
    }
    public void doPost(HttpServletRequest request, HttpServletResponse response)
            throws ServletException, IOException {
        //获取视图层数据
        //调用业务层
        StudentService stuService =new StudentServiceImpl();
        List <Student>stuList =stuService.findAll();
        request.setAttribute("stuList1", stuList);
        //页面跳转
request.getRequestDispatcher("/findAll.jsp").forward(request, response);
    }
}
```

FindByIdServlet：

```java
public class FindByIdServlet extends HttpServlet {
    public void doGet(HttpServletRequest request, HttpServletResponse response)
            throws ServletException, IOException {
        this.doPost(request, response);
    }
    public void doPost(HttpServletRequest request, HttpServletResponse response)
```

```java
        throws ServletException, IOException {
    //获取要更新的学生的 id
    int id = Integer.parseInt(request.getParameter("id"));
    //按照 id 查询指定的学生信息
    StudentService stuService = new StudentServiceImpl();
    Student stu = stuService.findById(id);
    //在表单中显示学生信息
    request.setAttribute("stu1", stu);
    request.getRequestDispatcher("/update.jsp").forward(request, response);
    }
}
```

修改 add.jsp 加粗部分：

```html
<body>
<h3 align="center">学生管理系统</h3>
<div style="text-align: right;">
当前用户:${sessionScope.user.username}
<a href="servlet/LogoutServlet">注销</a>
</div>
    <h3>添加学生</h3>
    <form action="servlet/AddServlet" method="post">
        姓名<input type="text" name="name"><br/>
        年龄<input type="text" name="age"><br/>
        分数<input type="text" name="score"><br/>
        <input  type="submit" value="添加" >
    </form>
    ${error}
    ${requestScope.error}
</body>
```

修改 findAll.jsp 加粗部分：

```html
<a href="servlet/FindByIdServlet?id=${stu.id }">更新</a>
<a href="servlet/DeleteServlet?id=${stu.id }">删除</a>
```

修改 update.jsp 加粗部分：

```html
<h3 align="center">学生管理系统</h3>
<div style="text-align: right;">
当前用户:${sessionScope.user.username}
<a href="servlet/LogoutServlet">注销</a></div>
<h3>更新学生</h3>
<form action="servlet/UpdateServlet" method="post">
```

13.7 合并 Servlet

例 13-1 项目的缺点：项目规模大，使 Servlet 数量大幅增加。

解决办法：把所有 Servlet 合并成两个 Servlet：一个与 Student 相关，另一个与 User 相关，根据传递的参数 method 决定调用的相应方法。

【例 13-4】 修改例 13-1，合并 Servlet。

UserServlet：

```java
public class UserServlet extends HttpServlet {
    public void doGet(HttpServletRequest request, HttpServletResponse response)
            throws ServletException, IOException {
        this.doPost(request, response);
    }
    public void doPost(HttpServletRequest request, HttpServletResponse response)
            throws ServletException, IOException {
        //解决 POST 请求中文乱码问题
        request.setCharacterEncoding("utf-8");
        //获取方法名
        String methodName = request.getParameter("method");
        //根据方法名调用相应的方法
        if("login".equals(methodName)){
            this.login(request, response);
        }else if("logout".equals(methodName)){
            this.logout(request, response);
        }
    }
    public void logout(HttpServletRequest request, HttpServletResponse response)
            throws ServletException, IOException {
        //调用业务层完成注销操作
        request.getSession().invalidate();
        //跳转到登录页面
        response.sendRedirect(request.getContextPath()+"/login.jsp");
    }
    public void login(HttpServletRequest request, HttpServletResponse response)
            throws ServletException, IOException {
        String username = request.getParameter("username");
        String password = request.getParameter("password");
        //调用业务层完成登录功能
        UserService userService = new UserServiceImpl();
        User user = userService.login(username,password);
        //根据登录是否成功进行页面跳转
        if(user != null){//登录成功
```

```java
            HttpSession session = request.getSession();
            session.setAttribute("user", user);
            //session.setAttribute("username", username);
//request.getRequestDispatcher("/findAll.jsp").forward(request, response);
request. getRequestDispatcher ( "/servlet/StudentServlet? method = findAll ").
forward(request, response);
        }else{//登录失败
            request.setAttribute("error", "用户名或者密码错误");
    request.getRequestDispatcher("/login.jsp").forward(request, response);
        }
    }
}
```

StudentServlet：

```java
public class StudentServlet extends HttpServlet {
    public void doGet(HttpServletRequest request, HttpServletResponse response)
            throws ServletException, IOException {
        this.doPost(request, response);
    }
    public void doPost(HttpServletRequest request, HttpServletResponse response)
            throws ServletException, IOException {
        //解决 Post 中文乱码
        request.setCharacterEncoding("utf-8");
        //获取 method 的值
        String methodName = request.getParameter("method");
        //根据 methodName 调用应用的方法
        if("findAll".equals(methodName)){
            this.findAll(request, response);
        }else if("findById".equals(methodName)){
            this.findById(request, response);
        }else if("add".equals(methodName)){
            this.add(request, response);
        }else if("delete".equals(methodName)){
            this.delete(request, response);
        }else if("update".equals(methodName)){
            this.update(request, response);
        }
    }
    public void update(HttpServletRequest request, HttpServletResponse response)
            throws ServletException, IOException {
        //获取表单数据
        int id = Integer.parseInt(request.getParameter("id"));
        String name = request.getParameter("name");
        int age = Integer.parseInt(request.getParameter("age"));
```

```java
            double score = Double.parseDouble(request.getParameter("score"));
            //调用业务层将数据更新到数据库中
            Student stu = new Student(id,name,age,score);
            StudentService stuService = new StudentServiceImpl();
            int n = stuService.updateStu(stu);
            //根据更新成功与否跳转到不同的页面
            if(n>0){
                //成功:转发导致表单的重复提交
response.sendRedirect(request.getContextPath()+"/servlet/StudentServlet?method=findAll");
            }else{
                //失败
                request.setAttribute("error", "更新失败");
request.getRequestDispatcher("/servlet/StudentServlet?method=findById&id="+id).forward(request, response);
            }
        }
        public void findById (HttpServletRequest request, HttpServletResponse response)
                throws ServletException, IOException {
            //获取要更新的学生的id
            int id = Integer.parseInt(request.getParameter("id"));
            //按照id查询指定的学生信息
            StudentService stuService = new StudentServiceImpl();
            Student stu = stuService.findById(id);
            //在表单中显示学生信息
            request.setAttribute("stu1", stu);
request.getRequestDispatcher("/update.jsp").forward(request, response);
        }
        public void findAll(HttpServletRequest request, HttpServletResponse response)
                throws ServletException, IOException {
            //获取视图层数据
            //调用业务层
            StudentService stuService = new StudentServiceImpl();
            List <Student>stuList = stuService.findAll();
            request.setAttribute("stuList1", stuList);
            //页面跳转
request.getRequestDispatcher("/findAll.jsp").forward(request, response);
        }
        public void add(HttpServletRequest request, HttpServletResponse response)
                throws ServletException, IOException {
            //获取表单数据
            String name = request.getParameter("name");
            int age = Integer.parseInt(request.getParameter("age"));
```

```java
        double score = Double.parseDouble(request.getParameter("score"));
        //调用业务层将数据添加到数据库中
        Student stu = new Student(name,age,score);
        StudentService stuService = new StudentServiceImpl();
        int n = stuService.insertStu(stu);
        //根据添加成功与否跳转到不同的页面
        if(n>0){
            //成功:转发导致表单的重复提交
   response.sendRedirect(request.getContextPath()+"/servlet/StudentServlet?method=findAll");
        }else{
            //失败
            request.setAttribute("error","添加失败");
   request.getRequestDispatcher("/add.jsp").forward(request, response);
        }
    }
    public void delete(HttpServletRequest request, HttpServletResponse response)
            throws ServletException, IOException {
        //接收表单数据(要删除的学生的id)
        int id = Integer.parseInt(request.getParameter("id"));
        //调用业务层完成删除操作
        StudentService stuService = new StudentServiceImpl();
        stuService.deleteStu(id);
        //根据删除结果跳转到不同的页面
//response.sendRedirect(request.getContextPath()+"/findAll.jsp");
 response.sendRedirect(request.getContextPath()+"/servlet/StudentServlet?method=findAll");
    }
}
```

删除项目中的 LoginServlet、LogoutServlet、FindAllServlet、FindByIdServlet 和 UpdateServlet。

修改 login.jsp 加粗部分：

`<form action="`**`servlet/UserServlet?method=login`**`" method="post">`

修改 add.jsp、findAll.jsp 和 update.jsp 加粗部分：

`<a href="`**`servlet/UserServlet?method=logout`**`">注销</a>`

修改 findAll.jsp 加粗部分：

`<a href="`**`servlet/StudentServlet?id=${stu.id }&method=findById`**`">更新</a>`
`<a href="`**`servlet/StudentServlet?method=delete&id=${stu.id }`**`">删除</a>`

修改 update.jsp 加粗部分：

```
<form action="servlet/StudentServlet?method=update" method="post">
</form>
```

修改 add.jsp 加粗部分：

```
<form action="servlet/StudentServlet?method=add" method="post">
</form>
```

13.8 利用反射抽取 Servlet 基类

BaseServlet：抽取 UserServlet 和 StudentServlet 基类。不需要在 web.xml 中进行配置，可以定义成抽象类，让子类继承而不直接调用。

【例 13-5】 修改例 13-1，利用反射抽取 Servlet 基类。

```java
public abstract class BaseServlet extends HttpServlet {
    public void doGet(HttpServletRequest request, HttpServletResponse response)
            throws ServletException, IOException {
        this.doPost(request, response);
    }
    public void doPost(HttpServletRequest request, HttpServletResponse response)
            throws ServletException, IOException {
        //解决 POST 请求中文乱码问题
        request.setCharacterEncoding("utf-8");
        //获取方法名
        String methodName = request.getParameter("method");
        try {
            //得到类的结构信息 Class
            Class clazz = this.getClass();
            //创建对象
            Object obj = clazz.newInstance();
            //获取方法
            Method method = clazz.getMethod(methodName, HttpServletRequest.class, HttpServletResponse.class);
            //调用
            method.invoke(obj, request, response);
        } catch (Exception e) {
            e.printStackTrace();
        }
    }
}
```

修改 StudentServlet：

```java
public class StudentServlet extends BaseServlet {
    //去掉 doPost 和 doGet 方法,其他方法不变
```

}

修改 UserServlet：

```
public class UserServlet extends BaseServlet {
//去掉 doPost 和 doGet 方法,其他方法不变
}
```

部署运行,项目正确。

13.9　多条件查询

使用 JDBC 查询时,SQL 语句的拼接容易出问题。可以使用 StringBuffer 进行 SQL 语句的拼接降低难度,小技巧是采用 select * from t_student where 1=1 语句。开发时需要进行查询条件的回显(记忆功能),控制层为 request.setAttribute("name", name),视图层为<input type="text" name="name" value="${name}">。

【例 13-6】　修改例 13-1,多条件查询。

修改 findAll.jsp,增加粗体代码：

```
<a href="add.jsp">添加学生</a>
    <hr>
    <form action="servlet/StudentServlet?method=findStu" method="post">
        <table align="center">
            <tr>
                <td>姓名</td>
                <td><input type="text" name="name" value="${name}"></td>
                <td>分数</td>
                <td><input type="text" name="minScore" value="${minScore}"></td>
                <td><input type="submit" value="提交"></td>
            </tr>
        </table>
    </form>
    <hr>
```

修改 findAll.jsp,注释掉部分代码：

```
<%--调用业务层,获取学生列表 --%>
    <%
        /* StudentService stuService =new StudentServiceImpl();
        List<Student> stuList =stuService.findAll();
        request.setAttribute("stuList1", stuList);    */
    %>
```

修改 StudentService,添加方法 findStu：

```
/**
```

```
 *   按照姓名和分数查询学生信息
 * @param name
 * @param minScore
 * @return
 */
public List<Student> findStu(String name, double minScore);
```

修改 StudentServiceImpl,添加方法 findStu:

```
@Override
public List<Student> findStu(String name, double minScore) {
    return this.stuDao.findStu(name,minScore);
}
```

修改 StudentDao,添加方法 findStu:

```
public List<Student> findStu(String name, double minScore);
```

修改 StudentDaoImpl,添加方法 findStu:

```
@Override
    public List<Student> findStu(String sname, double minScore) {
        Connection conn = super.getConnection();
        Statement stmt = null;
        ResultSet rs = null;
        List<Student> stuList = new ArrayList<Student>();
        try {
            stmt = conn.createStatement();
            //拼接 SQL 语句
            StringBuffer sql = new StringBuffer("select * from t_student where 1=1 ");
            if(sname != null && !"".equals(sname)){
                sql.append(" and name like '%"+sname+"%'");
            }
            if(minScore>0){
                sql.append(" and score >="+minScore);
            }
            rs = stmt.executeQuery(sql.toString());
            while(rs.next()){
                int id = rs.getInt("id");
                String name = rs.getString("name");
                int age = rs.getInt("age");
                double score = rs.getDouble("score");
                Student stu = new Student(id, name, age, score);
                stuList.add(stu);
            }
        } catch (SQLException e) {
            e.printStackTrace();
        }finally{
```

```
            super.closeAll(rs, stmt, conn);
        }
        return stuList;
    }
```

修改 StudentServlet,添加方法 findStu：

```
public void findStu(HttpServletRequest request, HttpServletResponse response)
            throws ServletException, IOException {
        //获取视图层数据
        String name =request.getParameter("name");
        String sminScore =request.getParameter("minScore");
        double minScore=0;
        try{
            minScore = Double.parseDouble(sminScore);//abc cde
        }catch(NumberFormatException e){
            minScore =0;
            sminScore="";
        }
        //调用业务层
        StudentService stuService =new StudentServiceImpl();
        //List <Student>stuList =stuService.findAll();
        List<Student>stuList =stuService.findStu(name,minScore);
        request.setAttribute("stuList1", stuList);
        request.setAttribute("name", name);
        request.setAttribute("minScore", sminScore);//"20"
        //页面跳转
request.getRequestDispatcher("/findAll.jsp").forward(request, response);
    }
```

运行结果如图 13.11 所示。

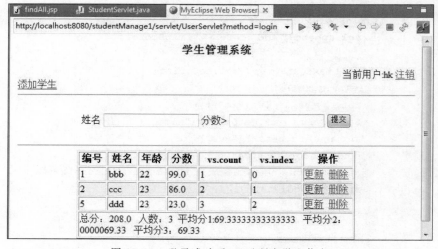

图 13.11　登录成功后,显示所有学生信息

在"分数＞"文本框中输入"60",单击"提交"按钮,运行结果如图 13.12 所示。

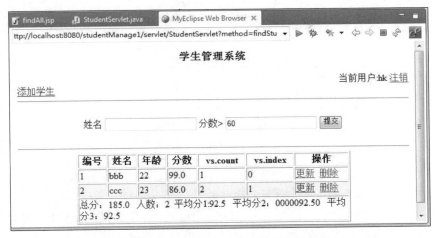

图 13.12　查找分数大于 60 分的所有学生信息

13.10　实验与训练指导

完成实训项目——PFC 购书网的创建。

1. 需求分析

（1）只允许管理员添加和修改图书信息,查看、修改、删除注册用户,查看、删除订单,修改订单付款状态和发货状态。

（2）注册时需要输入基本信息,注册用户可以修改个人基本信息。

（3）注册用户登录后,可以进行选书、输入购买数量、修改购买数量、删除已选择的图书、取消购买、提交购买订单、订单确认等操作。

（4）购书后可以查看订单付款状态和发货状态。

2. 系统分析设计

1）功能模块分析

前台用户模块主要实现注册用户浏览图书和购买图书的功能。

后台管理模块针对管理员实现其对系统的管理功能。

功能模块分析如图 13.13 所示。

2）数据库结构设计

（1）数据库逻辑结构设计。由图 13.13 可知,PFC 购书网的服务对象有两类,即管理员和注册用户,因此首先需要如下两个数据实体。

- 管理员数据实体：包括管理员用户名和密码。
- 注册用户数据实体：包括用户名、密码、真实姓名、性别、地址、邮编、电话、电子邮件等信息,这些信息由用户自己维护,管理员可以根据这些信息了解用户。

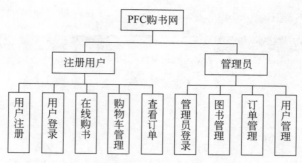

图 13.13　功能模块分析

对于购书网来说,图书自然是最重要的,这就需要如下两个数据实体。
- 图书类别数据实体：包括类别名称和编号。
- 图书信息数据实体：包括图书名、作者、出版社、书号、定价、总数量、图书简介、图书类别。这些数据由管理员录入和维护,用户选书时会进行浏览。

对于购书网来说,需要随时记录和更新顾客的购买信息,需要如下两个数据实体。
- 用户订单数据实体：包括用户身份编号、订单的编号、订单的名称、下订单日期、付款状态、发货状态,管理员可根据实际情况修改部分状态信息,用户可随时查看订单状态信息。
- 订单图书数据实体：包括订单中的所有信息,如图书信息、订单编号、图书编号等。

这 5 个数据实体如图 13.14 所示。

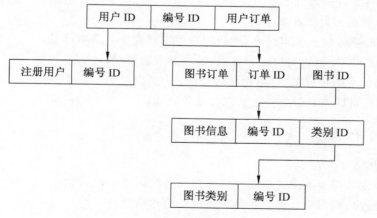

图 13.14　数据实体图

(2) 创建数据库。将数据库命名为 dbhouse,创建管理员表、注册用户表、图书类别表、图书信息表、用户—订单表和订单—图书表,如图 13.15～图 13.20 所示。

列名	数据类型	长度	允许空
AdminUser	varchar	20	✓
AdminPass	varchar	50	✓

图 13.15　管理员表(My_BookAdminuser)

列名	数据类型	长度	允许空
Id	int	4	
UserName	varchar	20	
PassWord	varchar	50	
[Names]	varchar	20	✓
Sex	varchar	2	✓
Address	varchar	150	✓
Phone	varchar	25	✓
Post	varchar	8	✓
Email	varchar	50	✓
RegTime	datetime	8	✓
RegIpAddress	varchar	20	✓

图 13.16 注册用户表(My_Users)

注：UserName 表示注册用户名，Names 表示收货用户名。

列名	数据类型	长度	允许空
Id	int	4	
ClassName	varchar	30	

图 13.17 图书类别表(My_BookClass)

列名	数据类型	长度	允许空
Id	int	4	
BookName	varchar	40	
BookClass	int	4	
Author	varchar	25	✓
Publish	varchar	150	✓
BookNo	varchar	30	✓
Content	varchar	4000	✓
Prince	float	8	✓
Amount	int	4	✓
Leav_number	int	4	✓
RegTime	datetime	8	

图 13.18 图书信息表(My_Book)

注：Prince 表示书的价钱。

列名	数据类型	长度	允许空
Id	int	4	
IndentNo	varchar	20	
UserId	int	4	
SubmitTime	datetime	8	
ConsignmentTime	varchar	20	✓
TotalPrice	float	8	✓
content	varchar	400	✓
IPAddress	varchar	20	✓
IsPayoff	int	4	✓
IsSales	int	4	✓

图 13.19 用户—订单表(My_Indent)

注：ConsignmentTime 表示交货时间，content 表示用户备注，IsPayoff 表示用户是否已经付款，IsSales 表示是否已发货。

列名	数据类型	长度	允许空
Id	int	4	
IndentNo	int	4	
BookNo	int	4	
Amount	int	4	✓

图 13.20 订单—图书表(My_IndentList)

注：Amount 表示订货数量。

3. 界面设计

1）用户注册界面

用户注册后才能在此购书网上购书。用户注册页面输入的个人信息要添加到数据库的注册用户表（My_Users）中。用户注册界面如图13.21所示。

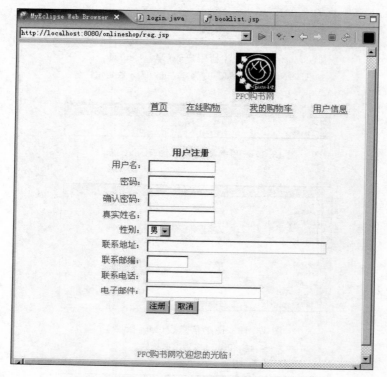

图13.21 用户注册界面

2）用户登录界面

登录时，输入用户名和密码，系统根据数据库的注册用户表（My_Users）中的记录核实用户输入的登录信息，信息核实后用户才能登录此系统。用户登录界面如图13.22所示。

3）用户在线购物界面

图书列表如图13.23所示。

在图13.23中单击各图书的"详细资料"超链接可以查看图书详细信息，如图13.24所示。

在图13.24中单击"购买"按钮，即可将该图书添加到购物车，图书购买界面如图13.25所示。

4）购物车管理界面

用户选完图书后，提交购物车结账。用户可以查看购物车里的图书名称、图书数量和图书相关信息，还可以删除已选图书、提交购物车和清空购物车。购物车管理界面如图13.26所示。

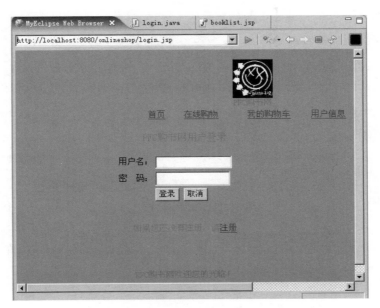

图 13.22　用户登录界面

图 13.23　图书列表

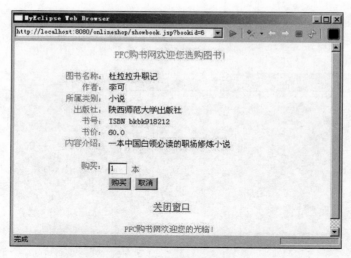

图 13.24 图书详细信息

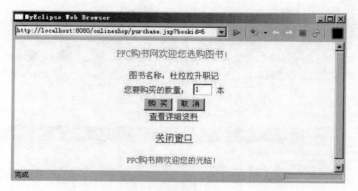

图 13.25 图书购买界面

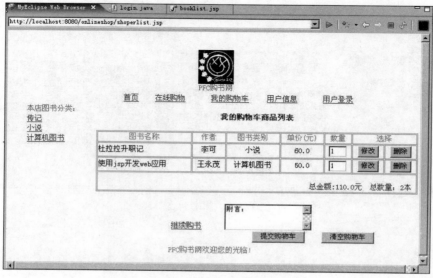

图 13.26 购物车管理界面

5)订单查看界面

用户提交购物车后,系统自动生成订单。订单由管理员管理,用户可以查看自己下达订单的信息。订单查看界面如图 13.27 所示。

图 13.27　订单查看界面

6)购物网站首页

购物网站首页如图 13.28 所示。

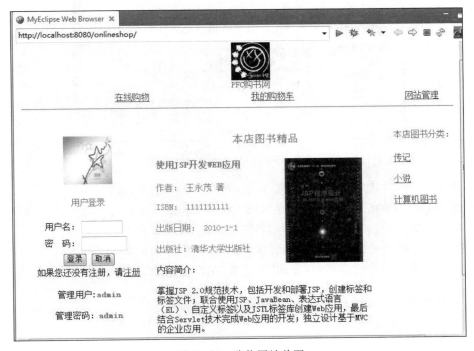

图 13.28　购物网站首页

7）管理员登录界面

在首页单击"网站管理"超链接，进入管理员登录界面，如图 13.29 所示。

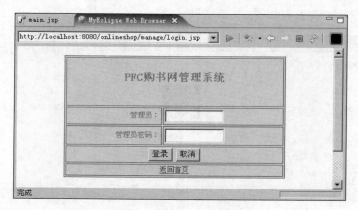

图 13.29　管理员登录界面

8）管理员操作过程中的相关界面

在图 13.29 所示管理员登录界面中输入管理员和管理员密码，单击"登录"按钮，用户订单信息如图 13.30 所示。

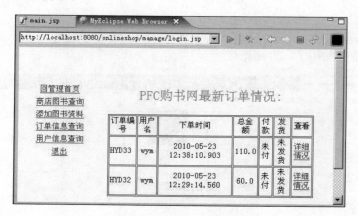

图 13.30　用户订单信息

在图 13.30 中单击"商店图书查询"超链接，商店图书信息，如图 13.31 所示。
在图 13.31 中单击"添加图书资料"超链接，添加新的图书信息，如图 13.32 所示。
在图 13.32 中单击"订单信息查询"超链接，订单信息如图 13.33 所示。
在图 13.33 中单击"详细情况"超链接，订单详细信息如图 13.34 所示。
在图 13.33 中单击"用户信息查询"超链接，用户信息如图 13.35 所示。

4．代码实现

（1）通用模块如下。

将连接数据库操作封装成一个类 DBConnectionManager.java：

图 13.31　商店图书信息

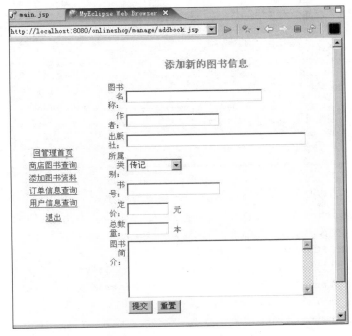

图 13.32　添加新的图书信息

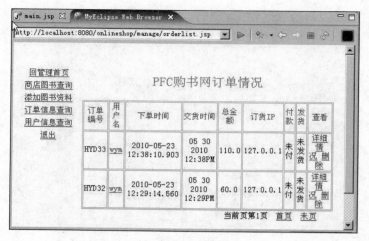

图 13.33　订单信息

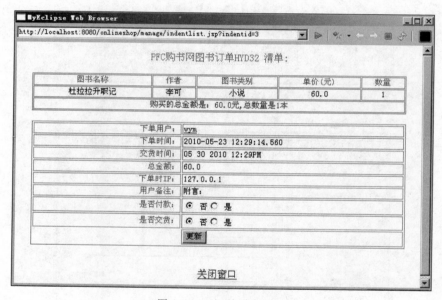

图 13.34　订单详细信息

```
package org.pan.util;
import java.sql.*;
public class DBConnectionManager {
    private String driverName ="com.mysql.jdbc.Driver";
    private String url ="jdbc:mysql://localhost:3306/dbhouse";
    private String user ="root";
    private String password ="root";
    public void setDriverName(String newDriverName) {
        driverName =newDriverName;
    }
```

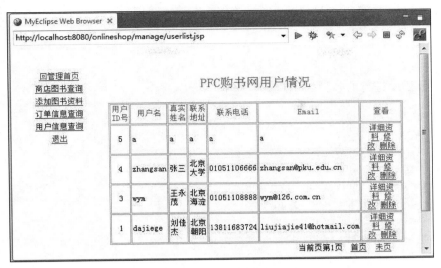

图 13.35 用户信息

```
public String getDriverName() {
    return driverName;
}
public void setUrl(String newUrl) {
    url =newUrl;
}
public String getUrl() {
    return url;
}
public void setUser(String newUser) {
    user =newUser;
}
public String getUser() {
    return user;
}
public void setPassword(String newPassword) {
    password =newPassword;
}
public String getPassword() {
    return password;
}
public Connection getConnection() {
    try {
        Class.forName(driverName);
        return DriverManager.getConnection(url, user, password);
    } catch (Exception e) {
        e.printStackTrace();
```

```
            return null;
        }
    }
}
```

把对数据库进行的各种操作封装到一个 DataBase.java 类中：

```java
package org.pan.web;
import java.sql.*;
import org.pan.util.*;
public class DataBase {
    protected Connection conn =null;
    protected Statement stmt =null;
    protected ResultSet rs =null;
    protected PreparedStatement prepstmt =null;
    protected String sqlStr;
    protected boolean isConnect=true;
    public DataBase() {
        try
        {
            sqlStr ="";
            DBConnectionManager dcm =new DBConnectionManager();
            conn =dcm.getConnection();
            stmt =conn.createStatement();
        }
        catch (Exception e)
        {
            System.out.println(e);
            isConnect=false;
        }
    }
    public Statement getStatement() {
        return stmt;
    }
    public Connection getConnection() {
        return conn;
    }
    public PreparedStatement getPreparedStatement() {
        return prepstmt;
    }
    public ResultSet getResultSet() {
        return rs;
    }
    public String getSql() {
        return sqlStr;
```

```java
    }
    public boolean execute() throws Exception  {
        return false;
    }
    public boolean insert() throws Exception {
        return false;
    }
    public boolean update() throws Exception  {
        return false;
    }
    public boolean delete() throws Exception  {
        return false;
    }
    public boolean query() throws Exception {
        return false;
    }
    public void close() throws SQLException {
        if ( stmt !=null )
        {    stmt.close();
            stmt =null;
        }
        if ( conn !=null )
        {    conn.close();
            conn =null;
        }
    }
};
```

(2) 用户注册页面 reg.jsp。

(3) 用户登录页面 login.jsp。

(4) 用户在线购书：图书列表页面 booklist.jsp、图书信息页面 showbook.jsp、购买图书页面 purchase.jsp。

(5) 用户查看订单：用户信息页面 userinfo.jsp、查看订单页面 showindent.jsp。

(6) 管理员登录 manage/login.jsp。

(7) 图书管理：添加图书页面 manage/addbook.jsp、查看图书列表页面 manage/booklist.jsp、查看图书信息页面 manage/showbook.jsp、修改图书资料页面 manage/modibook.jsp。

(8) 订单管理：查看订单列表页面 manage/orderlist.jsp、查看订单详情页面 manage/indentlist.jsp。

(9) 管理用户：查看用户列表页面 manage/userlist.jsp、查看用户详细信息 manage/showuser.jsp。

具体代码见电子素材。

附录 A JSP 程序的运行环境

A.1 安装和配置 JDK

A.1.1 安装 JDK

到 Oracle 官网下载 JDK8.0，版本可以自己选择。假定把 JDK 安装在 C：\Java 目录下。

A.1.2 配置 JDK 环境变量

（1）右击"我的电脑"图标，单击"属性"→"高级"→"环境变量"，打开"环境变量"对话框。在"系统变量"列表框中选择 Path，单击"编辑"按钮，打开"编辑系统变量"对话框，修改系统变量 Path 的值，增加 C：\Java\jdk1.8.0_161\bin，各变量值之间以分号间隔，如图 A.1 所示。

图 A.1 修改系统变量 Path 的值

（2）在命令窗口中输入 java -version 并按回车键，显示 Java 版本如图 A.2 所示，表明 JDK 配置正确。

图 A.2 命令窗口显示 Java 版本

A.2 Tomcat 简介

Tomcat 是 jakarta 项目中的一个重要的子项目,是 Oracle 公司推荐的运行 Servlet 和 JSP 的容器,其源代码是完全公开的。

A.2.1 获取 Tomcat 安装程序包

登录 tomcat.apache.org/,下载相应版本的 Tomcat 安装程序包。

A.2.2 安装 Tomcat

安装 Tomcat 之前,计算机上必须安装 JDK 的 JRE(Java Runtime Environment,Java 运行时环境)部分。在 Tomcat 安装过程中,它会自动寻找 JDK 的 JRE 主目录位置,并提示用户确认。

A.2.3 安装 Tomcat 根目录下的一些主要子目录

bin:放置 Tomcat 可执行文件和脚本执行文件。
conf:放置 Tomcat 的配置文件(server.xml 和 web.xml)。
logs:放置 Tomcat 的日志记录文件。
webapps:Web 应用程序的主要发布目录。
work:Tomcat 工作目录,放置 JSP 文件翻译成的 Servlet 源文件和 class 文件。
lib:放置 Tomcat 运行需要的库文件(JARS)。

A.2.4 Tomcat 的启动和停止

单击 Tomcat 安装目录/bin/下的 startup.bat 文件,启动 Tomcat。
如果 Tomcat 服务程序正常启动,在浏览器地址栏中输入 http://localhost:8080,浏览器显示界面如图 A.3 所示。
单击 Tomcat 安装目录/bin/下的 shutdown.bat 文件,停止 Tomcat。

A.2.5 server.xml 配置简介

```
<!--server.xml -->
<Server port="8005" shutdown="SHUTDOWN">
  <Service name="Catalina">
    <Connector
```

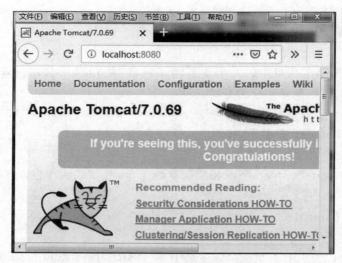

图 A.3　Tomcat 服务程序启动后，浏览器显示界面

```
          port="8080" maxHttpHeaderSize="8192"
          maxThreads="150" minSpareThreads="25" maxSpareThreads="75"
          enableLookups="false" redirectPort="8443" acceptCount="100"
          connectionTimeout="20000" disableUploadTimeout="true" />
      <Engine name="Catalina" defaultHost="localhost">
       <Host name="localhost" appBase="webapps"
        unpackWARs="true" autoDeploy="true"
        xmlValidation="false" xmlNamespaceAware="false">
            <Context path="" docBase="." debug="0"/>
       </Host>
       <Host name="site1" appBase="d:\virtualHost1"
        unpackWARs="true" autoDeploy="true"
        xmlValidation="false" xmlNamespaceAware="false">
            <Context path="" docBase="." debug="0"/>
       </Host>
       <Host name="site2" appBase="d:\virtualHost2"
        unpackWARs="true" autoDeploy="true"
        xmlValidation="false" xmlNamespaceAware="false">
            <Context path="" docBase="." debug="0"/>
       </Host>
      </Engine>
     </Service>
   </Server>
```

1. server

（1）port 指定一个端口，这个端口负责监听关闭 Tomcat 的请求。

（2）shutdown 指定向端口发送的命令字符串。

2. service

name 指定 service 的名字。

3. Connector（表示客户端和 service 之间的连接）

（1）port 指定服务器端要创建的端口号，并在这个端口监听来自客户端的请求。

（2）enableLookups 如果为 true，则可以通过调用 request.getRemoteHost() 进行 DNS 查询来得到远程客户端的实际主机名；如果为 false，则不进行 DNS 查询，而是返回其 IP 地址。

（3）redirectPort 指定服务器在处理 HTTP 请求时收到了一个 SSL 传输请求后重定向的端口号。

（4）acceptCount 指定当所有可以使用的处理请求的线程数都被使用时，可以放到处理队列中的请求数，超过这个数的请求将不予处理。

（5）connectionTimeout 指定超时的时间数（以毫秒为单位）。

4. Engine（表示指定 service 中的请求处理机，接收和处理来自 Connector 的请求）

defaultHost 指定默认的处理请求的主机名，它至少与其中的一个 host 元素的 name 属性值是一样的。

5. Context（表示一个 Web 应用程序）

（1）docBase 应用程序的路径或者是 WAR 文件存放的路径。

（2）path 表示此 Web 应用程序的 URL 的前缀，这样请求的 URL 为 http://localhost:8080/path/****。

（3）reloadable 属性非常重要，如果为 true，则 tomcat 会自动检测应用程序的 /WEB-INF/lib 和 /WEB-INF/classes 目录的变化，自动装载新的应用程序，可以在不重启 Tomcat 的情况下改变应用程序。

6. host（表示一个虚拟主机）

（1）name 指定主机名。

（2）appBase 应用程序基本目录，即存放应用程序的目录。

（3）unpackWARs 如果为 true，则 Tomcat 会自动将 WAR 文件解压；否则不解压，直接从 WAR 文件中运行应用程序。

A.2.6　web.xml 配置简介

1. 默认（欢迎）文件的设置

在 tomcat\conf\web.xml 中，<welcome-file-list> 元素用于设置 Web 目录的默认网页文档列表。

```xml
<welcome-file-list>
  <welcome-file>index.html</welcome-file>
  <welcome-file>index.htm</welcome-file>
  <welcome-file>index.jsp</welcome-file>
</welcome-file-list>
```

2. 报错文件的设置

```xml
<error-page>
  <error-code>404</error-code>
  <location>/notFileFound.jsp</location>
</error-page>
<error-page>
  <exception-type>java.lang.NullPointerException</exception-type>
  <location>/null.jsp</location>
</error-page>
```

如果没有找到某文件资源，服务器要报 404 错误，按上述配置则会调用\webapps\ROOT\notFileFound.jsp。如果执行的某个 JSP 文件产生 NullPointerException，则会调用\webapps\ROOT\null.jsp(响应状态码，输 HttpStatusCode，可查到)。

3. 会话超时的设置

设置 session 的过期时间，单位是分钟。

```xml
<session-config>
  <session-timeout>30</session-timeout>
</session-config>
```

4. 过滤器的设置

```xml
<filter>
  <filter-name>FilterSource</filter-name>
  <filter-class>project4.FilterSource </filter-class>
</filter>
<filter-mapping>
  <filter-name>FilterSource</filter-name>
  <url-pattern>/WwwServlet</url-pattern>
  (<url-pattern>/haha/*</url-pattern>)
</filter-mapping>
```

（1）身份验证的过滤 Authentication Filters。
（2）日志和审核的过滤 Logging and Auditing Filters。
（3）图片转换的过滤 Image conversion Filters。
（4）数据压缩的过滤 Data compression Filters。

（5）加密过滤 Encryption Filters。
（6）Tokenizing Filters。
（7）资源访问事件触发的过滤 Filters that trigger resource access events。
（8）XSL/T 过滤 XSL/Tfilters。
（9）内容类型的过滤 Mime-type chain Filter，注意监听器的顺序，如先安全过滤，然后资源、内容类型等，这个顺序可以自己确定。

A.3 安装和配置 MyEclipse

A.3.1 配置 JDK

（1）单击 Window 菜单下的 Preferences 选项，打开 Preferences 对话框，单击 Java→Installed JREs，如图 A.4 所示。

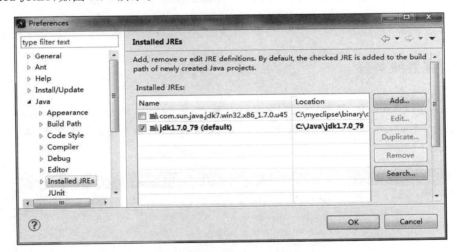

图 A.4 Preferences 对话框

（2）单击 Add 按钮，打开 Add JRE 对话框，如图 A.5 所示。

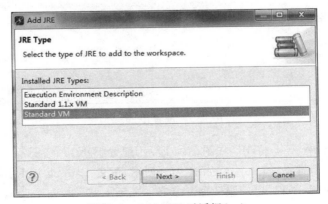

图 A.5 Add JRE 对话框（一）

(3) 单击 Next 按钮,在图 A.6 所示对话框中单击 Directory 按钮,选择 JDK 安装路径。

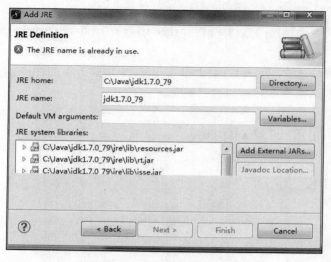

图 A.6　Add JRE 对话框(二)

A.3.2　配置服务器

(1) 单击 Window 菜单下的 Preferences 选项,打开 Preferences 对话框。单击 MyEclipse→Servers→Tomcat→Tomcat 7.x,选择 enable 单选按钮,单击 Browse 按钮,选择 Tomcat home directory,如图 A.7 所示,单击 OK 按钮。

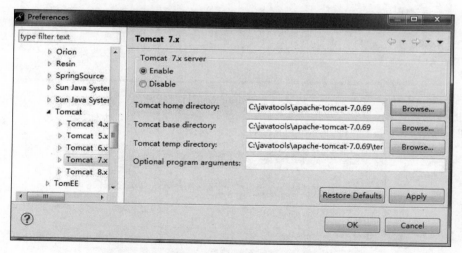

图 A.7　配置 Tomcat

(2) 单击 Tomcat 7.x→JDK,如图 A.8 所示,配置 JDK。

(3) 单击 Tomcat7.x→Launch,如图 A.9 所示,配置 Launch 为 Run mode。创建并编辑 Web 工程,启动服务器并发布。

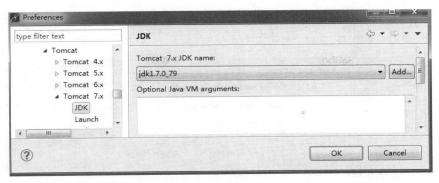

图 A.8　配置 JDK

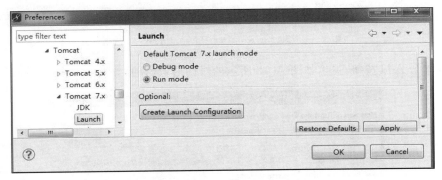

图 A.9　配置 Launch 为 Run mode

A.4　安装和配置 Eclipse

A.4.1　Eclipse 集成 Tomcat

(1) 打开 Eclipse,单击 Window→Preferences,打开 Preferences 对话框。单击 Java→Installed JREs,在右侧就会出现以前配置好的 JDK,单击 OK 按钮,如图 A.10 所示。

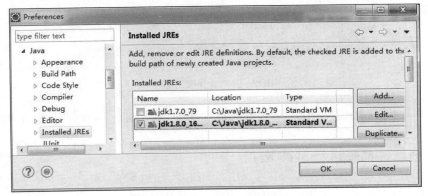

图 A.10　Installed JREs 对话框

（2）接下来集成 Tomcat，单击菜单 window/preferences，在弹出的对话框中选择 Server->Runtime Environments（运行环境），如图 A.11 所示。

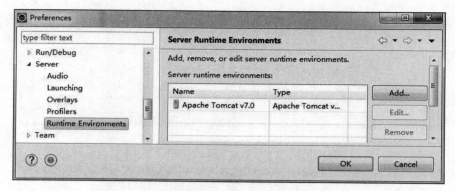

图 A.11　Server Runtime Environments 对话框

（3）单击 Add 按钮，弹出如图 A.12 所示的对话框，选择服务器 Apache Tomcat v7.0。

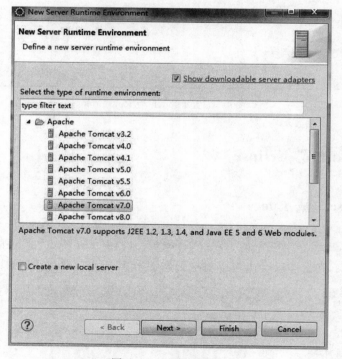

图 A.12　选择服务器

（4）单击 Next 按钮，在 JRE 下拉列表框中选择 jdk1.8.0_161，如图 A.13 所示。

A.4.2　创建并部署运行 Web 应用

（1）单击 File→New→Other→Web→Dynamic Web Project 命令，如图 A.14 所示。

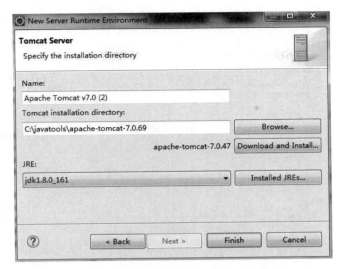

图 A.13 选择服务器对应的 JRE

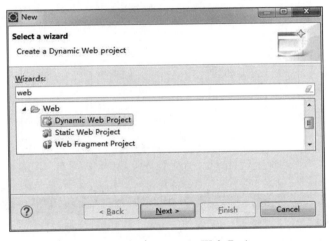

图 A.14 新建 Dynamic Web Project

（2）单击 Next 按钮，打开 New Dynamic Web Project 对话框，如图 A.15 所示。在 Project name 文本框中输入 javaweb。

（3）单击 Next 按钮，build\classes 目录存放 Java 编译过的 class 文件。

（4）Context root：javaweb 是 java web 工程的根目录。Content directory：WebContent，可以存放 jsp 文件。选中检查框 Generate web.xml deployment descriptor，自动生成 web.xml 文件。最后单击 Finish，如图 A.16 所示。

（5）右击所要发布的工程，单击 Run As，如图 A.17 所示。

（6）单击 Run on Server，弹出窗体如图 A.18 所示。选择服务器 Tomcat v7.0 Server at localhost，单击 Finish 部署运行 Web 项目。

图 A.15　New Dynamic Web Project 对话框

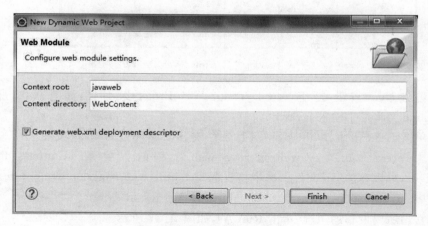

图 A.16　创建 web.xml 文件

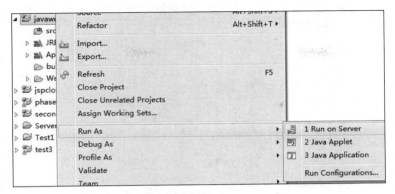

图 A.17　部署运行 Web 项目

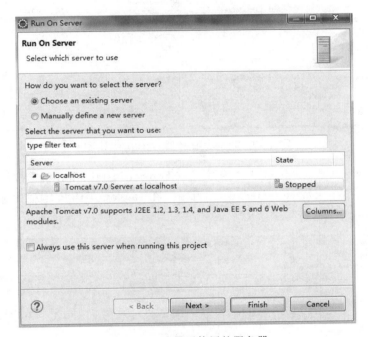

图 A.18　选择要使用的服务器

A.4.3　Eclipse 中的 Web 项目自动部署到 Tomcat

在 Eclipse 中做的 Web 项目默认是不支持将项目发布到 Web 服务器上的,会发布到工作空间的某个目录中,因此无法在外部启动 Tomcat 来运行 Web 项目,只有打开 Eclipse 中的服务器才能运行 Web 项目。所以要对 Eclipse 进行修改,才能将做好的项目发布到 Tomcat 服务器上,发布到服务器上的 webapps 文件夹下。

(1) 在 Eclipse 的 Servers 视图中,将所有部署的项目移除,如图 A.19 所示。
(2) 在该服务器上双击或右击选择 Open,打开 Overview 对话框,如图 A.20 所示。

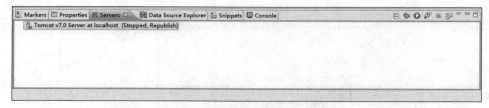

图 A.19　Servers 视图

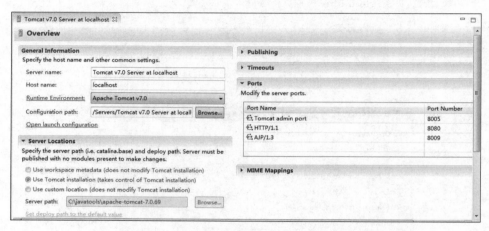

图 A.20　Tomcat 服务器 Overview 对话框

（3）在 Server Locations 选项区选择 Use Tomcat installation 单选按钮，可以清楚地看到默认是 Use Workspace metadata，即目录。在 Deploy path 文本框中输入 webapps，如图 A.21 所示。

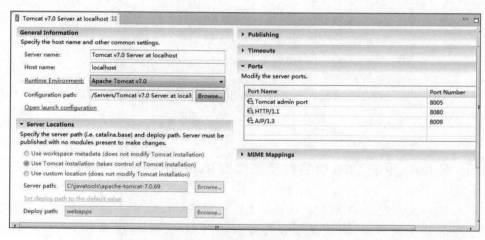

图 A.21　修改 Tomcat 配置信息

修改完成之后，保存即可。这样以后的项目都会发布到 Tomcat 下的 webapps 下了。

注意：有时候，Server Locations 选项区不能做任何选择，此时可以先删除服务器下所有项目，重新右击打开、修改即可。

参考文献

[1] 耿祥义,张跃平.JSP实用教程[M].北京:清华大学出版社,2014.
[2] 巴萨姆,西拉,贝茨.Head First Servlets & JSP[M].荆涛,译.2版.北京:中国电力出版社,2010.

图书资源支持

感谢您一直以来对清华版图书的支持和爱护。为了配合本书的使用,本书提供配套的资源,有需求的读者请扫描下方的"书圈"微信公众号二维码,在图书专区下载,也可以拨打电话或发送电子邮件咨询。

如果您在使用本书的过程中遇到了什么问题,或者有相关图书出版计划,也请您发邮件告诉我们,以便我们更好地为您服务。

我们的联系方式:

地　　址:北京市海淀区双清路学研大厦 A 座 701

邮　　编:100084

电　　话:010-62770175-4608

资源下载:http://www.tup.com.cn

客服邮箱:tupjsj@vip.163.com

QQ:2301891038(请写明您的单位和姓名)

用微信扫一扫右边的二维码,即可关注清华大学出版社公众号"书圈"。

资源下载、样书申请

书圈

扫一扫,获取最新目录